식재 치료학

구민사

김호준

▣ 학력
• 서울대학교 대학원 농업생물학과 Post-Doctor(한국과학재단)
• 고려대학교 대학원 임학과 졸업(박사)
• 고려대학교 대학원 임학과 졸업(석사)
• 고려대학교 농과대학(자연자원대학) 임학과(산림자원학과) 졸업(학사)

▣ 경력
• 그린과학기술원 원장(현)
• (사)한국골프장경영협회 한국잔디연구소 소장(역임)
• (사)한국잔디학회 회장(역임)
• (사)한국그린키퍼협회 자문위원(역임)
• 산림청 국립산림과학원 연구원(역임)
• 고려대학교, 연세대학교, 건국대학교, 국민대학교, 신구대학, 상지영서대학 강사(역임)

▣ 주요저서
• 식재 치료학(2024)
• 원색수목환경관리학(2009)
• 잔디용어해설(2006. 공저)
• 수목환경관리학(2001)
• 잔디 · 수목병해충원색도감(1997. 공저)
• 경관수목학(1995. 공저)
• 골프장관리의 기본과 실제(1992. 공저)

식재 치료학

초판 인쇄 2024년 6월 01일
초판 발행 2024년 6월 10일

저 자 | 김호준
발 행 인 | 조규백
발 행 처 | 도서출판 구민사
(07293) 서울시 영등포구 문래북로 116, 604호(문래동 3가 46, 트리플렉스)
전 화 | (02) 701-7421~2
팩 스 | (02) 3273-9642
홈페이지 | www.kuhminsa.co.kr
신고번호 | 제2012-000055호(1980년 2월 4일)

I S B N | 979-11-6875-383-9(93520)
정 가 | 40,000원

PREFACE 머리말

우리는 지금 봄과 여름 구분이 어렵고 게릴라성 폭우가 잦는 지구 온난화 내지는 아난대성 기후대에 살고 있다. 한라산의 아한대성 구상나무가 쇠락하고 과수 재배의 지리적 분포가 남에서 북으로 이동하는 등 바다와 육지 생태계가 변하고 있다. 또한 각종 개발에 따른 농경지와 숲의 감소는 국토의 저수력(貯水力)과 대기 정화력을 저하시키고 있다. 숲은 나무 하나하나가 모인 집단으로서 각종 생물의 서식처가 되고 인간에게도 신선한 공기와 물을 제공한다. 그래서 복잡한 도심에서도 공원에 들어서면 안정과 청량감을 갖게 되는 것이다.

인류의 귀중한 자산인 숲과 나무는 국민 모두의 힘으로 조성되고 보호되어야 한다. 그러기 위해서 전문가는 물론, 일반인들도 나무를 심고 가꿀 수 있는 기술 습득의 기회가 있어야 할 것이다. 이를 위하여 본 저서는 30여 년의 현장 실무를 토대로 나무를 선정하고 심어서 가꾸며, 쇠약수를 치료하는 올바른 지식을 767 컷의 사진과 함께 수록하여 이해를 도왔다.

제1장은 나무를 심기에 앞서 나무마다 꽃피는 계절과 색깔을 조사, 수록하여 수종 선정에 도움이 되도록 하였다.
제2장은 올바른 식재 방법, 식재 잘못에 따른 부작용과 치료술을 기술하였다.
제3장은 저습지, 경사지, 암반, 시멘트 바닥 등의 특수지역 녹화기법을 기술하였다.
제4장은 식재 목적 발휘를 위한 이식목의 양생관리 방법을 기술하였다.
제5장은 쇠약한 나무 진단법을 기술하였다.
제6장은 활력 증진을 위한 시비, 치료, 태풍과 폭설 피해 관리 등을 수록하였다.

학문이란 시대의 흐름에 따라 발전해야 하며, 기술 또한 그러하다. 과거의 지식에 새 학문과 기술이 더해져 후대에 지속적으로 전해져야 인류의 귀중한 자산인 숲과 나무가 건강하게 자라고 보존될 것이다. 본 저서가 관리, 시공자는 물론 작업인력, 국민 개개인에게까지 새 기술 도입과 습득의 기회가 되고, 심은 나무 모두를 100% 활착시키는 기술서가 되었으면 하는 것이 저자의 바람이다.

끝으로 이 책의 출판을 위해 적극적으로 도움주신 도서출판 구민사 조규백 대표님과 직원 여러분께 깊은 감사를 드린다.

2024년 5월

저자 김호준

CONTENTS 목차

4

제 4 장

양생관리와 부작용 치료

5

제 5 장

쇠약수 진단과 치료

6

제 6 장

활력 증진과 치료 시비시술

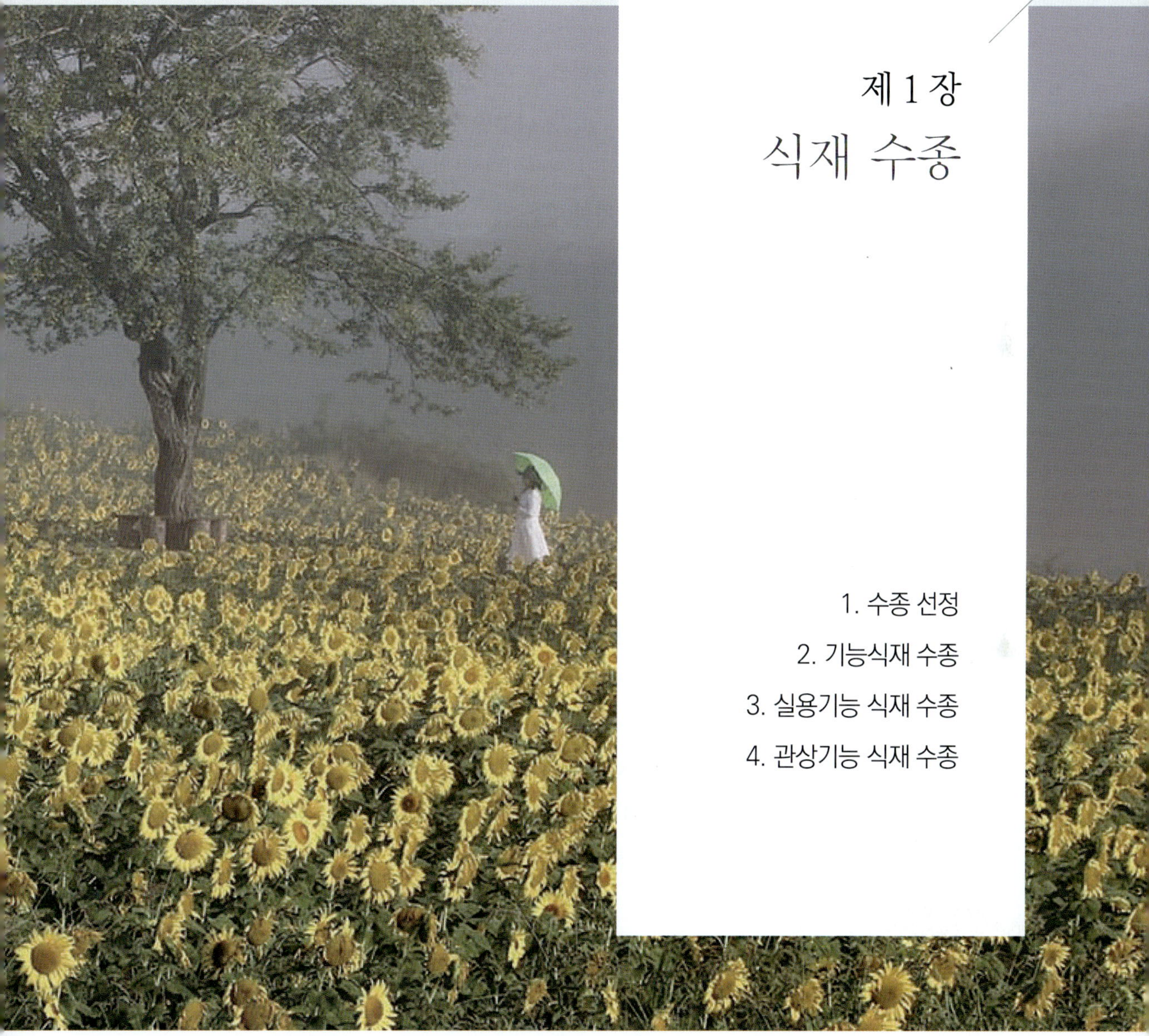

제 1 장
식재 수종

1. 수종 선정
2. 기능식재 수종
3. 실용기능 식재 수종
4. 관상기능 식재 수종

1. 수종 선정

가. 수종 선정 요인

토지에 나무를 심고자 할 때 우선적으로 계획하고 실행되어야 하는 것은 첫째, 식재 목적 수립이다. 즉, 선정된 토지에 무슨 목적으로 어떤 나무를 심는가이다. 나무를 심는 목적이 건물이나 택지의 미화 장식용인가, 도시 환경 개선이나 공원의 녹음용인가, 기타 재해 방지용인가 등이다. 예를 들어, 건물이나 택지의 미화 장식용인 경우 꽃이나 열매, 신록이나 단풍, 수형이 아름다워야 할 것이고, 녹음용은 잎이 넓고 울밀한 수종으로서 지하고가 높은 교목성이어야 한다.

둘째, 고품질의 식재 목적 발휘 수종 선정이다. 식재 목적 발휘는 물론, 고품질의 목적 발휘가 기대되는 수종을 선정하는 것이다. 꽃을 감상할 목적의 관화수목(觀花樹木) 선정은 꽃의 색깔, 개화 시기와 지속 기간 등에 대한 지식이 필요하고, 관엽수목(觀葉樹木)은 잎이 너무 크지 않으면서 무늬가 예쁘거나 봄의 신엽과 단풍이 아름다워야 한다. 이러한 지식이나 사전 조사 없이 나무가 식재되면 식재 목적 만족도는 떨어지고 때로는 다시 심어야 하는 경우도 있다.

셋째, 주제와의 조화성 수종 선정이다. 주제와의 색감이 이질적이지 않아야 하고 나무가 자랐을 때 체적(體積)이 적당해야 한다. 주제보다 크거나 작아서는 조화롭지 못하다. 좁은 토지에 크고 넓게 자라는 나무를 심거나 너무 많은 수량이나 적은 양을 심어도 균형적이지 못하다. 토지 면적보다 큰 나무, 좁은 토지에 수량이 많으면 나무는 생육 공간 경쟁을 해야 한다. 이것은 생장 불량으로 이어져 식재 목적 발휘가 어렵다. 이렇게 선정된 수목은 건강 체크, 굴취에서 매립에 이르기까지 적정한 식재 과정과 양생관리가 있어야만 수종 선정의 만족도가 높아지는 것이다.

넷째, 식재지의 토지 조건에 적합한 수종 선정이다. 나무가 뿌리를 내리고 살아가는 토양의 물리·화학적 성질, 기온과 강수, 고도와 위도, 일조량, 지형과 방위 등의 토지 조건에 가장 잘 적응하여 생장할 수 있는 수종을 선정하여 식재하는 이른바, 적지적수(適地適樹, right tree on right site)가 필요하다. 즉, 최대의 식재 목적 발휘를 위해서는 그 토지에 알맞은 수종 선발과 식재가 필요하다. 토양이 적당한 수분과 양분을 함유하는 양지라면 비옥한 토양을 선호하는 수종으로서 햇빛 요구도가 높은 양수(陽樹, shade intolerant tree, sun tree)가 알맞고, 해안가에서는 염풍에 강한 수종 선정이 우선되어야 한다. 이러한 원칙이 무시되면 식재의 성공은 보장받기 어렵다.

나. 적지적수

(1) 의의

식물의 생육(生育, growth and development)은 자연적 요인과 인위적 요인에 지배된다. 자연적 요인은 기후·토지·생물 조건이고, 인위적 요인은 인간의 생활에서 비롯되는 각종 오염원, 식재와 양생관리 기술이다(표5-1). 식재한 나무가 수종의 고유 기능을 발휘하면서 생육하려면 먼저, 생리·생태적 특성에 적합한 토지에 식재되는 적지적수가 되어야 한다. 2차적으로는 식재한 나무의 생리·생태적 특성에 부합하는 양생관리가 필요하다. 즉, 적지적수와 적정한 관리는 장래의 빠른 활착과 왕성한 생장을 보장하고 식재 목적 발휘의 기간 단축과 품질을 높인다.

수목의 생육에 영향을 미치는 토지 조건은 토양의 물리·화학성, 지형과 방위, 고도와 위도, 기후 조건(기온, 일광, 바람, 강수) 등으로서, 입지 조건 또는 입지 환경(立地環境, location environment)이라고도 한다. 토양은 식물이 뿌리를 내리고 자라는 곳으로서 수분, 각종 무기 영양소(無機營養素, mineral nutrient : N, P, K, S, Ca, Mg, Fe, …)와 유기물(有機物, organic matter : 동·식물 유체와 배설물)의 저장고인 동시에 공급처다. 무기 영양소, 즉 무기물은 광물성 흙 알갱이와 그 주변에 부착된 각종 미네릴이다. 미네랄(minerals)은 식물의 생장에 필수적인 물질들(필수 원소)로서 모암(母岩)에 따라서 구성 성분과 함량이 다르며, 이온(ion) 형태로 물에 녹아 식물에 흡수된다.

유기물은 ㉠ 생물체에서 만들어지는 탄수화물, 지방, 단백질, 핵산, 비타민 등의 물질들로서, 탄소(C)를 기본 골격으로 한 산소(O), 수소(H), 질소(N)로 구성된다. ㉡ 생물체를 구성하는 에너지원이며, 필수 원소와 더불어 식물의 생장과 건강을 지배한다. 유기물은 ㉢ 식물 사체, 동물 사체와 배설물 등이 토양 동물과 미생물에 의하여 분해·생성된 것으로서 토양의 물리·화학성을 구성한다. ⓐ 토양을 입단구조(粒團構造, aggregated structure)화하고 ⓑ 배수력과 함수력(含水力) 증진, ⓒ 지중 온도 유지 및 상승, ⓓ 통기성 증진 등으로 ⓔ 미생물을 활성화한다. 또한 ⓕ 보비력과 보습력을 높여 지속적인 양분 공급과 가뭄을 방지하며, ⓖ 토양 산도(pH) 교정 능력이 있어 산성화를 막는 등의 물리·화학성을 개선한다. 이러한 토양의 물리성과 화학성이 적합한 입지(立地, site)에 식재된 수목은 조기 활착, 양호한 식재 목적 발휘와 지속성을 기대할 수 있다.

이에 반하여 시멘트·아스팔트 포장이나 블록(block)이 깔린 토지의 도시 조경수는 고온과 저온 스트레스, 수분·공기·양분 부족을 겪는다. ㉠ 여름 고온기에는 바닥에서 방출되는 고온의 복사열(사진1-1, 3, 4), 겨울에는 냉각된 한기(寒氣)가 뿌리에 직접 전달된다. 특히 이러한 곳에서는 공기를 찾아 지표 가까이 발생하는 뿌리가 많기 때문에 고열과 냉각 장해는 뿌리 생장에 치명적인 요인으로 작용한다. 더욱이 불투수층으로 포장됨으로써 ㉡ 강우가 스며들지 못해 수분 부족을 겪고, ㉢ 공기 유통 불량, 뿌리 호흡 불량, 뿌리 기능 저하로 이어진다. 이와 더불어 ㉣ 낙엽, 낙지(落枝) 등의 유기물 공급 차단과 이에 따른 양분 부족 등으로 나무는 쇠약에 이른다(사진1-2).

사진1-2는 불투수성 블록이 깔린 곳에 식재된 느티나무와 화단의 느티나무 건강을 비교한 사례이다. 블록의 느티나무 3~4주(붉은 화살표)는 수분과 양분 부족, 저온기와 고온기의 온도 스트레스, 제한된 뿌리 영역, 토양 공기 부족 등으로 황화, 쇠약한 나무다. 반면, 뿌리권이 토양에 직접 분포하는 화단의 느티나무(청색 화살표)는 짙은 녹색을 유지하고 있다.

이 사례를 보더라도 식재지 토양 조건에 따라 나무의 건강이 지배됨을 알 수 있다. 최근에 들어서는 공기가 순환되고 빗물이 침투하는 투수성 포장 블록이 개발, 이용되고 있어 토양 생태계 활성화에 기여하고 있다. 그러나 블록에서 발산되는 여름철 고열과 겨울철 저온은 여전히 스트레스 요인으로 남는다.

[사진1-1] 암반 · 도로 복사열, 고온건조 쇠약

[사진1-2] 블록(↖) · 화단(↖) 식재 수세 비교

[사진1-3] 바닥 복사열, 고온건조 하엽 고사

[사진1-4] 바닥 복사열, 하엽 고사 근경

(2) 적지적수 사례

적지적수가 된 잣나무와 메타세쿼이아 식재 사례를 살펴보자. 잣나무는 토심이 깊고 양분과 함수(含水) 상태가 좋은 토양을 선호하고 메타세쿼이아는 습지에서도 자랄 만큼 물을 선호하는 나무다. 이러한 생육 특성에 맞게 잣나무는 8부 능선 아래에 조림하였고(사진1-5) 메타세쿼이아는 구릉지에 식재하였다(사진1-6).

산림의 8부 능선 이하는 산정부나 능선부보다 토심이 깊고 함수 상태 또한 좋은 곳이다. 구릉지는 오목하여 주변의 물이 유입되는 곳으로서 평지나 경사지보다 토양 함수량이 높은 지형이다. 그러므로 물을 좋아하는 메타세쿼이아는 구릉지에, 토심이 다소 깊고 적습(適濕)·적윤(適潤)한 토양을 좋아하는 잣나무는 산기슭에 식재함으로써 두 수종 모두 생육이 좋은 적지적수가 되었다.

[사진1-5] 잣나무 생육적지 산기슭 식재

[사진1-6] 메타세쿼이아 적지 구릉지 식재

(3) 부적합 토지 식재와 치료

① 부적합 토지 식재 사례

적지적수가 되지 못한 메타세쿼이아와 전(젓)나무 식재 사례를 본다. 골프코스 홀(hole) 간의 경계 및 차폐를 목적으로 성토(盛土, banking, filling, mounding)한 언덕에 메타세쿼이아를 열식(列植)하고(사진1-7), 전나무를 소 군식하였다(사진1-8). 메타세쿼이아는 수고가 높고 잔가지가 많아 개활지의 차폐용 산울타리 식재에 자주 선정, 식재되는 나무로서 물이 많은 땅을 선호한다. 전나무 또한 함수 상태가 좋은 곳을 선호하며 장대하게 자라는 나무다.

그런데 언덕은 지형적으로 평지보다 침식과 양분 용탈(溶脫, leaching)이 쉬운 곳으로서 보습·보비력이 낮을 뿐만 아니라 강 일광이 조사(照射)되는 척박한 토지다. 그럼에도 양분과 수분 요구도가 높은 두 수종 모두 메마른 언덕의 부적합 지에 식재되었다. 여기에 관수, 시비, 가지솎기 등의 양생관리 미흡으로 활착 상태가 불량하다. 가지가 말라 죽고 엽밀도가 떨어져 빈약한 수관부는 차폐 기능 저하로 산울타리 기능을 발휘하지 못하고 있다. 줄기 하단부에는 짧고 위약한 맹아(萌芽, sprouts)가 뭉쳐 나와 고사를 반복함으로써 수세 약화가 가중된다. 특히 상록수인 전(젓)나무는 동계건조(제5장 2 다 참조)로 잎이 황화하고 쇠약함으로써 병이나 천공성 해충의 공격 대상이 되고 있다.

[사진1-7] 성토지 생육 불량 메타세쿼이아

[사진1-8] 성토지 생육 불량 전나무

② 부적합 토지 쇠약수 치료

적지적수가 되지 않아 쇠약한 수목을 치료하는 최우선책은 ㉠ 예방에 있다. 즉, 수목의 생리·생태적 특성에 알맞은 토양에 식재하는 것이 곧 치료 방법이라는 역설이다. 그만큼 적지적수가 나무의 활착과 생장에 중요하다.

㉡ 다음은 토양의 물리·화학성 개량이다. 즉, 토양을 수목의 생리·생태적 특성에 맞도록 개량하는 것이다. 토양의 물리·화학성 개량은 명거와 암거, 적정한 부산물비료와 화학비료 시비로써 가능하다. 특히 부산물비료는 토양의 이화학성을 개선하는 유기질비료로서 화학비료와 혼용할 경우 비효가 오래 지속되며, 보습력이 높아 건조 피해가 적다.

ⓐ 나무를 식재하기 전의 토양 개량을 위한 부산물비료 시비는 식재 구덩이나 식재 열에 기비(基肥, 밑거름)를 하는 것인데, 가급적 염분 농도가 낮아야 한다. 염분 농도가 높은 축·수산업 부산물이나 인분뇨, 음식물 폐기물류 등이 원료인 비료는 부적합하다. 비료의 고농도 염분은 뿌리에서 역삼투(逆滲透, reverse osmosis) 현상을 일으켜 나무가 고사하는 이른바, 농도장해를 입기 때문이다. 염분 농도가 높은 비료의 시비량은 종류에 따라 다르지만, 매립토의 1/3~1/2의 양을 혼합하여 시비하는 것이 안전하다.

ⓑ 이미 식재된 나무의 부산물비료 시비는 뿌리권에 구덩이를 파고 시비하며, 화학비료는 구멍을 뚫어 시비한다(제6장 1, 2 참조). 이때 이탄토, 코코 피트 등이 주 원료인 부산물비료는 그대로 시비해도 된다. ⓒ 넓은 면적에 군식된 나무는 좁은 골을 파고 시비하고 묻는데, 골을 파기 어려운 군식지는 뿌리권 표면에 전면시비를 한다. 부산물비료 전면시비는 비료관리법상 분류의 부숙유기질비료와 유기질비료 모두 가능하다. 시비량은 비료의 원료 함유량에 따라 다르지만, 충분히 발효된 비료의 경우 산포(散布, 흩어뿌리기) 양은 표토가 거의 피복되는 양이거나 0.5cm 내외 두께로 시비하면 농도장해 우려가 없다. 그러나 완숙되지 않은 비료는 이 정도의 양으로도 장해가 발생하므로 주의하여야 한다.

㉢ 식재된 나무의 발근 촉진을 위해서는 인산 함유율이 높은 계분비료가 좋다. 이 또한 완전 발효된 것이어야 하며, 부산물비료와 동일한 방법으로 구덩이를 파고 시비한다. 산포할 경우 잔디, 억새, 갈대, 짚 등의 예초물로 멀칭한다. 멀칭 위에 가볍게 살수하여 부산물비료가 마르지 않도록 한다. 부산물비료는 수분을 잃으면 비효가 떨어지거나 상실한다. 화학비료 시비는 제6장 활력증진과 치료 시비시술에서 다루기로 한다.

㉣ 이 모든 시비는 뿌리의 평균분포영역에 시비하되, 나무에서 일정 거리를 이격하여 시비한다. 근계평균분포영역(根系平均分布領域)에 시비하는 것은(제6장 2 가, 나 참조) 뿌리가 평균적으로 가장 많이 분포하는 영역에 시비하고자 함이다. 적은 양의 시비로 비효를 극대화하고 유실되지 않도록 하기 위함이다. 특히 지면에 시비한 비료는 강우에 유실되어 하천, 강, 호수, 바다를 오염시킬 수 있다. 나무에서 일정 거리를 이격시켜 시비하는 것은 근원부와 가까운 영역에는 대부분 굵은 뿌리가 분포하고 양분과 수분을 흡수하는 잔뿌리는 그 바깥 영역에 분포하기 때문이다. 또 비료가 지제의 상처나 피목(皮目, lenticle)을 통하여 오염될 경우 부후의 원인이 될 수 있다.

다. 향토수종과 식재영역

(1) 향토수종

수종 선정의 원칙과 기준은 적지적수다. 적지적수를 위해서는 식재 대상 수종의 생리·생태적 특성이 그 지역의 기후와 토지 조건, 식재지 국소 토지 조건과의 적합성 여부가 조사되어야 한다. 기후와 토지 조건의 적합성 여부는 ㉠ 지방 기상 자료 분석, ㉡ 토양 조사, 지형과 방위 조사, 해발고 조사 등이 필요하지만, ㉢ 그 지역의 향토수종 조사로서도 가능하다. 즉, 식재 대상 지역에 무슨 나무가 분포, 식재되었으며 건강 상태는 또 어떠한가를 조사하고, 그 자료에 근거하여 수종을 선정하고 식재하면 성공률이 높다.

식물의 수종 분포는 자생하는 향토수종과 도입 식재되어 생장하는 외래수종으로 구성된다. 향토수종(鄕土樹種)이란 오랜 세월에 걸쳐 그 지역 풍토에 순화되어 자생하는 수목으로서 생육(生育, growth and development)이 좋은 나무라고 할 수 있다. 건강하고 좋은 생육의 향토수종은 동일 수종을 우선적으로 선정하게 되는 요인이 된다.

우리나라의 대표 향토수종에는 전국적으로 식재 및 자생하는 소나무, 느티나무, 참나무류, 진달래 등이 있다. 지역적으로는 울릉도의 섬잣나무, 서해 만리포에서 남해안을 거처 동해 울진과 강릉 이북에까지 자생하는 곰솔(해송), 제주도를 포함한 남해와 동해남부 해안을 따라 자생하는 팽나무 등이 향토수종이고, 지역 고유수종이다. 즉, 산야에서 생육이 좋은 자생 수종들은 그 지역의 향토수종이라고 할 수 있으며, 조림 및 조경수 선정의 참고자료가 된다.

(2) 특산수종

나무를 식재함에는 그 나무의 경관적 가치가 평가되어야 한다. 경관적 가치란 식재 또는 자생하는 나무가 고유한 유전적 형질을 발현함으로써 외형적으로 나타나는 가시적인 아름다움의 평가 가치로서, 그 가치가 발휘되는 수목을 경관수목(景觀樹木)이라고 한다. 경관 대상은 개체목의 잎, 줄기, 가지, 꽃과 열매 등의 외형적 특색(형태와 색체) 뿐만 아니라, 집단미와 주변 경관과의 조화미까지 포함된다.

경관수목의 한 범주인 ㉠ 지역 특산수종은 꽃이나 열매가 아름답다거나 녹음이 우수하다는 등의 미적 소질 또는 기능적 소질 등이 높은 가치 평가를 받아 지역 경제 활성화에 기여하는 나무를 말한다. 지역 특산수종은 타 지역에도 서식하지만, 그 지역에서 보다 높이 평가·발전되고 가치가 부여되는 수종을 의미한다.

이러한 평가 가치가 특성화되어 지역 경제 활성화에 기여하는 ㉡ 특산수종으로서의 성공 사례로는 전남 구례 산수유 마을, 충남 아산 백암리 은행나무 길, 충북 보은군 임한리의 솔밭, 강원도 인제 원대리 자작나무 숲, 서울 여의도와 경남 진해의 벚나무 등이 대표적인 사례이다(사진1-9, 10). 그 외에도 볼거리 명소로의 지역 고유성을 살릴 수 있는 수종으로는 경북 경산시의 대추나무, 청도군 감나무, 충북 충주·경북 영주의 사과나무, 충남 공주 밤나무, 전남 나주 배나무, 경기도 장호원의 복숭아나무, 제주도 감귤 등이 있으며, 이는 생활 경제 개발 가능 수종이라 할 수 있다.

지역 특산수종 발굴은 꽃, 열매, 녹음, 단풍, 수피, 수형, 군락 등의 아름다움과 특징을 그 지역 특산종으로의 개발에서 시작된다. 지역 특산종 선정은 지근거리의 타 산업과 연계될수록 평가 가치가 높아진다. 곤충이나 야생동물 서식처가 제공되는 자연 친화적인 산책로 개발, 휴식 공간 조성, 촬영지 유도, 먹거리 조성 등으로 다시 찾는 경관 조성은 지역 고유성 평가 가치를 향상시킨다.

[사진1-9] 은행나무길, 충남 아산 백암리

[사진1-10] 자작나무 숲, 강원 인제 원대리

(3) 외래수종

외래수종(外來樹種, foreign trees) 또한 식재 수종 선정의 중요한 요인이다. 외래수종은 식재영역 확대의 한 방법으로서 경제성이나 경관의 목적으로 도입하는데, 향토수종에는 없는 새로운 형질을 도입함으로써 수종 다양화를 이룬다.

외래수종이 식재 수종으로 선정되려면 ㉠ 좋은 생장이 전제되어야 하며 ㉡ 병해충이나 각종 재해에 대한 내성(耐性, tolerance, resistance)이 강해야 한다. 그러므로 ㉢ 가급적 근거리의 지역, 식재 대상 지역과 유사한 토지 환경과 기후 조건의 지역, 등온선(等溫

線, isotherm, isothermal line) 상의 지역에서 도입되는 것이 안전하고, 이렇게 도입된 나무일수록 식재 성공률이 높다.

우리나라에 도입되어 성공한 대표적인 외래수종에는 아카시나무(아까시나무), 사방오리나무, 리기다소나무 등이 있다. 이들 수종은 모두 사방 조림용으로 식재되어 민둥산을 푸르게 하였고, 연료림으로서의 식재 목적을 발휘하였다. 그 외에도 가로수로 식재되는 메타세쿼이아와 양버즘나무(플라타너스), 속성수 이태리포플러, 조림용으로 도입되어 지금은 치유의 숲으로 각광받는 편백나무도 향토수종 못지않게 생육이 좋은 도입수종 성공 사례다.

(4) 식재영역 확대

모든 식물은 온도의 지배를 받는다. 온도는 식물의 생육과 분포를 결정하는 인자로서 생육의 적합성 정도에 따라 최고 온도, 최적 온도, 최저 온도가 있다. ㉠ 최적 온도는 생육에 가장 알맞은 온도의 범위이고, 최고 온도와 최저 온도는 식물 생육의 임계온도(臨界溫度, critical temperature)다. ㉡ 임계온도는 생육 한계온도(限界溫度, limiting temperature)로서 그 범위를 벗어난 온도에서는 생존할 수 없거나 극히 불량하다. 생육 한계온도는 ⓐ 식물의 종류, 나이, 조직, 생육 단계에 따라 조금씩 다르고 계절, 고도, 위도, 해안과 내륙에 따라서도 다르다. 일반적으로 수목의 최적 온도는 24~34℃, 최고 온도는 36~46℃, 최저 온도는 0~16℃라고 한다(김, 1978).

ⓑ 위도 상으로 남부 난지형 수목의 분포는 겨울 최저 온도(임계온도)에 이르는 북방 한계선에, 북부의 한지형 수목은 여름철 최고 온도(임계온도)에 이르는 난방 한계선의 지배를 받는다. 즉, 임계온도에 지배되는 분포 유형은 한지형 식물은 여름 고온에 대한 내서성(耐暑性, heat resistance, hot tolerance)이 약하고, 난지형 식물은 겨울 저온에 대한 내한성(耐寒性, cold resistance)이 약하기 때문에 나타난다.

㉢ 온도 영역의 한계선은 뚜렷한 것이 아니고 서서히 변하는 일종의 남방과 북방의 완충지대인 전이대(轉移帶, transition zone) 영역이 있다. 전이대는 난지형 수종과 한지형 수종의 생존 영역 확대 지역이기도 하다. 예를 들어 북방한계선 가까운 전이대에 남부 수종을 식재하고 겨울철 방한 시설을 하여 월동시킴으로써 식재영역을 확대시킬 수 있다.

식재영역 확대의 대표적인 나무로는 배롱나무(*Lagerstroemia indica* L.)와 피라칸타(피라칸사, *Pyracantha angustifolia* Schneider)를 꼽을 수 있다. 내한성이 약한 배롱나무는 과거 우리나라 남부지방에서만 식재되었다. 그러나 현재는 겨울 저온과 찬바람을 막는 남향의 언덕 아래에 식재하고 줄기 감싸기와 뿌리권 멀칭 등의 월동 관리를 함으로써 경기 북부지역에서도 볼 수 있는 조경수가 되었다(사진1-11). 제주도, 경상남도와 전라남도 해안지역의 조경수였던 피라칸타 또한 최근에는 경기도 몇몇 지역에서도 볼 수 있는 나무가 되었다(사진1-12). 이와 같이 전이대는 식물의 분포 영역을 확대하고 종 다양성을 높인다. 전이대에 식재된 남부 수종은 겨울 한파에 지상부가 고사되기도 하며(사진1-11), 북부 수종은 여름의 이상 고온건조에 견디지 못하고 고사할 수 있으므로 기상이변의 대비가 필요하다.

그런데 지구의 이상 고온건조 현상은 식재영역을 현재보다 더 북쪽 지역으로 이동시킬 것으로 예상된다. 특히 사과, 배, 감, 대추 등의 과수 재배는 현재의 기후변화 추세로 보아 향후 10~20년 내에는 현재의 식재 지역보다 더 북쪽으로 이동될 것으로 보인다. 그때가 되면 현재의 재배지에서는 병·해충, 고온과 건조 등으로 식재 목적을 달성할 수 없고, 심지어는 생존에도 어려움을 겪을 수도 있을 것이다.

[사진1-11] 동해, 배롱나무(2015, 경기 고양)

[사진1-12] 영역 확대, 피라칸타(2012, 경기 과천)

2. 기능식재 수종

가. 기능식재

(1) 의의와 구분

숲과 나무는 ㉠ 생활 지역 풍광을 아름답게 하고 심신을 안정시켜 국민성을 온화하게 함으로써 사회악을 감소시키는 효능이 있다. 뿐만 아니라 ㉡ 숲속 걷기와 생활 체육시설 포용은 주민 보건을 향상시켜 국가의 보건복지 예산을 절감한다(윤, 1987). 미국의 Michael Hough 교수의 저서 'City Form and Natural Process(1984)'에 의하면 항상 비판적이며 각박한 세상에 존재하는 인간에게 있어서, 식물은 뚜렷이 부각되지도 않고 위협적이지도 않은 채 인간의 심성을 부드럽고 편안하게 해준다. 또한 식물을 가꾸는 사람의 자존감을 높여줌으로써 감성적인 행복감을 갖게 한다. 즉, 정원을 가꾸는 사람은 물과 흙을 가지고 노는 아이들이 갖게 되는 느낌처럼, 자신이 스스로 물리적인 환경을 변형시킬 수 있고 조절할 수 있다는 일종의 만족감을 얻게 한다는 것이다(신 외, 1988).

이처럼 식물을 심고 가꾸는 일은 개개인이 직접적으로 받는 효능이기도 하다. 그러므로 때와 장소에 어울리고 목적에 부합하며, 보다 높은 효능이 발휘되도록 계획을 세우고 식재하는, 이른바 기능식재가 필요하다. 기능식재(機能植栽, functional planting)란 숲과 나무가 가진 기능과 효용을 얻을 목적으로 나무를 심는 행위로서, 나무를 식재하는 모든 행위가 기능식재다. 그 이유는 목적 없이 나무를 심지는 않기 때문이다.

수목의 기능식재는 크게 실용기능 식재와 관상기능 식재로 나눌 수 있다(표1-1). ㉠ 실용기능 식재는 실용적인 효능 추구가 목적인 식재다. 주로 생활경제의 직접적인 이익이 목적인 식재 행위로서 시야를 차단하거나 출입을 막는 차폐용수, 차량이나 기계 소음 차단 목적의 방음용수, 그늘을 위한 녹음용수, 바람을 막는 방풍용수, 화재 확산 방지를 위한 방화용수, 눈사태를 방지하는 방설용수 등의 목적으로 수종을 선정하고 식재하는 것이다.

㉡ 관상기능 식재는 경제적인 이익보다는 생활환경의 윤택성을 배가시킬 목적으로 나무를 심는 것이다. 건물이나 부대시설, 공원 등의 미화장식을 목적으로 관화·관실·관엽 수목을 선정, 식재하는 것이다. ㉢ 그 외에도 숲이 조성됨으로써 얻게 되는 대기정화 기능, 심미적 기능 등은 실용적 기능을 능가하여 인간과 동·식물의 생존을 지속 가능하게 하는 원천이다.

[표1-1] 기능식재 수목과 적용

실용기능 식재	• 미화장식용수 : 건물 · 공원 · 도시경관 미화 장식용 식재 수목 • 녹음용수 : 푸름과 그늘용 식재 수목 • 산(생)울타리 · 은폐용수 : 경계 · 은폐 · 차단용 울타리 식재 수목 • 방음용수 : 차량 · 공업시설 · 기타 소음 방지용 식재 수목 • 방풍 · 방사 · 방진용수 : 바람 · 모래 · 먼지 방지용 식재 수목 • 방조용수 : 해안의 조수 유입 차단용 식재 수목 • 방화용수 : 화재 확산 · 지연 · 차단용 식재 수목 • 방연용수 : 공해유입 방지 및 저감용 식재 수목 • 방설용수 : 눈사태 방지용 수목
관상기능 식재	• 관화수목 : 꽃 관상용 식재 수목 • 관엽수목 : 잎 관상용 식재 수목 • 관실수목 : 열매 관상용 식재 수목 • 줄기관상 수목 : 수피 색깔과 갈라진 모양, 수간형(직간, 곡간, 사간, 현애 등) 관상용 식재 수목, 집단미 관상용 식재 수목 • 수형관상 수목 : 자연수형, 토피어리(topiary) 등 인공수형 관상용 식재 수목

(2) 기능식재 계절성

관상 기능과 실용기능 식재는 계절성이 있다. ㉠ 관상 기능의 계절성은 계절이 변함에 따라 개화, 결실, 녹음, 단풍과 낙엽 등으로 체색이 변모함으로써 다르게 나타나는 관상 가치를 말한다. 봄에는 연녹색의 새순과 꽃의 아름다움, 여름에는 녹음의 청량감, 가을에는 단풍이나 열매의 화려함과 풍성함이 연출된다. 반면 비 생육기에는 꽃, 단풍, 열매의 아름다운 관상 주체는 소멸하지만, 줄기와 가지에서 표현되는 간결한 수형미가 있다(사진1-13, 14).

㉡ 실용기능 또한 계절성이 있고 계절에 따라 다른 평가가치를 가진다. 예를 들어, 낙엽수로 식재된 산울타리는 생육기의 울밀한 지엽이 우수한 은폐와 차단기능을 발휘하고, 비 생육기는 은폐·차단기능은 떨어지지만, 낙엽기의 주변 경관과 조화를 이룬다. 무궁화, 덩굴장미, 황매화, 죽단화 등의 관화수목 산울타리는 개화기에는 아름다운 울타리 경관을, 비 개화기는 울밀한 지엽이 차단기능(가로막기)을, 낙엽기는 잔가지와 가시가 차단기능을 발휘한다(사진1-15, 16). 반면 상록성 수목의 산울타리는 낙엽된 주변의 겨울 경관과는 대조되나 시각적인 차단기능은 오히려 상승한다(사진1-17). 겨울 경관과는 뚜렷한 차별성의 녹색 경관이 시각적인 경계·차폐·차단기능을 상승시키기 때문이다.

㉢ 기능식재는 동일 수종일지라도 개체목이나 식재와 관리 방법에 따라 발휘되는 기능

이 다르다. 예를 들어, 스트로브잣나무를 토지구획 경계에 1~2줄로 열식(列植, sowing in line, stroll planting)하면 공간 분할기능과 차폐·차단기능을 발휘한다(사진1-17). 반면 건물·공원의 시설물이나 골프코스 티·페어웨이·그린 주변에 단목(單木)으로 식재하여 다듬어 가꾸면 포인트 목(point tree)으로서의 기능과 장식기능을 동시에 발휘한다(사진1-18).

[사진1-13] 느티나무, 생장기 수형(8월)

[사진1-14] 느티나무, 낙엽기 수형(11월)

[사진1-15] 덩굴장미, 장식 · 차폐기능

[사진1-16] 죽도화, 차단 · 장식 · 시선 유도기능

[사진1-17] 스트로브잣나무 열식, 산울타리

[사진1-18] 스트로브잣나무 단목, 장식기능

(3) 기능식재 수종 구비 조건

기능식재 수종이 갖추어야 하는 조건은 기능 발휘 연령이 빠를 것, 계절성을 발휘할 것, 고유성과 희귀성이 각인될 것 등이다. ㉠ 기능 발휘 연령이 속성인 수종은 식재 2~3년 또는 수년 내의 짧은 장래에 식재 목적을 발휘하는 수종이다. 즉, 개화·결실·수관 울밀도·기타 식재 목적 발휘에 달하는 수령이 빠른 수종이다. 이를 위해서는 기능 발휘 수령대의 나무를 식재하거나 빠른 기간 내에 기능 발휘 가능한 무육관리가 필요하다.

㉡ 계절성 발휘 수종은 계절이 변함에 따라 꽃, 녹음, 단풍, 열매 등의 체색 변화가 있는 수종이다. 계절성은 다른 수종의 비 개화기에 꽃 피는 수종, 개화 또는 결실이 장기간 지속되는 수종일수록 평가가치가 높다. 화려한 벚꽃이 지고 난 황량한 시기에 분홍으로 탐스럽게 피는 겹벚나무, 꽃 보기 어려운 초여름에 하얗게 피는 이팝나무, 한 여름에 붉게 피는 능소화는 화려하고 개화 기간 또한 길어 높은 가치로 평가된다. 그 외에도 무궁화는 7월 하순부터 10월까지 개화하여 다른 나무 비 개화기에 꽃 피는 나무이고 기간 또한 길어 평가가치가 높은 수종의 하나다.

㉢ 고유성과 희귀성 각인 수종은 종이나 개체목의 수형·수령(노거수)·체색 등이 인상적이고, 발휘되는 기능이 특징적이어서 보는 이에게 오래도록 기억되는 수종이다. 예를 들어, 7월의 여름 더위는 시원한 무엇인가를 찾을 때다. 이러한 때에 그늘이 짙은 나무나 색감이 고운 꽃나무는 잠시나마 더위를 잊게 한다. 꽃 보기가 어려운 7월에 황금빛으로 피는 모감주나무는 개화기와 낙화기에도 보는 이의 마음을 사로잡는다(사진1-19). 꽃이 질 때면 작은 꽃잎들이 마치 금싸라기 떨어지듯 황금비 모습을 닮아 서양에서는 「Golden rain tree」라는 이름까지 붙었다.

㉣ 고유성과 희귀성 각인은 식재 장소에 따라서도 달라진다. 국기 게양대 아래 식재된 무궁화는 일반 식재지의 무궁화와는 상징성이 다르다(사진1-20). 국기 게양대 아래에 무궁화를 심겠다는 발상 그 자체만으로도 높고 귀하며, 다시 돌아보게 되는 국가관을 상징하기 때문이다.

[사진1-19] 모감주나무, 골프코스 장식기능

[사진1-20] 무궁화, 국기 게양대 장식기능

나. 기능식재 기법

(1) 기능식재 종류

식재 설계자는 식재 공간의 형태, 식재 목적, 주변 환경이나 설계 위탁자의 주문에 따라 배식 설계를 한다. 배식 설계의 기본 형태는 정형식재, 자연풍경식 식재, 자유식재가 있다(윤, 1989). 표1-2는 저자의 스승 윤(1989)의 내용을 요약·정리하였다. ㉠ 정형식재 기법에는 단식, 대식, 열식, 교호식재, 집단식재, 초점식재 등의 방법이 있다. ㉡ 자연풍경식 식재 기법에는 부등변삼각형 식재, 임의식재, 모아심기, 군식, 산재식재, 배경식재, 주목(主木)식재 등의 방법이 있고 ㉢ 자유식재 기법에는 자유형 식재가 있다.

[표1-2] 기능식재 기법 종류

식재 형태		식재 방법
정형식재	단식	중요한 위치에 1그루의 나무를 심는 단목 식재
	대식	축의 좌우에 동일 수종과 수형의 나무를 대칭으로 식재
	열식	동일 수종과 수형의 나무를 열과 일정 간격으로 식재
	교호식재	일정 간격으로 서로 어긋나게 식재
	집단식재(평면식재)	일정 범위의 토지 전체를 피복하는 형태의 식재
	초점식재	시각이 집중되도록 식재(랜드마크 식재)
자연풍경 식재	부등변삼각형 식재	크기가 다른 나무 또는 동일 크기 나무 3그루를 간격이 다르고 일직선상에 오지 않도록 식재
	임의식재(랜덤식재)	크기가 다른 나무 또는 동일 크기 나무를 규칙성 없이 임의적으로 식재
	모아심기	3~5그루의 나무를 한곳에 모아서 1그루처럼 보이게 식재
	군식	모아심기보다 크게 무리지어 일정 면적을 피복하는 식재
	산재식재	한 그루씩 흩어지게 식재
	배경식재	주 경관을 돋보이도록 후방, 하층에 식재
	주목식재	경관의 중심이 되도록 식재
자유식재	자유형 식재	비대칭, 자유로운 식재

(2) 정형식재

정형식재란 선(線, line), 각(角, angle), 공간(空間, space)이 규칙적으로 배열되는 기하학적인 배식으로서, 일정 규격의 수목을 규칙적으로 단식, 대식, 열식 등의 방법으로 배열하는 수법이다. 즉, 유사한 규격(크기와 모양)의 나무를 일정 간격으로 식재하는 방법으로서 질서정연한 아름다움이 표현된다.

① 단식과 대식

단식(單植)은 단목식재로서 수형이나 수모(樹貌)가 아름다운 나무 1주를 건물이나 통행로의 교차점 또는 모서리와 같은 축의 중심이나 중요한 위치에 독립수로 식재하는 기법이다(사진1-21). 교차점이나 모서리 식재는 강조와 주(主)의 효과가 있어 통행하는 차량이나 사람의 안전을 확보하는 효과가 있다. 단식은 초점식재 또는 주목(主木)과 마찬가지로 노거수, 아름다운 수형과 수모의 나무를 중요 위치에 식재하였을 때 시선을 집중시키고 랜드마크(land mark), 쉼터로서의 역할을 한다.

대식(對植)은 대칭식재로서 시선의 축 좌우 대칭으로 식재하는 기법이다(사진1-22). 건물의 현관 좌우, 기타 주체를 돋보이게 하기 위하여 동일 수종 및 유사한 수형·수고·직경의 나무(정형수)를 대칭으로 배치시키면 단정하고 중량감이 표현되며, 건물 입구에서는 수문장 역할을 한다.

[사진1-21] 통행로 교차 모서리 단목 식재(꽝꽝나무)

[사진1-22] 건물입구 대칭 식재(꽝꽝나무)

② 열식, 교호식재, 집단 열식

㉠ 열식(列植)은 동일 수종의 유사한 수형·크기·굵기의 나무를 일정 간격으로 동일 선상에 배치하는 기법으로서 ⓐ 군인들의 열병처럼 질서정연한 경관을 창출한다(사진 1-23,

24). 정형식재 기법의 열식은 가로수 식재에서 가장 잘 표현된다. 그 장점은 하나의 가로에 동일 수종, 유사한 크기와 수형의 개체목을 식재함으로써 통일성과 그 가로의 특색이 부여된다. ⓑ 도로 양쪽에 식재될 경우 크게 자라면 수목 터널을 형성하여 걷고 싶은 거리가 된다.

[사진1-23] 열식, 가로수 느티나무

[사진1-24] 열식, 골프코스 통행로 흰배롱나무

특히 ⓒ 사각이나 원형으로 수형 가꾸기를 할 경우 또 다른 볼거리가 된다(사진1-25, 26). 최근에 들어, 유럽풍의 사각이나 원형의 가로수 수형 가꾸기가 도입되어 도시 가로수 경관에 변화를 주고 있다. 사각이나 원형의 수형 가꾸기는 수관의 전체 면적이 줄어들고 사방으로 뻗은 가지가 정리됨으로써 태풍이나 폭우 피해가 경감된다. 또한 교통 표지판을 가리거나 전기·통신 시설에 장애가 되는 사례를 줄일 수 있고, 정갈한 도시 가로수 경관을 연출한다. 그러나 초기 수형 가꾸기에 많은 인력과 비용이 수반되며, 도로에 제공되는 그늘의 면적 감소로 여름에는 도시 온도 상승의 요인이 된다. 연구에 따르면(정 외, 2015) 보도와 차도 간의 온도 차이는 침엽수류보다 낙엽수류가 큰 것으로 나타났고, 기온저감 효과를 극대화하기 위해서는 교목성의 지엽이 치밀하며, 수관폭이 넓은 나무 식재가 필요하다고 분석하였다. 이러한 연구결과에 비추어 가로수 수관 정형화는 도시 온도 상승 저하에는 비효율적이라고 할 수 있겠다.

[사진1-25] 구형수관 가로수(양버즘나무)

[사진1-26] 사각수관 가로수(양버즘나무)

열식은 ⓓ 도로 가장자리뿐만 아니라 중앙 분리대에도 식재된다. 중앙 분리대 식재는 맞은편 차량의 강한 불빛을 차광하는 효과가 있고 도로의 횡단을 막을 수 있다. 그러나 열식은 ⓔ 유사한 수형의 나무를 다량 구입할 수 있어야 하고, 어느 한 나무가 쇠약하거나 죽으면 선의 연속성이 끊어지는 단점이 있다. 또한 긴 구간에 조성하였을 때는 너무 획일적이어서 단조로운 느낌을 줄 수도 있다.

㉡ 교호식재는 열식의 한 방법으로서 교호병렬식재(交互竝列植栽) 또는 병렬식재라고도 한다. 2열로 식재하는 기법으로서, 1열과 2열의 나무가 서로 엇갈리게 한다(사진 1-27). ⓐ 식재 폭이 넓어지고 수관과의 공간이 메워짐으로써 차폐와 차단 효과가 높다.

ⓑ 녹음이 짙어 대 면적 토지의 산울타리 식재 또는 다소 넓은 토지의 가로수 식재에 적합하다. ⓒ 교호식재는 동일 수종 식재의 단조로움에서 벗어나 두 수종을 교호병렬로 식재하면 가로수의 다양성을 표현할 수 있다(사진 1-28). ⓓ 서로 다른 수종을 교호식재하면 병·해충이나 기상재해의 내성을 높이고 도시 미기후를 조정하는 등 생태학적으로도 단목 식재보다 유리하다. 가로수 식재 유형과 기온과의 관계 연구결과에 의하면(정 외, 2015), 차도와 보도의 평균기온 차이는 교목 1열 유형은 1.80℃, 교목 2열 유형은 2.15℃로 열수 증가에 따라 기온 차이 평균값이 큰 것으로 나타났다.

[사진1-27] 가로수 교호식재(느티나무)

[사진1-28] 플라타너스-은행(우) 교호식재

㉢ 열식에는 개체목을 도입하는 수법 외에도 초본류와 관목류를 도입하여 집단으로 표현할 수 있다. 산림, 농경지 기타 인접한 지형·지물로부터 차폐·차단, 이격을 목적으로 식재하는 이른바, 집단 열식이 있다. ⓐ 도로변에 초본류를 일정한 폭으로 무리지어 길게 열식하여 시선 유도와 차폐·차단을 겸한 산(생)울타리를 조성할 수 있다(사진1-29). 일종의 군식형 열식으로서 가꾸기를 하면 정형화된 나무가 열식된 것처럼 연출된다. 그러나 초본류는 비바람에 약해 쓰러지거나 헝클어지는 등 관리하지 않으면 답답하고 무질서해지므

로 도시보다는 산림과 접하는 도로에 알맞다. ⓑ 관목류는 초본류보다 정형화가 용이하여 간결한 맛이 있고 낮게 키우면 원경을 차단하지 않아 넓은 시야의 경관을 확보할 수 있다(사진1-30).

[사진1-29] 초본류 도입, 군식형 열식(억새)

[사진1-30] 관목류 도입, 군식형 열식(사철)

③ 정형식 집단식재

정형식 집단식재는 정형식 모아심기로서 평면식재라고도 하며, 무리지어 식재하는 기법이다. 일정한 형태가 있는 군식으로서 원형, 삼각이나 사각 패턴의 기하학적 배식으로서 다소 넓은 면적에 집단으로 식재하는 기법이다(사진1-31, 32).

정형식 집단식재(평면식재)의 한 방법으로서 식재 면적 전체에 관목을 심는 일종의 피복(被覆) 식재 기법도 있다. 넓은 도로의 교차점과 우회전 길 사이 3각이나 4분원 모양 분리대에 관목을 밀식하여 세모 또는 4분원으로 반듯하게 다듬어 가꾸는 것이다. 방법은 차도와 인도 및 식재지의 구분을 위하여 차도보다 다소 높게 조성하고 회양목, 영산홍 등의 키 낮은 관목류를 식재한다. 식재 면적 전체를 피복하므로 키가 낮아도 폭이 넓어 횡단할 수 없고 시야를 가리지 않아 통행에 방해되지 않는 장점이 있다.

[사진1-31] 기하학적 평면식재(프랑스 파리)

[사진1-32] 정형식 집단식재(무궁화)

④ 초점식재

초점식재는 꽃, 열매, 단풍, 수형이 아름다운 수목을 식재하여 시선을 모으거나 집중되도록 하는 식재 기법으로서, 포인트 목(point tree) 식재라고 할 수 있다(사진1-33). 골프코스의 경우 플레이어가 티(teeing ground)에 섰을 때 비구(飛球)의 낙하지점을 제시하거나 시각적으로 집중되는 위치에 식재하는 기법이다.

식재된 나무는 수형이나 수모가 아름답고, 꽃이나 열매가 아름다운 계절성이 있어 랜드마크(land mark) 기능을 발휘할 수 있도록 한다. 동일 수종으로 식재하되 교목성의 나무는 단목으로, 관목이나 소교목은 3~5주를 소군식한다.

[사진1-33] 초점식재, 해바라기 밭 느티나무

[사진1-34] 자연풍경 랜덤식재, 자연분포 소나무

(3) 자연풍경식 식재

자연풍경식 식재는 자연의 풍경을 모사하고 상징화한 것으로서 비정형적인 선으로 구성되는 차경식재(借景植栽) 기법이다. 따라서 재료나 수종 선택이 정형식에 비하여 자유롭고 입체적이어서 부분적으로 바라보아도 관상 대상이 된다(윤, 1989). 자연풍경식 식재 기법에는 부등변삼각형 식재, 임의(랜덤)식재, 모아심기, 군식, 산재식재, 배경식재, 주목(主木)식재 등이 있다.

① 부등변삼각형 식재와 임의식재

부등변삼각형 식재는 크기가 다른 나무 세 그루를 서로 다른 간격으로 동일 선상에 서지 않도록 식재하는 기법이다. 임의식재는 수형과 크기가 다른 나무를 규칙성 없이 임의적으로 식재하는 기법으로서 랜덤 식재(random planting)라고도 한다(사진1-34).

랜덤 식재는 식재 열과 간격의 변화가 있어 자유롭고 나무가 쇠약하거나 고사해도 2~3

주가 연속되지 않는다면 크게 노출되지 않는다. 또한 동일 수형의 나무를 배식하지 않아도 되기 때문에 수형이나 수고 선택의 폭이 크고, 넓은 면적의 법면 식재에 적합하다.

② 모아심기와 군식

모아심기는 3, 5, 7 그루의 나무를 모아 심는 기법으로서, 정서적으로 홀수의 나무를 식재하는 것이 일반적이다. 크기는 다르더라도 수종이 같고 유사한 수형의 나무를 모아심기 했을 때 경관가치가 높아진다. 모아심기의 한 방법으로서 맹아력이 강한 관목성 활엽수 여러 대를 모아서 1대의 나무처럼 표현하거나 덤불(thicket, bush)을 만들기도 한다(사진 1-35). 다듬어 가꾸기를 하면 정돈된 수형을 만들 수 있어 조경수 식재에 자주 도입되는 식재 기법이다(사진1-36).

[사진1-35] 모아심기, 보리장나무(덤불형)

[사진1-36] 열식형 모아심기(화살나무)

군식(群植)은 집단식재이며, 넓은 면적의 토지에 무리지어 식재하는 기법으로서 관목류에 많이 적용, 도입된다. 공원, 골프장, 수목원 등에서 꽃이 아름다운 산철쭉이나 영산홍 등을 집단식재할 경우 개화기의 장관을 감상할 수 있다(사진1-37). 군식은 유지관리가 용이하고 다듬기가 소홀해도 크게 거슬리지 않는 장점이 있다.

그러나 유지관리 구획 폭이 너무 넓으면 깎기나 기타 작업이 어려우므로 전정 톱과 작업인의 팔 길이를 감안한 소폭의 구획 군식을 하기도 한다. 녹차 밭처럼 전정 톱으로 다듬기 작업이 가능한 폭으로 구획 군식을 하면 작업이 수월하고, 평면식 군식지에서 느낄 수 없는 또 다른 경관이 창출되기도 한다(사진1-38).

[사진1-37] 집단식재(산철쭉)

[사진1-38] 구획 집단식재(산철쭉)

③ 산재·배경·주목 식재

산재식재(散在植栽)는 여러 대의 나무를 한 그루씩 흩어지게 식재하는 기법이다. 경사가 완만한 넓은 법면에 소나무 등의 교목을 띄엄띄엄 한 그루씩 식재하거나 산철쭉, 영산홍 등의 관목을 한 포기씩 흩어지게 식재하는 기법이다(사진1-39). 주목(主木, main tree)은 수량에 관계없이 경관의 중심이 되는 나무로서(윤, 1989) 수형이 아름다운 나무, 노거수, 꽃·열매·단풍이 아름다운 나무, 희귀 수종 등이 식재 대상이 된다(사진1-40).

[사진1-39] 법면 산재식재(소나무)

[사진1-40] 골프코스 주목식재(벚나무)

배경식재는 주목을 돋보이게 할 목적으로 시각 방향의 후방이나 바닥에 배식하는 식재 기법이다(사진1-41). 후방과 바닥 식재는 주로 개화 시기가 다른 철쭉이나 영산홍 등의 관목류가 많이 도입되는데, 수목에서 발휘될 수 없는 경관기능을 가진 화초류를 도입하기도 한다. 이러한 배경식재는 주목이 경관가치를 잃었거나 경관가치를 발휘하기 전후에 개화 또는 기타의 경관기능을 발휘함으로써 주목과 동등한 가치를 가지기도 한다(사진1-42).

[사진1-41] 배경식재, 벚나무 - 영산홍

[사진1-42] 배경식재, 벚나무 - 코스모스

(4) 자유식재

자유식재는 임의적인 식재기법으로서 식재 열, 면적, 형태가 자유롭고 재료나 배치도 비대칭적인 수법이다. 기능성을 중시하며, 디자인의 단순화와 단순 배식에 의해 경관이 구성되고 적은 수의 우량목으로 요점을 강조하는 수법이다(윤, 1989). ㉠ 넓은 면적의 법면을 장식할 때 아메바(amoeba)형(사진1-43) 식재기법을 도입하면 식재 방식에 구애받지 않고 자유롭고 독창적인 경관미를 창출할 수 있다. 또 구불구불한 지형에서는 곡선으로도 식재할 수 있다. 회양목 등의 키가 작은 수종을 도입 식재하면 차폐되지 않으면서 경계와 차단기능을 겸할 수 있다(사진1-44). 다만 키가 낮은 수목은 구획식재를 무시한 통행에 파괴될 수도 있다(사진1-45).

약간의 경계가 필요하지만 자유롭게 진출입할 수 있는 절선형 식재기법이 있다. 예를 들어, 쥐똥나무처럼 높게 키워 울타리를 조성하되, 진출입이 가능하도록 일정 거리마다 비식재 구역을 만들어 차폐기능은 발휘하되 진출입이 가능한 절선형 식재기법이 있다(사진1-46).

[사진1-43] 자유식재(아메바 형, topiary)

[사진1-44] 아메바 형 식재(회양목)

[사진1-45] 경계, 차단 파괴(회양목)

[사진1-46] 절선형 식재 유형(쥐똥나무)

3. 실용기능 식재 수종

가. 실용기능 식재

(1) 미화 장식용 수목

미화 장식용으로 이용되는 수목을 미화 장식용수라고 칭한다. 건물의 주변, 정문이나 현관의 좌우, 아파트 및 단독 주택가, 수로변, 도로변, 기타 시설물의 주변에 식재하여 주제를 보다 아름답게 꾸밀 목적으로 식재되는 수종이다(사진1-47, 48, 49, 50). 주요 미화 장식용 수종은 표1-3과 같다.

[사진1-47] 현관 좌우 장식식재(배롱나무)

[사진1-48] 수로변 장식식재(단풍, 솔, 버들)

[사진1-49] 경계화단 피복식재(눈향나무)

[사진1-50] 도로변 장식(솔, 영산홍, 산철쭉)

미화 장식용에는 ㉠ 꽃·열매·단풍이 아름다운 수종, 수형이나 수피가 아름다운 수종, ㉡ 침엽수와 활엽수, 상록수와 낙엽수, 만경류와 대나무류, ㉢ 교목과 관목류 등 모든 수종이 식재 대상이다(표1-3). 또한 ㉣ 자연수형의 나무는 물론, 다듬어 가꾼 인공수형의 나

[표1-3] 주요 미화 장식용 수종

분류	해부학적 특징	잎		수고	수종
		형태	성상		
나자식물 (겉씨식물) (외떡잎식물)	가도관 (헛물관)	침엽수	상록성	교목	주목, 비자나무, 소나무, 곰솔, 방크스소나무, 백송, 잣나무, 섬잣나무, 스트로브잣나무, 가문비나무, 독일가문비나무, 전(젓)나무, 구상나무, 삼나무, 금송, 측백나무, 편백, 화백, 향나무, 가이즈까향나무, 나한송
				관목	소철, 개비자나무, 눈향나무, 섬향나무, 눈주목
			낙엽성	교목	★ 은행나무, 메타세쿼이아, 낙우송, 잎갈나무, 낙엽송(일본잎갈나무)
피자식물 (속씨식물) (쌍떡잎식물)	도관 (물관)	활엽수	상록성	교목	소귀나무, 모밀잣밤나무, 가시나무, 태산목, 녹나무, 생달나무, 후박나무, 조록나무, 감탕나무, 동백나무, 참식나무, 월계수
				관목	붓순나무, 남천, 돈나무, 피라칸타, 홍가시나무, 꽝꽝나무, 사철나무, 천리향
				만경	송악, 모람, 마삭줄, 줄사철나무, 인동덩굴(반상록), 보리장나무, 보리밥나무(만경, 관목)
			낙엽성	교목	왕버들, 자작나무, 느티나무, 팽나무, 계수나무, 목련, 산사나 무, 모과나무, 마가목, 단풍나무, 노각나무, 배롱나무, 산수유
				관목	매자나무, 고광나무, 나무수국, 조팝나무, 무궁화, 황근
				만경	머루나무, 포도나무, 담쟁이덩굴, 오미자, 노박덩굴, 미역줄나무, 새머루, 개다래, 양다래(키위), 덩굴장미, 으름덩굴, 등나무

★ 은행나무는 잎이 넓어 활엽수로 보이나 해부학적으로 수분 이동로가 침엽수류의 특징인 가도관(헛물관) 이어서 침엽수류로 분류한다. 잎갈나무와 일본잎갈나무는 소나무과 수종으로서 잎갈나무는 우리나라 북부와 만주지역에 분포하는 나무이고, 일본잎갈나무는 흔히 낙엽송이라고 칭하는 일본 원산의 낙엽침엽수다.

무도 이용된다(사진1-51, 52). 즉, 수종이나 수형별로 특정한 이용 가치나 용도가 정해진 것이 아니라, 수종과 개체목이 지닌 각각의 고유성이 식재 목적과 식재 장소에 적합하면 선정되고 식재하는 것이다.

[사진1-51] 경사면 장식 토피어리(거북), 향나무

[사진1-52] 도로변 장식, 인공수형(주목)

(2) 산울타리용 수목

① 산울타리용 수종

산(생)울타리는 공간을 분할하는 구조물로서 건물이나 시설물 또는 토지의 경계에 은폐, 차단, 구획, 동선 유도 등의 목적으로 나무를 도입 식재한 살아있는 담장이다(사진1-53, 54). 생명체로 조성된 산울타리는 반영구적이고 매년 재생되는 장점이 있으며, 인공 시설물과는 달리 자연미가 있다.

[사진1-53] 벽면 차폐 생울타리(측백나무)

[사진1-54] 시설물 차폐 생울타리(화살나무)

산울타리 식재는 ㉠ 나무가 자랐을 때 수관폭의 1/2만큼 경계 안쪽에 식재한다. 그렇지 않으면 타인의 경계를 침범하여 가지를 뻗고 인접 식물이나 시설물에 피해를 준다. ㉡ 수고는 차단과 은폐의 대상물보다 높아서 시야를 가리는 정도의 수목을 선정하고 ㉢ 2줄 이상으로 교호식재(交互植栽)하여 차단과 은폐력을 높인다.

㉣ 교호식재 간격은 교목을 기준하여 6~7m 정도가 적당하다. 이 거리보다 가까우면 음수일지라도 자연전지(自然剪枝, natural pruning : 울폐로 인한 광량 부족으로 밑가지가 말라죽는 현상)되는 가지가 생겨 차폐 효과가 떨어진다. 쥐똥나무, 무궁화 등의 어린 관목은 밭고랑 모양으로 30~40cm 간격의 도랑을 길게 2~3줄을 파고, 30~40cm 간격으로 1주씩 엇갈리게 식재하여 차폐 밀도 증진, 생장 공간 확보, 수광 조건을 좋게 한다. 때로는 식재 당시의 초기 차폐 효과를 얻기 위하여 식재 간격을 더 좁혀 밀도를 높이기도 한다. 밀식된 나무는 자람에 따라 도태되는 개체가 생기는데, 이를 감수한 식재 방식으로서 추천할 만한 식재 기법은 아니다.

② 산울타리용 수종 구비 조건

산울타리용으로는 교목류와 관목류, 상록수와 낙엽수, 침엽수와 활엽수 모두 이용되는데, 다음의 몇 가지 구비 조건이 필요하다.

◆ 산울타리용 수종 구비 조건 ◆

- 맹아력이 강해 깎아 다듬기를 할 수 있을 것(표1-4).
- 지하고가 낮고 지엽이 울밀할 것(상록성이 유리).
- 내음성 수종으로서 하부와 속가지의 자연전지가 적을 것.
- 토양과 기후환경 적응력이 높을 것.
- 병해충 내성과 공해에 강할 것.
- 관리가 용이할 것.
- 생산량이 많고 가격이 낮아 구입이 용이할 것.

산울타리용으로 식재되는 수종은 ㉠ 맹아력이 강해서 깎아 다듬기를 하면 많은 새순이 나와 울밀한 지엽(枝葉)을 형성해야 한다(표1-4). 몇몇 침엽수류를 포함하여 대부분의 활엽수류는 맹아력을 지니지만, 그 성질이 강해야 한다는 것이다. 예를 들어, 목련류는 맹아력은 있지만 전정하면 새 가지 발생이 적고, 가지가 마르는 성질이 있어 산울타리용 식재에는 부적합한 사례와 같다.

수목의 하부와 속가지가 광량(光量) 부족으로 말라죽는 현상을 자연전지(自然剪枝, natural pruning)라고 한다(사진1-55). 울밀한 숲, 밀식된 나무, 내음성이 약한 양수 등의 하부 가지와 속가지는 햇빛이 부족하면 말라죽는다(사진1-56). 자연전지 현상으로 가지가 말라죽어 밀도가 떨어진 산울타리는 차폐기능을 상실한다. 그러므로 가급적 ㉡ 내음성 수종을 ㉢ 적정 밀도로 식재하고 ㉣ 가지솎기 등의 수광 조건을 개선하는 관리가 필요하다.

모든 식재가 그러하듯이 ㉤ 그 지역의 토양과 기후환경에 적응하여 좋은 생장을 하면서 울타리 기능을 해야 하고 ㉥ 병해충 피해가 적어 관리가 쉬워야 한다. 잦은 발병과 해충 피해가 있거나 ㉦ 도시공해에 약하는 등 관리가 까다로우면 산울타리용으로는 부적합하다.

산울타리는 식재 본수가 많고 차단, 은폐, 경계가 주된 목적이므로 ㉧ 귀한 나무보다는 대량으로 생산되어 가격이 저렴하고 언제든지 구입할 수 있어야 한다. 아무리 적합한 나무일지라도 가격이 비싸거나 생산량이 적어 구입이 어려우면 식재 대상에서 제외된다. 표

1-4는 저자의 자료와 문헌(윤, 2008. 임, 1973. 조, 1987. 홍 외 2인, 1987)을 참고하여 정리하였다.

[사진1-55] 하부 · 속가지 자연전지(잣나무)

[사진1-56] 산울타리 하부지엽 고사(쥐똥나무)

[표1-4] 맹아력이 강한 산울타리용 수종

형상			수종
침엽수	상록성	교목	주목, 비자나무, 리기다소나무, 가문비나무, 삼나무, 측백나무, 서양측백, 편백, 화백, 나한백, 향나무, 가이즈까향나무, 개잎갈나무(히말라야시다)
		관목	눈주목, 개비자나무, 눈향나무
	낙엽성	교목	은행나무, 낙우송, 메타세쿼이아
활엽수	상록성	교목	굴거리나무, 후피향나무, 조록나무, 녹나무, 가시나무, 종가시나무, 졸가시나무, 돌참나무, 구실잣밤나무, 가마귀쪽나무, 월계수, 금목서, 은목서
		관목	홍가시나무, 당매자나무, 남천, 피라칸타, 회양목, 꽝꽝나무, 호랑가시나무, 사철나무, 식나무, 영산홍, 광나무
		만경류	인동덩굴(반상록), 보리장나무, 보리밥나무(만경, 관목)
	낙엽성	교목	은백양, 이태리포플러, 은사시나무, 황철나무, 버드나무, 양버들, 왕버들, 능수버들, 용버들, 오리나무, 상수리나무, 졸참나무, 느티나무, 목련, 자목련, 양버즘나무(플라타너스), 모과나무, 매화나무, 벚나무, 아카시나무, 가중나무, 배롱나무, 개오동, 꽃개오동나무
		관목	고광나무, 조팝나무, 명자나무, 황매화, 죽단화, 해당화, 피라칸타, 복숭아나무, 앵두나무, 박태기나무, 조록싸리, 낭아초, 족제비싸리, 탱자나무, 화살나무, 무궁화, 보리수, 진달래, 철쭉, 쥐똥나무, 개나리, 수수꽃다리, 라일락, 좀작살나무, 작살나무, 덜꿩나무, 낙상홍, 가막살나무, 병꽃나무
		만경류	덩굴장미, 으름덩굴, 등나무, 포도나무, 담쟁이덩굴, 오미자, 노박덩굴, 미역줄나무

(3) 녹음용 수목

① 녹음수

녹음수(綠陰樹, shade tree)는 그늘나무라고도 하며, 그늘을 주는 나무 또는 그늘을 목적으로 심는 나무다. 가지가 사방으로 넓게 퍼져 수관부가 캐노피(canopy : 지붕이나 덮개)를 형성하여 햇빛을 차단함으로써 시원한 그늘을 제공한다(표1-5). 수관이 울밀하고 폭이 넓은 나무일수록 여름의 강한 직사광선 차단에 효과적이고 나무 아래 공기를 더 시원하게 한다(사진1-57, 58).

[표1-5] 녹음용 식재 가능 주요 수종

형상	수종
낙엽활엽 교목류	왕버들, 자작나무, 밤나무, 갈참나무, 상수리나무, 졸참나무, 느티나무, 팽나무, 일본목련, 백합나무(튤립나무), 양버즘나무(플라타너스), 벚나무, 회화나무, 가죽나무, 참죽나 무, 단풍나무, 칠엽수, 벽오동, 층층나무, 이팝나무, 오동나무, 개오동
낙엽활엽 만경류	으름덩굴, 포도나무, 머루나무, 다래나무, 등나무

[사진1-57] 공원 녹음수(플라타너스)

[사진1-58] 진입로 수목 터널(느티나무)

녹음수로 선정되는 나무는 교목성이 대부분이지만, 퍼걸러(pergola)와 같이 인공 골조 시설에 덩굴성 나무를 올려 그늘을 만들기도 한다(사진1-59). 또 정자나무처럼 독립수가 만드는 그늘이 있지만(사진1-60), 자작나무 숲, 제주도 비자나무 숲처럼 집단의 숲 그늘이 있다.

[사진1-59] 체육시설 녹음수 퍼걸러(등나무)

[사진1-60] 수변 공원 녹음수(왕버들)

② 녹음수 구비 조건

녹음수의 그늘은 여름에는 시원하고 청량감을 주는 반면, 겨울에는 지면을 얼게 하고 언 지면의 해동을 지연시킬 수 있다. 그러므로 녹음수 선정 대상은 다음의 형태적 조건과 생리·생태적 조건을 갖춘 나무여야 한다.

◆ 녹음용수 구비 조건 ◆

- 낙엽수일 것.
- 잎이 크고 무성한 나무일 것.
- 지하고가 높은 교목성일 것.
- 가시 또는 나쁜 냄새가 없을 것.
- 답압에 강하고 척박지 적응력이 높을 것.
- 내건성, 내풍성이 강할 것.
- 내병성 · 내충성 · 내연성 수종일 것.

녹음용수는 ㉠ 낙엽수로서 잎이 크고 무성한 나무여야 한다. 잎이 크고 무성할수록 햇빛 차단율이 높고 짙은 그늘을 제공한다. 낙엽수는 상록수와는 달리 여름에는 잎이 무성하여 시원한 그늘을 만들고, 겨울에는 낙엽되어 햇빛이 지면에까지 닿아 지면 동결을 완화하며 언 땅은 일찍 해동된다. 잎이 크고 무성할수록 햇빛 차단율이 높고 짙은 그늘을 제공한다. ㉡ 이용공간이 나무 밑이므로 녹음용수는 사람이 드나들기에 충분한 높이의 지하고(枝下高, clear-length)를 가진 교목성이어야 한다. 또 ㉢ 나무에 가시가 있거나 나쁜 냄새가 나면 녹음용수로 이용할 수 없다.

녹음수는 ㉣ 답압에 강해야 한다. 정자나무, 공원의 녹음수가 뿌리내린 땅은 많은 사람이 모이거나 통행하는 곳으로서 답압이 심하다. 답압(踏壓, stamping)이란 사람이나 장비의 무게로 지표층이 다져지는 것이며, 토양용적밀도(土壤容積密度, soil bulk density : 1m³ 건조 토양의 중량) 증가로 공극량이 감소한다. 토양공극(土壤孔隙, soil pore, soil pore space)은 양분과 수분 저장고인 동시에 토양 생물의 서식처이기도 하다. 공극량이 줄어들면 토양 내 산소가 부족하게 되고 통기성과 배수가 불량하여 뿌리의 호흡 장해, 토양 생물의 비활성화로 토양은 생명력을 잃는다. 사람에 의한 답압은 토심 30cm 깊이 이상까지 영향을 미친다고 한다(Pirone, 1988). 양분과 수분을 흡수하는 세근의 70~90%가 지표 가까이 분포하는 것을 감안할 때 표층토의 공극 부족은 뿌리 발달에 직접적인 영향을 미친다.

녹음용수는 도심이나 이용자가 많은 곳에 식재되는 나무로서 그 주변은 항상 간결한 정리가 요구되는 곳이다. 산림과는 달리 굵은 가지가 죽어서 붙어있거나 낙엽이 두껍게 깔리면 안전사고 위험이 있어 가을이면 항상 청소라는 개념으로 공원의 낙엽은 긁어모아 반출된다(사진1-62). 낙엽(落葉)은 ⓐ 지면에서 완충제 역할을 한다(사진1-61). 낙엽이 제거되면 지면에서의 완충제 역할이 소멸함으로써 강우 시 빗방울이 지표에 직접 떨어져 토양 입자를 이탈시키고 침식으로 발전한다. 또한 ⓑ 낙엽은 토양 곤충과 미생물에 분해되어 재흡수되는 비료원이다. 낙엽 제거는 비료원을 제거하는 것이다. 지면을 피복하는 낙엽이 제거되면 햇빛과 바람에 메말라 토양 생물의 서식환경 파괴와 비활성화로 양분의 재순환 고리 절단, 토양의 물리·화학성 악화가 초래된다.

[사진1-61] 도시공원의 낙엽층

[사진1-62] 가을 도시공원의 낙엽 수거 자루

이와 같이 도시공원의 특성은 양분 재순환이 이루어지지 못하거나 불량한 토지가 많다. 또한 산림 토양에 비하여 변이가 커서 표층에서 심층으로 갈수록 성질이 전혀 다른 토양층이 나타나는 경우가 많다. 수직적으로도 불과 수 m 사이에서 다른 성질의 토양이 나타나기도 하므로(손 외, 2020) 수목의 건강한 생장을 위한 공원수 관리는 필수적이다.

③ 도시공원 토양 치료

수목이 살아가는 데에 가장 필요한 것은 물과 영양분이다. 대부분의 도시공원은 외부 반입 토양이나 주변 토양으로 조성된 지반에 식재되는 나무가 많다. 인위적으로 조성된 지반은 지하수위가 낮아 건조하고 서로 다른 물리적 성질의 토양이 혼합됨으로써 조악한 토양이 많다. 그러므로 도시공원의 수목은 적어도 식재 초기에는 적정한 양분과 수분 공급이 필요하다.

미관이나 정리의 개념으로 퇴적되는 낙엽을 정리해야 하는 경우 제거되는 비료원을 보충하는 시비가 필요하고, 건조하고 단단해진 토양은 물리성 개선이 필요하다. ㉠ 시비는 나무 주변에 구덩이를 파고 부산물비료에 화학비료를 20kg : 200g 비율로 혼합하여 매립하면 토양 화학성과 물리성 개선에 크게 도움이 된다(제6장 1, 2 참조). ㉡ 공원 숲 가장자리는 정리를 하더라도 숲 안쪽의 낙엽 낙지는 그대로 두어 토양 생물에 의한 양분의 재순환이 이루어지도록 한다. 이때 화학비료를 가볍게 시비하면 낙엽 분해가 촉진된다.

㉢ 답압된 토양은 표토를 경운하는 등의 방법으로 물리성을 개선한다. 경우에 따라서는 ㉣ 통행로에 섬유질 매트를 깔아 동선을 조성하여 통행에 따른 답압 피해를 줄인다. 매트 아래의 토양은 직접 답압되지 않아 물리성 파괴가 줄어든다.

(4) 재해 방지용 수목

재해 방지에는 강한 바람을 막기 위한 방풍용수, 바닷바람이나 조수를 막기 위한 방조용수, 모래바람 막기의 방사·방진용수, 매연이나 대기오염 차단을 위한 방연용수, 화재 확산 방지의 방화용수, 눈사태 방지를 위한 방설용수 등이 있다.

① 방풍용 수종

방풍이란 바람막이를 뜻하고 방풍림(防風林, windbreak forest, wind prevention forest)은 바람막이 숲이다. 바람이 불어오는 방향에 나무를 길고 넓게 집단으로 식재하여 바람의 세기(풍속)를 경감시키는 숲이다(사진1-63). 방풍림에는 해안 방풍림과 내륙 방풍림으로 구분할 수 있다.

㉠ 해안 방풍림은 ⓐ 바다에서 불어오는 강한 바람, ⓑ 염분농도가 높은 바람, ⓒ 모래와

먼지를 실은 바람, ⓓ 밀려오는 조수(潮水) 방지 등의 목적으로 조성된 숲이다. 강한 바람은 수목을 도복시키거나 가지와 줄기 부러짐과 찢어짐의 손상을 입히고, 해풍의 고농도 염분은 잎과 새순을 말라죽게 하는 등의 치명적인 피해를 준다.

ⓛ 내륙 방풍림에는 크게 농작물이나 과수 등의 경작지 작물보호를 위한 숲과 주거안정을 위한 방풍림이 있다. ⓐ 경작지 작물보호를 위한 숲은 대륙성 찬바람(냉풍)이나 도복방지 등의 목적으로 조성된 바람막이 숲이다. 바람이 많은 제주도 농경지는 돌담으로 둘러싸고 그 외곽에 삼나무 숲을 조성하여 작물 피해를 최소화하는 방풍림 조성의 사례다. ⓑ 주거안정을 위한 방풍림 사례는 풍수지리설과 결합되어 앞이 트인 동네 어귀에 나무를 심어 불어오는 바람과 액운을 막고자 조성된 숲의 사례이다. 주택에서는 북향에 담장을 세우거나 대나무, 측백나무 등으로 산울타리를 조성하여 겨울 북풍을 막고 주택을 감싸서 주변 온도 상승을 도모한다(사진1-64).

강한 바람을 막기 위해서는 내풍성이 강해야 한다. 내풍성(耐風性, wind resistance)은 바람에 의한 잎의 손상, 줄기와 가지의 휨, 부러짐, 찢어짐이나 도복 등에 견디는 능력이다. 내풍성은 바람의 강도, 강우와의 동반 여부, 토성, 나무의 크기, 수관의 형태, 뿌리 발달 유형 등에 따라 다른데, 방풍용수는 다음의 조건을 갖추어야 한다.

[사진1-63] 해안 방풍림(곰솔)

[사진1-64] 북풍 방향 방풍식재(대나무)

◆ 방풍용 수종 구비 조건 ◆

- 직근이 발달하는 심근성 수종
- 상록성 · 교목성 수종
- 수관이 작고 대칭인 나무
- 수관이 상단에 치우치지 않는 나무

• 가지가 줄기 하단에까지 붙는 나무
• 가지가 굵고 짧은 나무

바람막이용 수종은 직근(直根, taproot, axial root)이 발달하는 실생묘에서 육성한 나무를 선정한다. 실생묘는 곧은 뿌리가 땅속 깊이 뻗는 심근성(深根性, deep rooting)이 많다. 삽목에서 육성한 나무는 직근이 없고 지표 가까이의 측근이 발달하는 이른바, 천근성(淺根性, shallow-rooted)이 많아 비바람에 쓰러지기 쉽다.

방풍의 기능은 겨울에도 유지되어야 하므로 상록성 수종이 유리하고, 큰키나무(교목)로서 줄기 아래에까지 지엽이 붙어 바람 차단 효과가 높아야 한다. 수관이 줄기 상단에 붙은 나무보다 가지가 줄기 아래에까지 붙어 무게 중심이 낮은 나무가 바람에 강하다.

② 방화용 수종

방화림(放火林, firebreak forest)은 숲 가장자리 또는 산림 간에 내화성 수종을 식재하여 산림과 산림, 산림과 인접한 건물 또는 주택이나 기타 시설물에 비화되는 화염을 차단하거나 지연시킬 목적으로 조성된 숲이다. 도시에서는 조경과 화재 예방 및 확산 방지를 겸하여 건물 사이, 도로와 도로 사이에 식재된 나무와 가로수가 방화대 역할을 한다(사진 1-65).

방화용 수종 구비 조건 ◆

• 상록활엽 교목성 수종
• 잎이 두껍고 수분 함량이 많은 수종
• 지엽(枝葉)이 치밀한 수종(음수)
• 수지분(樹脂分, 송진)이 적은 수종
• 코르크층이 발달하여 수피가 두꺼운 수종

숲 가장자리의 방화용 식재는 수림대가 형성되도록 2~3줄 또는 그 이상의 폭으로 열식하여 바람에 비산되는 화염이 차단되도록 한다. 수목의 내화력은 나무의 형태, 수체의 함수 상태와 수지 함량에 따라 다르다(표1-6). 일반적으로 잎과 수피가 두꺼운 나무, 수지(樹脂, resin)가 적고 수분이 많은 활엽수, 지엽이 울밀한 음수가 내화성이 크다.

내화력이 약한 수종의 예를 들면 리기다소나무, 소나무와 곰솔은 상록성이고 수피가 두꺼운 나무지만, 발화성의 수지 함량이 많아 불에 약하다. 잣나무도 수지가 많아 불에 약하고(사진1-66), 삼나무와 편백은 수피가 얇고 가늘게 조각으로 떨어져 인화성이 크다. 겨울철 아카시나무는 불에 잘 타지만 맹아력이 강해 복구 능력이 있다.

[표1-6] 내화력이 강한 방화용수

형상			수종
교목류	침엽수	낙엽성	은행나무
	활엽수	상록성	소귀나무, 가시나무, 녹나무, 후박나무, 조록나무, 굴거리나무, 감탕나무, 먼나무, 후피향나무, 빗죽이나무, 동백나무, 식나무, 은목서, 금목서, 협죽도, 아왜나무
		낙엽성	버드나무류, 포플라류, 갈참나무, 굴참나무, 마가목, 고로쇠나무, 피나무, 음나무

[사진1-65] 방화 · 방연기능 가로수(회화나무)

[사진1-66] 내화력 약, 수지유출 스트로브잣나무

③ 방연용 수종

방연림(放煙林, smoke protection forest)은 공장이나 도시에서 배출되는 대기 오염물질 차단을 목적으로 조성한 숲이다. 대기 오염물질이란 화석연료 연소 시에 발생하는 황산화물(SOx), 자동차나 석유화학공장에서 배출되는 질소산화물(NOx), 기타 PAN(peroxyacetyl nitrate, 질산과산화아세틸) 등은 환경을 오염시키고 동·식물에 직접적인 피해를 준다.

방연림은 오염물질이 숲을 통과하면서 그 농도의 완화가 목적이므로 충분한 길이와 폭으로 조성되어야 한다. 주택단지에 인접한 공업단지의 오염물질 차단이나 완화·완충기능 발휘를 위해서는 30m 이상 폭의 수림대(樹林帶)가 확보되어야 한다.

4. 관상기능 식재 수종

가. 꽃과 열매가 아름다운 수종

(1) 꽃눈 분화

나무는 계절에 따라 체색 변화가 있다. 개화기와 꽃의 색깔, 단풍의 색깔, 열매 색깔과 성숙기는 배식 설계의 기본 자료가 된다. 수종별 체색 변화의 유형과 시기를 알면 보다 질 높은 배식 설계를 할 수 있으며, 주변과의 조화로운 경관을 창출할 수 있다.

식물은 일정한 나이에 이르면 생식생장을 한다. 식물의 생식생장(生殖生長, reproductive growth)은 꽃눈의 형성에서 시작되는데, 이를 화아분화 또는 꽃눈분화라고 한다. 화아분화(花芽分化, floral differentiation)는 ㉠ 일장의 영향을 받는다. 일장(日長, daylength, photoperiod)은 식물이 빛에 노출되는 낮의 길이를 말하며, 1일 12~14시간 이상을 장일, 12시간 이하를 단일이라고 한다.

낮의 길이가 길고 밤이 짧은 장일 조건에서 꽃눈이 분화되는 식물을 장일식물(長日植物, longday plant)이라고 하며, 봄에 꽃이 피는 식물들이 이에 속한다. 반대로 낮의 길이가 짧고 밤이 긴 시기에 꽃눈이 분화되는 식물을 단일식물(短日植物, short-day plant)이라고 하며, 가을에 꽃이 피는 식물들이다. 일조시간의 길이와 관계없이 꽃눈이 형성되는 식물을 중성식물(中性植物, day-neutral plant, neutral plant, indeterminate plants)이라고 하는데 옥수수, 토마토, 오이 등이 이에 속한다. 중일성 식물(중성식물)은 일장의 길이가 뚜렷하지 않은 열대지방이 원산지인 식물에서 많다.

그런데 장일식물이라고 해서 개화가 낮의 길이(明期, light period)에만 결정되는 것은 아니다. 오히려 밤의 길이(暗期, dark period)가 짧아지는 것이 꽃눈분화의 계기가 되고, 암기가 일정치의 임계기(臨界期, critical period) 이하로 짧아져야 한다는 것이다. 이처럼 식물의 꽃눈분화 기작은 아직 명확하게 구명되지는 않았다. 다만 빛을 받은 잎에서 꽃눈을 형성하는 어떤 자극 물질, 즉 화성소(花成素), 화성 호르몬, 플로리겐(florigen) 등으로 불리는 물질이 형성되어 관다발을 통해 가지 끝의 싹으로 이행함으로써 꽃눈이 분화되는 것으로 보고되고 있다.

꽃이 피는 시기는 밤과 낮의 길이, 즉 광주기(光周期, photoperiod)의 영향 외에도 ㉡ 온도, 영양 상태, 가뭄 등 다양한 환경의 영향을 받는다. 기온이 높으면 일찍 개화하고 낮으면 늦게 개화한다. ㉢ 토양의 영양 상태 또한 꽃눈분화에 영향을 미치는데, 일반적으로 질소함량이 높으면 개화가 지연되고 인(燐, phosphorus)은 개화를 촉진시킨다. 많은 식물은 ㉣ 물이 부족한 토양이나 가뭄이 있으면 꽃이 일찍 핀다.

현장에서 꽃눈의 분화 시기 구분은 개화기로 알 수 있다. 봄에 잎보다 꽃이 먼저 피는 수종은 이미 전년도에 꽃눈이 분화한 것이고(사진1-67, 68), 잎이 피고 새로 나온 순(筍, shoot, branch)에서 꽃이 피는 수종은 그해에 꽃눈이 분화하여 개화한 것이다(사진1-69, 70). 꽃눈의 분화 시기를 아는 것은 전정 관리에 있어서 매우 중요하다. 산철쭉이나 영산홍처럼 봄에 일찍 개화하는 수종은 낙화 후 새로 나온 순에서 꽃눈이 분화한다. 7~8월 늦은 시기에 깎아다듬기를 하면 꽃눈이 형성될 잔가지가 잘려나가 이듬해의 개화량이 적다. 이때는 이미 꽃눈의 분화가 시작될 시기인데, 전정해버리면 남겨진 속가지에서만 꽃눈이 형성되기 때문에 전체 개화량이 줄어든다. 즉, 전정 후 새로 자라는 가지에서 꽃눈이 분화하기에는 일조량과 유효적산온도(有效積算溫度, effective accumulated temperature)가 부족하고, 가지치기

[사진1-67] 매화나무 잎눈, 꽃눈 분화(11월)

[사진1-68] 목련 잎눈, 꽃눈 분화(2월)

[사진1-69] 이팝나무 당년생지 개화(5월)

[사진1-70] 배롱나무 당년생지 개화(7월)

후 발생하는 새순은 왕성한 영양생장을 하기 때문에 꽃눈이 분화하지 못한다.

(2) 꽃과 열매 색깔

식물 세포에는 색소를 나타내는 엽록체(chloroplast), 잡색체(유색체, chromoplast), 백색체(leucoplast)로 구성되는 색소체(色素體, plastid)가 있다. ㉠ 엽록체에는 엽록소(chlorophyll)가 있어 광합성의 주체가 되고, 잡색체는 엽록소 이외의 다른 색소가 들어 있으며 광합성의 보조 역할을 한다. ㉡ 잡색체에는 색소에 따라 적색체, 갈색체, 황색체 등이 있으며 꽃, 과일, 단풍의 다양한 색깔도 이 때문에 나타난다. ㉢ 백색체는 색소가 없으나 빛을 받으면 엽록체나 잡색체로 바뀐다. 땅속에서 막 나온 새싹이 점차 짙은 녹색으로 변하는 것이나 감자, 콩나물이 햇빛을 받으면 녹색으로 변하는 것도 백색체가 엽록체로 바뀌기 때문이다.

꽃이나 열매의 색을 나타내는 물질은 카로티노이드(carotenoid)와 안토시아닌(anthocyanin)인데, 카로티노이드는 잡색체(chromoplast) 속에, 안토시아닌은 액포(液胞, cell vacuole) 속에 들어 있다. 두 색소 모두 광합성의 보조 색소다. ㉠ 카로티노이드는 황색소의 총칭으로서 카로틴(carotene)과 크산토필(葉黃素, 잔토필, xanthophyll)로 나뉜다. ⓐ 카로틴은 주황 색소로서 당근이나 토마토의 주황색도 이 색소 때문이다(사진1-74). 카로틴은 광합성 보조 색소이며, 가을에 엽록소가 분해 소실되면서 노출되어 단풍의 색깔로 나타난다. ⓑ 크산토필은 황색소로서 꽃, 열매, 채소에 함유된 노랑으로 나타난다(사진1-75). 가을 단풍의 노란 색깔도 이 때문이며, 광합성의 보조 색소로서 어린잎에 닿는 과도한 빛 에너지로부터 보호하는 역할을 한다.

㉡ 안토시아닌(anthocyanin)은 식물의 잎, 줄기, 뿌리, 꽃과 열매에 형성되는 수용성

[사진1-71] 백색계 흰산철쭉(5월)

[사진1-72] 적색계 자목련(4월)

[사진1-73] 적(백)색계 백자목련(4월)

[사진1-74] 적황색계(주황색) 능소화(7월)

[사진1-75] 황색계 황근(7월)

[사진1-76] 보라색계 등나무(5월)

물질로서 주로 꽃과 열매에 많다(사진1-72, 73, 74). 안토시아닌은 ⓐ 액포 속 액체의 pH 농도(수소이온 농도)에 따라서도 빨강, 파랑, 보라 등의 색으로 변한다. 산성이면 붉은색, 중성이면 보라색, 알칼리성이면 파란색의 꽃이 핀다(사진1-76). 꽃의 색깔에 영향을 미치는 것은 pH 외에도 ⓑ 마그네슘이나 알루미늄 등의 금속 이온과 다당류의 색소와 타닌 등에 의해서도 변색된다. 그러므로 흰 꽃은 안토시아닌과 카로티노이드계 색소가 없기 때문에 나타나는 현상이다(사진1-71).

ⓒ 안토시아닌과 카로티노이드는 다양한 색깔로 꽃에서는 곤충을 유인해 꽃가루를 옮기고, 열매에서는 동물을 유인하여 씨앗을 퍼트리는 등 종족보존의 역할을 하는 색소이다. 또 강한 자외선으로부터 잎을 보호하며 가을의 붉은 단풍도 안토시아닌 색소 때문이다. 이처럼 식물의 종류 및 개체마다 꽃과 열매, 단풍의 색깔이 다른 것은 조직 속의 엽록소, 안토시아닌, 카로티노이드계 노랑이나 오렌지색의 색소 성분이 양적으로 달라서 나타나는 색깔이다(사진1-77, 78, 79, 80, 81, 82). 표1-7, 8, 9, 10, 11, 12의 꽃 색깔과 개화 시기, 열매가 아름다운 수종은 저자의 자료와 문헌(윤, 2008. 임, 1973. 조, 1987. 홍 외 2인, 1987, 김 외 2013)을 참고하여 정리하였다.

[사진1-77] 백색계 흰말채나무 열매

[사진1-78] 적색계 둥근잎호랑가시나무 열매

[사진1-79] 황색계 모과나무 열매

[사진1-80] 흑(자)색계 오갈피나무 열매

[사진1-81] 갈색계 박태기나무 열매(꼬투리)

[사진1-82] 보라색계 구상나무 열매(구과)

[표1-7] 흰색계 꽃나무 개화기

월	형상		수종
2	상록수	교목	흰동백
	낙엽수	교목	매실나무(매화나무)
3	상록수	교목	흰동백
	낙엽수	교목	목련, 백목련, 매실나무(매화나무), 올벚나무
4	상록수	교목	감탕나무, 흰동백
		관목	다정큼나무, 멀꿀
	낙엽수	교목	목련, 백목련, 별목련, 배나무, 돌배나무, 콩배나무, 사과나무, 채진목, 자두나무, 벚나무, 왕벚나무, 올벚나무, 산벚나무, 매실나무(매화나무), 이팝나무
		관목	조팝나무, 공조팝나무, 옥매, 윤노리나무, 앵두나무, 병아리꽃나무, 흰등나무(만경류), 단풍철쭉, 흰산철쭉, 미선나무, 분꽃나무, 분단나무
5	상록수	교목	태산목, 귤, 감탕나무, 빗죽이나무(비쭈기나무)
		관목	다정큼나무, 피라칸타, 백정화, 돈나무
	낙엽수	교목	함박꽃나무, 일본목련, 산사나무, 돌배나무, 콩배나무, 마가목, 팥배나무, 아그배나무, 귀룽나무, 야광나무, 사과나무, 채진목, 산벚나무, 아카시나무, 탱자나무, 칠엽수, 층층나무, 산딸나무, 말채나무, 쪽동백나무, 때죽나무, 이팝나무
		관목	모란, 빈도리, 말발도리, 고광나무, 조팝나무, 공조팝나무, 당조팝나무, 국수나무, 해당화, 찔레나무, 옥매, 가침박달, 병아리꽃나무, 앵두나무, 고추나무, 흰말채나무, 노랑말채나무, 흰산철쭉, 단풍철쭉, 노린재나무, 쥐똥나무, 분꽃나무, 분단나무, 덜꿩나무, 가막살나무, 백당나무, 불두화, 미국딱총나무, 댕강나무, 괴불나무, 국수나무, 병꽃나무, 보리수나무, 뜰보리수나무
6	상록수	교목	태산목, 귤, 빗죽이나무(비쭈기나무), 차나무, 제주광나무, 아왜나무
		관목	남천, 돈나무, 다정큼나무, 꽃댕강나무, 피라칸타, 자금우, 백량금, 광나무, 치자나무, 백정화, 인동덩굴(덩굴성, 반상록)
	낙엽수	교목	함박꽃나무, 일본목련, 마가목, 팥배나무, 아카시나무, 참죽나무, 칠엽수, 헛개나무, 노각나무, 층층나무, 산딸나무, 말채나무, 곰의말채나무, 쪽동백나무, 때죽나무, 이팝나무
		관목	으아리(덩굴성), 고광나무, 빈도리, 말발도리, 개쉬땅나무, 찔레나무, 고추나무, 흰말채나무, 노랑말채나무, 노린재나무, 쥐똥나무, 개회나무, 백당나무, 불두화, 미국딱총나무, 괴불나무, 보리수나무, 뜰보리수나무
7	상록수	교목	후피향나무, 제주광나무
		관목	남천, 만병초, 자금우, 백량금, 치자나무, 꽃댕강나무, 인동덩굴(덩굴성, 반상록)
	낙엽수	교목	다릅나무, 솔비나무, 쉬나무, 노각나무, 배롱나무, 두릅나무, 음나무, 곰의말채나무
		관목	으아리(덩굴성), 빈도리, 나무수국, 개쉬땅나무, 무궁화, 미국딱총나무

월	형상		수종
8	상록수	관목	협죽도, 꽃댕강나무
	낙엽수	교목	다릅나무, 솔비나무, 쉬나무, 두릅나무, 음나무, 배롱나무
		관목	으아리(덩굴성), 나무수국, 개쉬땅나무, 무궁화, 누리장나무
9	상록수	관목	협죽도, 꽃댕강나무, 보리장나무(덩굴성), 보리밥나무(덩굴성)
	낙엽수	교목	배롱나무
		관목	무궁화, 두릅나무, 누리장나무
10	상록수	교목	비파나무, 은목서
		관목	꽃댕강나무, 차나무, 애기동백, 팔손이, 보리장나무(덩굴성), 보리밥나무(덩굴성)
	낙엽수	교목	무궁화
11	상록수	교목	비파나무
		관목	차나무, 애기동백, 팔손이, 꽃댕강나무
12	상록수	관목	차나무, 애기동백, 팔손이

[표1-8] 붉은색계 꽃나무 개화기

월	형상		수종
2	상록수	교목	동백나무
	낙엽수	교목	매실나무(매화나무)
3	상록수	교목	동백나무
		관목	천리향(서향)
	낙엽수	교목	매실나무(매화나무)
		관목	팥꽃나무
4	상록수	교목	소귀나무, 동백나무
		관목	천리향, 영산홍
	낙엽수	교목	살구나무, 복숭아나무, 겹벚나무, 매실나무, 붉은꽃서양산딸나무
		관목	명자나무, 박태기나무, 팥꽃나무, 진달래, 산철쭉, 철쭉, 으름덩굴(덩굴성)
5	상록수	관목	붉은인동(덩굴성, 반상록), 꽃기린, 병솔나무, 영산홍, 홍만병초
	낙엽수	교목	모과나무, 복숭아나무, 겹벚나무, 꽃아카시나무, 미국칠엽수, 위성류, 붉은꽃서양산딸나무, 석류나무
		관목	모란, 야광나무, 명자나무, 인가목조팝나무, 해당화, 장미, 홍자단, 팥꽃나무, 산철쭉, 철쭉, 단풍철쭉, 병꽃나무, 붉은병꽃나무, 으름덩굴(덩굴성)

월	형상		수종
6	상록수	관목	백리향, 붉은인동(덩굴성, 반상록), 꽃기린, 병솔나무
	낙엽수	교목	자귀나무, 꽃아카시나무, 미국칠엽수, 석류나무
		관목	수국, 꼬리조팝, 일본조팝나무, 인가목조팝나무, 해당화, 장미, 낙상홍, 홍자단, 조록싸리, 낭아초, 붉은병꽃나무
7	상록수	관목	꽃기린, 병솔나무, 만병초, 협죽도, 붉은인동(덩굴성, 반상록), 순비기나무
	낙엽수	교목	자귀나무, 배롱나무, 석류나무
		관목	수국, 꼬리조팝, 일본조팝나무, 해당화, 장미, 낭아초, 조록싸리, 싸리나무, 무궁화, 부용, 부들레아, 좀작살나무, 작살나무, 순비기나무, 백리향, 능소화(덩굴성), 미국능소화(덩굴성)
8	상록수	관목	꽃기린, 협죽도, 붉은인동(덩굴성), 순비기나무
	낙엽수	교목	위성류, 배롱나무, 자귀나무
		관목	낭아초, 싸리나무, 무궁화, 부용, 부들레아, 좀작살나무, 작살나무, 순비기나무, 능소화(덩굴성), 미국능소화(덩굴성)
9	상록수	관목	꽃기린, 붉은인동(덩굴성), 순비기나무
	낙엽수	교목	위성류, 배롱나무
		관목	장미, 낭아초, 무궁화, 부용, 순비기나무, 능소화(덩굴성)
10	상록수	관목	꽃기린, 애기동백
	낙엽수	관목	부용, 무궁화
11	상록수	관목	애기동백
12	상록수	교목	동백나무
		관목	애기동백

[표1-9] 황색계 꽃나무 개화기

월	형상		수종
2	낙엽수	관목	풍년화
3	낙엽수	교목	산수유, 풍년화(아교목)
		관목	생강나무, 풍년화(아교목), 히어리, 삼지닥나무, 영춘화, 개나리
4	상록수	관목	월계수
	낙엽수	관목	생강나무, 히어리, 황매화, 죽도화, 회양목, 삼지닥나무, 황철쭉(홍철쭉), 산수유, 개나리, 영춘화, 만리화, 당매자나무, 매자나무, 비목(아교목)

월	형상		수종
5	상록수	교목	후박나무, 녹나무, 생달나무
		관목	뿔남천, 돈나무, 노랑만병초, 인동덩굴(덩굴성, 반상록)
	낙엽수	교목	굴피나무, 튤립나무, 비목나무, 안개나무, 감나무
		관목	매발톱나무, 황매화, 죽도화, 장미, 해당화, 골담초, 실거리나무, 초피나무, 회양목, 황철쭉(홍철쭉), 딱총나무,
6	상록수	교목	후박나무
		관목	뿔남천, 돈나무, 인동덩굴(덩굴성, 반상록)
	낙엽수	교목	굴피나무, 중국굴피나무, 밤나무, 튤립나무, 가죽나무, 예덕나무, 안개나무, 모감주나무, 대추나무, 감나무, 개오동(황백색), 꽃개오동나무(황백색)
		관목	매발톱나무, 장미, 실거리나무, 초피나무, 낙상홍, 딱총나무
7	상록수	관목	인동덩굴(덩굴성, 반상록)
	낙엽수	교목	중국굴피나무, 회화나무, 예덕나무, 모감주나무, 대추나무, 음나무
		관목	장미, 산초나무, 개오동(황백색), 꽃개오동(황백색), 황근
8	낙엽수	교목	회화나무, 음나무, 붉나무
		관목	산초나무, 황근
9	낙엽수	교목	붉나무
		관목	산초나무
10	상록수	교목	금목서

[표1-10] 보라색계 꽃나무 개화기

월	형상		수종
4	낙엽수	교목	자목련
		관목	수수꽃다리, 라일락, 등나무(덩굴성), 으름덩굴(덩굴성)
5	상록수	교목	먼나무
	낙엽수	교목	자목련, 멀구슬나무, 오동나무
		관목	수수꽃다리, 라일락, 등나무(덩굴성)
6	상록수	교목	먼나무
	낙엽수	교목	자목련, 오동나무
		관목	수국, 산수국, 구기자나무

월	형상		수종
7	낙엽수	교목	배롱나무
		관목	수국, 산수국, 싸리나무, 무궁화, 작살나무, 좀작살나무, 구기자나무
8	낙엽수	교목	배롱나무
		관목	싸리나무, 무궁화, 작살나무, 좀작살나무, 구기자나무
9	낙엽수	교목	배롱나무
		관목	싸리나무, 무궁화, 구기자나무

[표1-11] 열매가 아름다운 수종

계통	형상		수종
백색계	낙엽수	교목	때죽나무, 쪽동백나무
		관목	흰말채나무, 노랑말채나무
적색계	상록수	교목	동백나무, 소귀나무, 비목나무, 육박이나무, 감탕나무, 먼나무, 아왜나무, 주목
		관목	피라칸타, 호랑가시나무, 남천
	낙엽수	교목	이나무, 감나무, 자두나무, 산사나무, 아그배나무, 야광나무, 사과나무, 꽃사과, 마가목, 팥배나무, 산딸나무, 서양산딸나무, 붉은꽃서양산딸나무, 대추나무
		관목	닥나무, 꾸지뽕나무, 해당화, 찔레, 홍자단, 앵두나무, 식나무, 산수유, 당매자나무, 매자나무, 매발톱나무, 말오줌나무, 딱총나무, 백당나무, 가막살나무, 덜꿩나무, 괴불나무, 청미래덩굴, 보리수나무, 뜰보리수, 낙상홍, 노박덩굴, 말오줌때, 구기자나무, 백량금, 누리장나무, 치자나무, 멍석딸기(덩굴성), 산딸기(덩굴성), 오미자(덩굴성)
황색계	상록수	교목	귤, 금감
		관목	유자나무
	낙엽수	교목	살구나무, 복숭아나무, 모과나무, 매실나무(매화나무), 돌배나무, 배나무, 감나무, 은행나무
		관목	명자나무, 석류나무, 탱자나무, 고욤나무
흑색계	상록수	관목	다정큼나무, 광나무
	낙엽수	교목	고욤나무, 귀룽나무, 층층나무, 말채나무, 곰의말채, 뽕나무, 모감주나무
		관목	복분자딸기, 산초나무, 생강나무, 쥐똥나무, 미국딱총나무, 오갈피나무, 쥐똥나무, 포도(덩굴성), 머루(덩굴성)
갈색계	상록수	교목	잣나무, 스트로브잣나무
	낙엽수	교목	양버즘나무, 칠엽수, 미국칠엽수, 가시칠엽수, 굴피나무, 아카시나무, 자귀나무, 박태기나무, 밤나무, 메타세쿼이아
		관목	으름덩굴(덩굴성), 등나무(덩굴성), 박태기나무, 초피나무(적갈색)
자색계	상록수	교목	까마귀쪽나무, 구상나무(자갈색), 히말라야시다(개잎갈나무)
	낙엽수	관목	작살나무, 좀작살나무, 무화과(흑자색)

나. 잎이 아름다운 수종

(1) 신록이 아름다운 수종

잎의 아름다움은 색깔과 모양에서 찾을 수 있다. 봄의 새잎은 부드럽고 고우며, 여름 신록은 청년처럼 힘차고, 가을 단풍은 화려하면서 서정적이다. 낙엽송은 봄에 새로 나온 연두색 잎과 가을 단풍이 아름답고(사진1-83), 잣나무는 흰 기공조선(氣孔條線, coniferous stomata)의 잎이 바람결에 너울거리는 원경이 장관이다. 계수나무 잎은 유난히도 결이 곱고 박태기나무 잎은 하트(heart)를 닮아 신기하다. 봄을 제일 먼저 알리는 산야의 생강나무는 결각(缺刻, incised form, lobed)의 잎이 애기 숟가락 포크를 닮아 신비롭다(사진1-84, 85, 86).

[사진1-83] 봄철 새순이 아름다운 낙엽송

[사진1-84] 결이 고운 하트형 계수나무 잎

[사진1-85] 하트를 닮은 박태기나무 잎

[사진1-86] 결이 고운 3결각 생강나무 잎

잎의 관상 가치는 무늬에도 있다. 잎에 생긴 얼룩을 반문(斑紋, variegation)이라고 하여 원예 조경에서는 높은 가치로 평가된다. 반문은 잎, 줄기, 꽃, 열매에서도 나타나며, 유전적이거나 바이러스 감염으로 생긴다(사진1-87, 88, 89). 바이러스 감염에 의한 반문은 병반(病斑, lesion)의 일종으로서, 녹색의 잎에 흰색이나 황색계 얼룩이 생긴다. 유전적인 요인으로는 세포질 유전, 색소체 유전, 핵 유전자에 의한 것으로 연구되고 있으며, 엽록체나 색소체가 소실되거나 변질되어 나타나는 현상이라고 한다.

[사진1-87] 무궁화 잎 반문

[사진1-88] 황금송 잎 반문

[사진1-89] 꽃처럼 보이는 개다래 잎 반문

[사진1-90] 잎 앞면과 뒷면 녹색도(상수리나무)

(2) 단풍이 아름다운 수종

① 단풍 색깔

식물의 ㉠ 잎이 녹색으로 보이는 이유는 광합성의 주체인 엽록소(葉綠素, chlorophyll)가 분포하기 때문이며, 햇빛을 받는 앞면이 뒷면보다 녹색이 짙다. 앞면에는 책상조직(柵狀組織, palisade parenchyma, 울타리조직)이 빽빽하게 배열되어 엽록소 밀도가 높고, 뒷면은 엉성하게 배열된 해면조직(海綿組織, spongy parenchyma, 갯솜조직)과 공변세포(孔邊細胞, guard cell)의 엽록소 배열이 낮기 때문이다. 엽록소 분포 밀도 차이 외에도 뒷면에는 기공과 잎을 보호하는 흰색~연녹색 연모(軟毛, hair, pubescent hair)가 밀생하여 전면보다 연하거나 희게 보인다(사진1-90).

온대와 아한대의 ㉡ 계절이 바뀌는 지역의 수목은 가을에 기온이 내려가면 녹색의 잎이 빨강, 노랑, 황갈색 등의 색깔 변화가 생기는데, 이것을 단풍이라고 한다(표1-12). ⓐ 단풍의 색깔은 저온과 짧아진 일조량에 반응하여 엽록체 함량이 줄어들면서 가려졌던 카로티노이드(carotinoids) 색소가 드러나고, 안토시아닌과 타닌이 축적되기 때문이다. ⓑ 카로티노이드 계열에는 주황색계 카로틴(carotene)과 노랑색계 크산토필(xanthophyll)이 있고, ⓒ 액포(液胞, vacuole) 속에 적색계 안토시아닌(花靑素, anthocyanin)이 있다.

은행나무 잎은 노란색계 크산토필 색소가 축적되어 녹색의 잎이 황색으로 물든다(사진1-91, 92). 느티나무 잎은 노란색계 크산토필과 주황색계 카로틴이 섞여서 나타나기 때문에 개체목에 따라 색깔의 차이가 조금씩 있다(사진1-97). 붉은 색깔로 단풍이 드는 기작은 조금 다르다. 기온이 떨어지면서 잎자루에 이층(離層, abscission layer)이 생겨 광합성으로 합성된 포도당($C_6H_{12}O_6$)이 줄기로의 이동이 차단된다. 차단된 당은 잎에 축적되고, 이것이 붉은색 안토시아닌으로 전환되어 붉게 나타난다(사진1-93).

단풍의 색은 뚜렷이 구분되는 몇몇 수종을 제외하고는 일수가 경과함에 따라 색소의 농도 차이가 생기기 때문에 명확히 구분되지 않는다. 복자기는 황색에서 적색으로(사진1-94),

[사진1-91] 황색계 단풍 은행나무(10월)

[사진1-92] 황색계 단풍 라일락(11월)

[사진1-93] 적색계 단풍 단풍나무(11월)

[사진1-94] 적색계 단풍 복자기나무(11월)

낙엽송은 황색에서 황갈색으로 단풍이 든다(사진1-95). 느티나무는 개체목에 따라 황색이나 황적색 단풍이 들어 갈색으로 마르고, 참나무류는 초기 황갈색 단풍에서 갈색으로 마른다(사진1-96). 참나무류처럼 갈색 단풍은 잎에 갈색계 타닌(tannin)이 축적되기 때문이다. 이처럼 카로티노이드, 안토시아닌, 타닌의 합성과 축적의 비율, 엽록체 분해 속도 차이가 단풍의 색깔을 다양하게 한다.

[사진1-95] 갈색계(황갈색) 단풍 낙엽송(11월)

[사진1-96] 갈색계 단풍 참나무림(10월)

ⓒ 홍단풍, 홍가시나무처럼 여름에도 잎이 붉은 것은 엽 조직 내의 안토시아닌과 엽록소의 함유 비율 때문이다(사진1-98, 99). 즉, 안토시아닌이 엽록소 함유 비율보다 높아 잎이 붉게 나타나지만, 함께 있는 엽록소의 광합성 작용으로 정상적으로 생장할 수 있다. 그래서 엽록소 함유 비율이 높아 광합성이 활발히 이루어지는 7~8월에는 잎이 선홍색이지 않고 검붉게 보인다. 안토시아닌 홍색과 엽록소 녹색의 보색현상으로 검붉게 나타나는 것이다.

그런데 ⓔ 새로 나온 어린잎이 일시적으로 붉거나 주황색이었다가 성장하면서 녹색으로 변하는 것을 볼 수 있다(사진1-100). 이것은 새잎에 엽록소보다 안토시아닌 함량이 더 많기 때문이다. 즉, 어린잎은 아직 엽록소 형성 능력이 미약한 상태인데, 줄기에 저장되었던

[사진1-97] 느티나무 개체별 단풍 차이

[사진1-98] 생장기 6월 홍단풍

[사진1-99] 생장기 5월 홍가시나무 산울타리

[사진1-100] 생장기 5월 적황색 명자나무 새순

상당량의 당이 전이되면서 축적된다. 축적된 당은 붉은 색소 안토시아닌으로 전환되어 엽록소보다 월등히 많아져 붉은빛이 도는 것이다. ⓐ 안토시아닌은 과도한 자외선으로부터 어린잎을 보호하는 한편, ⓑ 자외선을 흡수함으로써 엽조직의 온도를 높여 합성, 분해, 흡수, 배출 등의 물질대사 작용을 활발하게 한다. 잎이 성장함에 따라 안토시아닌은 분해되고 엽록소 양이 많아져 녹색이 된다. 이러한 현상은 겨울에도 낙엽이 되지 않는 남천이나 영산홍에서도 볼 수 있는데, 월동기에 접어들면서 붉게 단풍이 들어 과도한 직사광선으로부터 잎을 보호한다(사진1-101, 102). 표1-12의 단풍색깔과 수종은 저자의 자료와 문헌(윤, 2008. 임, 1973. 조, 1987. 홍 외 2인, 1987)을 참고하여 정리하였다.

[표1-12] 단풍이 아름다운 수종

계통	형상	수종
황색계	교목	은행나무(침엽, 낙엽수), 튤립나무, 계수나무, 목련, 산사나무, 배나무, 팥배나무, 층층나무, 칠엽수(마로니에), 느티나무, 고로쇠나무
	관목	싸리, 라일락, 수수꽃다리, 생강나무
적색계	교목	단풍나무, 중국단풍, 신나무, 복자기, 복장나무, 벚나무, 마가목, 배롱나무, 붉나무, 검양옻나무, 참빗살나무, 감나무(황적색), 산딸나무
(적황색)	관목	홍자단, 매자나무, 산철쭉, 단풍철쭉, 영산홍, 화살나무, 낙상홍, 윤노리나무, 남천(상록성), 홍가시나무(상록성)
갈색계 (황갈색~ 적갈색)	교목	메타세쿼이아(침엽, 낙엽수), 낙우송(침엽, 낙엽수), 낙엽송(일본잎갈나무-침엽, 낙엽수), 양버즘나무(플라타너스), 참나무류, 안개나무, 산수유, 모감주나무, 느티나무
	관목	황매화, 조팝나무

[사진1-101] 상록성 영산홍 적색 단풍(10월)

[사진1-102] 상록성 남천 적색 단풍(1월)

② 단풍 시기와 선명도

단풍 시기는 위도, 고도, 방위와 토양의 함수 상태에 따라 다르다. 단풍의 시작은 북쪽에서 남쪽으로, 고지대에서 저지대 순으로 물든다. 단풍이 시작되는 시기와 아름다움의 차이는 기온, 습도, 광, 방위 등에 따라 잎의 조직에서 다양한 효소작용이 일어나기 때문이다. 또한 나무의 종류와 수령, 토질에 따라서도 색깔과 단풍 시기가 달라질 수 있고, 동일 수종의 개체목에서도 차이가 있다. 단풍 시기와 선명도(아름다움)의 차이는 다음과 같다.

◆ 단풍 시기 차이 ◆

- 위도 상의 북쪽이 남쪽에서보다 단풍이 먼저 시작된다.
- 산의 정상부가 계곡에서보다 단풍이 먼저 시작된다.
- 산지가 평지에서보다 단풍이 먼저 시작된다.
- 경사지가 평지에서보다 단풍이 일찍 시작된다.
- 토양 함수량이 낮아 건조한 곳이 습한 곳보다 단풍이 일찍 시작된다.
- 척박지의 나무일수록 단풍이 일찍 든다.
- 남향이 동향이나 북향보다 단풍이 일찍 든다.
- 수관의 상부에서 단풍이 시작되어 하부로 확산된다(사진1-103).
- 상록수는 전년도의 묵은 잎이 단풍이 든다(사진1-104).
- 쇠약한 나무가 건강한 나무보다 단풍이 일찍 든다.
- 병해충 피해 가지가 건전지보다 단풍이 일찍 든다(사진1-105).

[사진1-103] 상부에서 시작되는 단풍(느티나무)

[사진1-104] 소나무 묵은 잎 단풍

[사진1-105] 해충 피해지 조기 단풍(10월)

[사진1-106] 큰 나무 밑 선명한 단풍

◆ 단풍 선명도 차이 ◆

- 큰 나무 아래 나무의 단풍이 더 아름답다(사진1-106).
- 주야간 일교차가 큰 곳의 단풍이 더 선명하다.
- 가을비가 적고 청명한 날씨가 이어질수록 단풍이 더 선명하다.
- 강한 일조와 바람이 적은 곳의 단풍이 선명하다.
- 음지보다 양지의 단풍이 더 선명하다.

㉠ 큰 나무 아래 나무의 단풍이 더 아름다운 것은 독립수나 숲 가장자리의 나무보다 바람을 적게 받고, 강한 직사광선에 적게 노출됨으로써 잎이 마르거나 타지 않고 서서히 물들기 때문이다. ㉡ 단풍은 기온이 서서히 내려가면서 주·야간 온도 차이가 커야 아름답다. 기온이 급하강하면 잎은 저온장해로 단풍이 아름답지 못하다. 이러한 해에는 산에서보다 도시공원의 단풍이 더 선명한 경우가 있다. 도시는 각종 빌딩과 아파트, 포장도로의 복사열이 온도의 급하강을 막거나 지연시키기 때문이다.

㉢ 맑은 날이 지속되면 잎에 공급되는 수분의 양이 적은 반면, 안토시아닌 농도가 높아져

더 선명한 단풍을 볼 수 있다. 그러나 ㉣ 강한 바람, 가뭄이 있거나 기온마저 빠르게 떨어지면 잎은 상처, 건조, 동해, 생리적 교란으로 단풍이 아름답지 못하다. ㉤ 음지보다 토양이 건조한 양지의 단풍이 더 선명하다. 음지는 토양 함수량이 높은 경우가 많아 양지보다 수분 공급이 원활해 녹색 기간이 연장된다. ㉥ 이 상태에서 기온이 급하강하면 저온장해로 선명한 단풍이 되지 못한다.

다. 줄기가 아름다운 수종

(1) 수피 색깔

모든 사물은 각각의 고유한 색을 가지고 있다. 색은 비언어적 커뮤니케이션(communication)으로서 인간의 감성을 표현한다. 심리적으로 빨강은 강렬함과 적극성을, 노랑은 평화와 휴식을, 흰색은 순수하고 청결한 이미지가 있다. 계곡의 붉은 단풍에 마음 설레고, 노란 은행잎을 보면 책갈피에 간직하고 싶은 것도 색의 비언어적 커뮤니케이션 때문이다.

수피에도 색깔과 갈라짐의 특징이 있고 나무마다 고유성이 있어 잎이 없는 겨울에는 수종 분류의 키(key)가 된다. 수피 색깔은 나무의 개성미를 나타내는 요소로서 수령에 따라 조금씩 다르고 색의 농도 차이가 있지만 보통 백색계, 적(갈)색계, 흑(갈)색계, 회(갈)색계, 녹색계 등으로 구분한다(표1-13. 사진1-107~115).

[107] 백색계, 양버즘나무

[108] 회백색, 이팝나무

[109] 적색계, 적피배롱나무

[110] 적갈색, 주목

[111] 적황색, 목기린

[112] 흑색계, 두릅나무

[113] 회갈색, 쪽동백나무

[114] 녹색계, 청시닥나무

[115] 녹색계, 산겨릅나무

[사진 1-107~115] 수피 색깔

현대식 건물에는 자작나무의 흰 수피가 어울리고 사찰이나 능원에는 노송(老松)의 붉은 수피가 어울린다. 벽오동과 산겨릅나무는 녹색 수피가 신기하고 적피배롱나무의 붉은 수피, 더덕더덕 붙은 물박달나무 수피 등의 특징은 조경수 선정의 필요 지식이다. 표1-13은 저자의 자료와 문헌(윤, 2008. 임, 1973. 조, 1987. 홍 외 2인, 1987.)을 참고하여 정리하였다.

[표1-13] 주요 수종의 수피 색깔

계통	형상		수종
백색계(회백색)	침엽수	상록수	백송(회백색), 구상나무(회백색), 분비나무(회백색)
		낙엽수	은행나무(회백색)
	활엽수	낙엽수	은사시나무, 호두나무(회백색), 자작나무, 서어나무, 함박꽃나무(회백색), 목련(회백색), 일본목련(회백색), 백목련(회백색), 플라타너스(양버즘나무), 오동나무(회백색), 이팝나무 (회백색), 서어나무(회백색)
적색계(적갈색)	침엽수	상록수	주목, 비자나무, 소나무, 잣나무, 삼나무, 측백나무, 편백나무, 향나무
		낙엽수	낙우송, 메타세쿼이아
	활엽수	상록수	동백나무(회황갈색)
		낙엽수	모과나무, 배롱나무, 적피배롱나무, 산딸나무, 노각나무
흑색계(흑갈색)	침엽수	상록수	곰솔(해송), 리기다소나무, 개잎갈나무(히말라야시다), 젓(전)나무, 대왕송
	활엽수	낙엽수	밤나무, 튤립나무, 살구나무, 귀룽나무, 칠엽수(흑회갈색), 대추나무, 음나무, 때죽나무, 계수나무, 복숭아나무
회색계(회갈색)	침엽수	상록수	일본잎갈나무(낙엽송), 가문비나무, 독일가문비나무, 금송, 화백
	활엽수	상록수	가시나무(흑회색), 금목서, 생달나무(암회색), 태산목(흑회색), 후박나무
		낙엽수	이태리포플러, 굴피나무, 물박달나무, 상수리나무, 굴참나무, 신갈나무, 느릅나무(흑회색), 느티나무, 팽나무(흑회색), 튤립나무(백합나무), 산사나무, 마가목, 매실나무(흑회색), 왕벚나무, 벚나무, 올벚나무, 자귀나무(녹색 : 어린 가지 · 줄기), 회화나무(녹색 : 어린 가지 · 줄기), 신나무(녹색 : 어린 가지 · 줄기), 단풍나무(녹색 : 어린 가지 · 줄기), 복자기(녹색 : 어린 가지 · 줄기), 은단풍(녹색 : 어린 가지 · 줄기), 피나무, 층층나무, 산수유, 감나무, 생강나무(암회색)
녹색계	침엽수	상록수	스트로브잣나무(녹회색)
	활엽수	낙엽수	청시닥나무, 산겨릅나무, 벽오동, 황매화(관목), 죽단화(관목), 식나무

(2) 박피 유형

수피는 ㉠ 줄기를 감싸는 목질화가 된 죽은 조직으로서 관다발(체관부, 형성층, 물관부)과 목질부를 보호한다. 피목(皮目, lenticel)이 있어 대사 과정에서 생성되는 탄산가스(CO_2)를 배출하고 대기에 산소(O_2)를 공급한다. 수종에 따라 원형, 타원형, 렌즈형 등으로 다양하며 수피 표면보다 다소 융기하여 가로 또는 세로 방향으로 발달한다(사진 1-116~121).

[116] 느티나무 피목

[117] 굴거리나무 피목

[118] 자귀나무 피목

[119] 후박나무 피목

[120] 백목련 피목

[121] 다릅나무 피목

[사진 1-116~121] 수종별 피목의 특징

수피가 ㉡ 갈라지고 떨어지는 이유는 나무가 수고생장(길이생장)과 직경생장(부피생장)을 하는데 반하여, 고정화된 죽은 수피는 길이와 직경 방향으로 늘어나지(생장) 못함으로써 끊어지고 터져 파열되기 때문이다. 수피가 터지고 갈라지는 모양은 조직의 생장 유형과 관계되는데, 종 고유의 유전적 형질로서 종마다 다르다(표1-14). 동일 수종에서도 수령에 따라 조금씩 달라서 줄기 아래쪽 수피, 중간과 상단부의 갈라짐이 다르다.

수피가 ㉢ 갈라지는 모양에 따라 파열형(섬유상, 귀갑상, 평할상, 활면상)과 박리형(겹상, 윤상, 반문상)으로 구분하며, 관상의 대상이 된다(사진1-122~130). ⓐ 섬유상(纖維狀)은 메타세쿼이아, 삼나무 수피처럼 길이 방향으로 찢어지듯 벗겨진다. ⓑ 귀갑상(龜甲狀)은 소나무, 곰솔(해송)의 수피처럼 거북등 모양으로 길이와 둘레 방향으로 갈라진다.

[122] 섬유상 파열 메타세쿼이아

[123] 귀갑상 파열 소나무

[124] 평할상 파열 계수나무

[125] 활면상 파열 때죽나무

[126] 겹상 박리 물박달나무

[127] 윤상 박리 자작나무

[128] 반문상 박리 모과나무

[129] 반문상 박리 백송

[130] 반문상 박리 배롱나무

[사진 1-122~130] 수피 파열과 박리형 특징

ⓑ 평할상(平割狀)은 은행나무처럼 주로 길이 방향으로 갈라지는데, 귀갑상보다는 골이 얕고 둘레 방향으로 미약하게 갈라진다. ⓓ 활면상(滑面狀)은 때죽나무, 쪽동백나무처럼 갈라지는 틈이 얕고 가늘어서 매끈하게 보이는 수피로서 결이 고와 아름답다. ⓔ 겹상(裌狀)은 물박달나무처럼 누더기 천 조각처럼 겹치듯이 특이하게 박피되고, ⓕ 윤상(輪狀)은 자작나무처럼 줄기를 돌아가면서 벗겨진다. ⓖ 반문상(斑紋狀)은 배롱나무, 플라타너스(양버즘나무) 수피처럼 얼룩이 지듯 벗겨진다. 표1-14는 저자의 자료와 문헌(윤, 2008. 임, 1973. 조, 1987. 홍 외 2인, 1987.)을 참고하여 정리하였다.

[표1-14] 주요 수종의 수피 갈라짐 특징

수피 특징		형상	수종
파열형	섬유상	침엽수	삼나무, 낙우송, 메타세쿼이아, 편백, 향나무
	귀갑상	침엽수	소나무, 곰솔(해송), 잣나무(얕은 귀갑상)
		활엽수	두충나무, 돌배나무, 서양산딸나무, 감나무, 이팝나무, 꽃개오동나무
	평할상	침엽수	은행나무
		활엽수	물황철나무, 굴피나무, 중국굴피나무, 호두나무, 느릅나무, 꾸지뽕나무, 모감주나무, 대추나무, 음나무
	활면상	활엽수	서어나무, 때죽나무, 쪽동백나무, 목련
박리형	반문상	침엽수	백송
		활엽수	참느릅나무, 양버즘나무, 모과나무, 노각나무, 배롱나무, 산딸나무
	윤상	활엽수	자작나무, 벚나무
	겹상	침엽수	주목, 개비자나무
		활엽수	물박달나무, 복자기나무, 중국단풍, 산수유나무

(3) 수간형

① 생장 유형

수목의 길이생장은 줄기나 가지 끝 정수리에 붙은 정아(頂芽, terminal bud, apical bud)와 측면에 붙은 측아(側芽, lateral bud)에 의한다(사진1-139). 일반적으로 ㉠ 침엽수류는 정아생장이 우세하여 직간성의 원추형이나 삼각수형을 이루는 정아우세(頂芽優勢, apical dominance) 생장을 한다(사진1-131). 그런데 침엽수일지라도 노령이 되어갈수록 생장량이 감소하여 원주형이나 원형에 가까운 수형을 이룬다(사진1-132).

[사진1-131] 침엽수 메타세쿼이아 삼각수형

[사진1-132] 노령 리기다소나무 원주형 수형

㉡ 활엽수의 줄기생장은 어릴 때는 곧게 자라지만, 일정 수령이 되면 상장생장보다 측방생장이 두드러져 줄기가 굽는다. 이는 생장이 우세한 측아 방향으로 자라기 때문이고, 줄기와 가지의 구별이 없어지면서 원형의 수형을 이룬다.

② 직간

줄기의 아름다움은 앞에서 설명된 수피의 색깔과 박피 유형 외에도 굵기와 뻗음의 형태에서도 표현된다. 줄기 뻗음은 선의 유형에 따라 직간, 곡간, 사간, 반간, 총생, 현애 등의 형상으로 구분한다.

직간(直幹)은 지제부(地際部, soil surface : 줄기와 땅이 접한 경계부위)에서 초단부(梢端部)에 이르기까지 곧게 자란 줄기다(사진1-133). 주로 ㉠ 정아우세형의 소나무, 은행나무, 전나무 등의 침엽수류와 자작나무, 튤립나무 등의 활엽 교목류, ㉡ 생장 공간이 좁아 밀식된 나무 등에서 나타난다. 직간성의 나무도 넓은 공간에서 독립수로 자랄 경우 측방생장이 우세하여 원주형의 수관을 이룬다(사진1-132). 직간성 수종은 도로변, 자연공원, 수목원 등의 넓은 공간에 열식이나 군식하였을 때 웅장한 경관이 연출된다.

줄기가 지제부(지표)에서 갈라져 여러 개가 올라와 자라는 것을 다간(多幹)이라고 하는데, 줄기의 수에 따라 1개인 것을 단간(單幹), 2개인 것을 쌍간(雙幹), 3개인 것을 삼간

[133] 직간(단간, 소나무)

[134] 곡간(단간, 소나무)

[135] 단간(쌍간성, 반송)

[136] 쌍간(소나무)

[137] 3간(소나무)

[138] 다간(총간, 다행송)

[사진 1-133~138] 소나무 수간형

(三幹), 5개인 것을 5간이라 부른다(사진1-135, 136, 137). 통상 줄기의 수가 3개를 넘는 것을 다간(多幹)이라고 한다(사진1-138).

조경수로 많이 이용되는 소나무 품종 반송(*Pinus densiflora* for. *multicaulis* Uyeki)은 줄기가 지제부에서부터 갈라지지 않고 일정 높이(1m 이내)에서 굵은 줄기로 갈라져 수형을 이루므로 단간으로 본다. 이러한 현상은 직간성의 줄기가 단간으로 자라다가 어떤 장해로 갈라지거나 측아우세 현상이 발현된 나무에서 볼 수 있다. 반송은 곰솔(해송) 대목에 소나무 접을 붙여(홍 외, 1987) 재배한 나무는 1대의 줄기에서 2대 이상의 굵은 줄기로 자란다(사진1-135). 이에 반하여 변종 다행송(*Pinus densiflora* var. *umbraculifera* Mayr.)은 지제부에서 여러 대의 줄기가 올라와(조, 1987) 수형을 이루는 다간성이다(사진1-138).

③ 곡간과 사간

곡간(曲幹)은 교목성의 줄기가 곧게 자라지 않고 곡선으로 자라는 수간형이다. 줄기가 곧게 자라지 않고 굽는 원인은 여러 가지 이유가 있다. 정단부의 정아가 병해충 피해, 동해, 바람이나 눈에 의한 기계적인 손상 등으로 고사하고, 측아가 자라서 굽은 줄기로 자란 것, 햇빛의 방향(주광성), 유전적인 성질 등으로 줄기가 굽는다(사진 1-134).

사간(斜幹)은 곧지 않고 비스듬히 자라는 줄기다. 눈의 무게 또는 비바람에 쓰러져 비스듬히 기운 채 자라서 나타나는 수간형이다(사진1-140). 수관부가 기울어진 방향으로 치우치지 않도록 가지솎기를 하거나 안정감을 높이는 지지대 설치 등의 관리가 필요하다.

[사진1-139] 소나무 정아와 측아

[사진1-140] 사간(소나무)

④ 반간

반간(蟠幹)은 눈, 비, 바람에 굽거나 쓰러진 나무가 곧게 자라지 못하고 휜 상태로 굴곡하여 자란 줄기이다(사진1-141, 142). 마치 용이 꿈틀거리듯 구불구불하게 자라는 모양이

기이하다. 주로 직간성 줄기가 넘어졌거나 꺾인 상태에서 새로 나온 순(筍)이 빛의 방향으로 굽고, 빛이 좋은 방향의 가지가 우세하여 주간(主幹, main culm, main stem)으로 자라서 나타나는 현상이다. 즉, 줄기가 햇빛과 생육 공간을 찾아 자라거나 주간이 꺾이고 옆의 가지가 줄기로 자라면서 주간이 되어 나타나는 현상이다. 그 외에도 소나무좀 또는 소나무순나방 등의 천공성 해충 피해로 새순이나 정아가 고사하고 옆 가지나 측아가 줄기로 자랐을 때도 굽는다.

[사진1-141] 포복형 반간(소나무)

[사진1-142] 지상형 반간(소나무)

⑤ 총간

총간(叢幹)은 근원부(根源部, root collar)에서 여러 대의 줄기가 나와 자라는 것을 총칭한다. 총간에는 줄기 뻗음 형태와 그 수에 따라 포기자람, 총립, 부채꼴(扇立) 등으로 구분하기도 한다. ㉠ 포기자람은 지표에서 무더기로 많은 줄기가 무리지어 총생(叢生, bunch)하는 것이다(사진1-143). 총립보다 낮게 자라고 줄기의 수가 많은 형태를 지칭하며 철쭉 등의 관목류, 매자나무, 명자나무, 죽도화, 황매화 등에서 볼 수 있다. ㉡ 총립(叢立) 또한 지표에서 여러 개의 많은 줄기가 나와 자란 것으로서 총간(叢幹)이라고도 하는

[사진1-143] 포기자람(영산홍)

[사진1-144] 총립(뜰보리수)

데, 포기자람의 줄기보다 크게 자라고 줄기의 수가 적은 것을 지칭한다(사진 1-144). 보리수, 라일락, 박태기나무 등의 활엽수에서 볼 수 있다. 익립(扇立)은 총생한 줄기가 유사한 굵기로 자라 부채살 모양으로 펴져 자라는 것이다(사진 1-145).

[사진1-145] 익립(은행나무)

이들 모두 근맹아(根萌芽, root sucker, root sprout)가 발달하는 서양측백나무, 은행나무 등에서 볼 수 있다. 포기자람, 총립, 익립은 근맹아가 발달하는 유전적인 생장 특성에 의한 것이지만, 관목류를 식재할 때 포기의 부피 확장이나 경관상의 이유로 여러 대를 모아심기 하여 포기자람의 수형을 표현하기도 한다.

⑥ 현애

현애(懸崖, overhanging cliff)는 절벽이나 석축 등의 담장에서 자라는 나무의 줄기가 밑으로 처져서 뿌리권보다 수관부가 아래로 떨어지는 형상이다(사진 1-146). 눈향나무 또는 눈주목은 줄기가 직립하지 않고 지표면을 따라 자라는 유전적 특성이 있는데(사진 1-147, 148), 낭떠러지나 수직 돌담에 식재하면 줄기가

[사진1-146] 현애(눈향나무)

[사진1-147] 피복기능 포복형 눈(뚝)향나무

[사진1-148] 은폐기능 포복형 눈향나무

아래로 처지면서 자란다(사진1-146). 이러한 특성을 이용하여 연못가 작은 폭포 주변에 장식용으로 심거나 시멘트 담장의 녹색 도입 및 은폐용으로 식재하기도 한다(사진1-148).

굵고 강한 직선의 메타세쿼이아 줄기는 웅장함이 있고(사진1-149), 곡선으로 뻗은 소나무 줄기는 부드럽고 편안함이 있다(사진1-150). 줄기 뻗음은 단목의 아름다움을 표현하지만, 집단에서 배가 된다. 산림, 자연공원이나 수목원에 집단으로 조성된 솔밭, 비자나무림, 자작나무 숲은 단목의 아름다움이 있지만 집단미가 더 크고 웅장하다(사진1-151, 152). 집단미는 일정 크기 이상의 면적이 확보되어야 발휘된다. 사람이 숲이라고 느낄 정도의 공간이거나 인접 수목들과 어울려 그곳을 산책하고 쉴 수 있는 면적일 때 높은 가치로 평가된다.

[사진1-149] 직간형 메타세쿼이아 길

[사진1-150] 곡간형 솔밭

[사진1-151] 흰 수피 자작나무 숲 집단미

[사진1-152] 웅장한 메타세쿼이아 숲 집단미

제 2 장

식재공정과 부작용 치료

1. 식재

가. 식재 작업

(1) 표준작업 공정

식재에 앞서 식재 목적 수립과 토지 선정, 선정된 토지의 토성과 환경(기후, 지형, 방위, 경사 등)을 조사하여 적합한 수종을 선택하고 배식 설계를 한다. 그 다음 식재 수량 산정과 식재에 필요한 차량·장비·기자재·인력 준비와 예산을 수립한다. 이러한 준비 작업은 임의적으로 수립, 진행할 것이 아니라 표준작업공정에 따른 것이어야 식재 성공률을 높일 수 있다.

표준작업공정(標準作業工程, standard of working process)이란 작업의 시작에서 종결에 이르기까지 절차와 방법이 체계적이고 정립된 공정으로 진행되도록 설정한 업무지침이다. 표준작업공정에 따른 작업 진행은 다음의 결과를 얻을 수 있다.

◆ 표준작업공정 실무 효과 ◆

- 작업의 안전성 · 적정성 · 신뢰성이 확보된다.
- 작업 숙련도를 높이고, 작업 시간 단축과 비용 절감 효과가 있다.
- 작업 결과 예측이 가능하여 결과의 완성도를 극대화할 수 있다.
- 업무 숙지 능력 향상, 유동 직원의 업무 공백을 최소화한다.

식재에 필요한 각종 항목을 준비하는 표준작업공정에는 3단계 과정이 있다. 첫째, 식재 목적 수립과 배식 설계이다. 식재 목적은 제1장의 식재 수종 선정에서 설명한 바와 같이 식재를 위하여 준비된 토지에 어떤 나무를 무슨 목적으로 심을 것인가이다. 배식 설계는 식재 목적에 의거하여 수목을 어떻게 배열할 것인가를 머릿속으로 그리거나 도면상에 표시하는 일이다.

둘째, 식재지의 토지 조사 단계이다. 대상 토지의 기후 조건, 토성, 지형과 방위 등이 식재 수종의 생리·생태적 특성과의 적합성 정도를 사전 조사하는 단계이다. 이른바 적지적수를 위한 작업 과정이다. 식재지 환경 조사 없이 나무를 심을 경우 활착과 식재 목적 발휘가 보장될 수 없기 때문이다.

셋째는 인력과 기자재 등의 준비와 예산 수립 단계이다. 식재에 필요한 인력에는 작업 인력과 작업 수행을 위한 지원 인력이 포함되도록 한다. 기자재는 식재에 필요한 기구와 자재 및 기계들로서 포클레인, 크레인, 차량, 삽, 곡괭이, 쇠스랑, 전정가위, 톱, 심지어는 호미에 이르기까지 필요한 도구와 자재들을 사전에 파악하여 준비한다(표2-1).

(2) 식재 준비 표준작업 공정

◆ 식재 준비 표준작업 공정 ◆

- 식재 목적 수립 ⇨ 수종 선정 ⇨ 식재지 조사 ⇨ 식재(배식) 설계 ⇨ 자재 · 장비 · 인력 준비 ⇨ 기타 필요 및 부가 사항 ⇨ 각 과정별 예산수립

① 식재 목적 수립과 수종 선정

토지에 나무를 심고자 할 때 우선적으로 해야 할 일은 ㉠ 식재 목적 수립과 수종 선정이다. 즉, 선정된 토지에 무슨 목적으로 어떤 나무를 어떻게 심을 것인가이다(윤, 1989). 나무를 심는 목적에는 목재와 기타 부산물을 얻기 위한 직접적인 효용(경제적 효용)과 국토보전, 보건 휴양적 가치 도출 등을 위한 간접적인 효용(보건적 효용)이 있다. 간접적인 효용으로 나무를 심는 목적은 나무 또는 숲이 가진 심미적 기능, 위생적 기능, 보건휴양적 기능 등의 효용을 얻거나 각종 재해 방지를 위한 것이다.

식재 목직이 수립되면 ㉡ 설계자는 이용 및 발주자의 요구와 입지 조건을 정확히 파악하여 최적화된 배식 설계를 한다. ㉢ 설계자 또는 식재자는 목적에 부합하는 수종·수령· 수고·직경의 나무와 수량을 준비한다. 빠른 목적 발휘를 위해서는 기능 발휘 연령대에 가까운 수령의 나무를 선정, 수배하여 심는다. 반면, 목적 발휘의 시간적인 여유가 있다면 가급적 어린 나무를 선정하는 것이 유리하다. 어린 나무는 큰 나무보다 식재 지역 기후와 토양 특성 적응력이 높다. 또한 식재 난이도가 낮고 노동력, 식재 소요 시간, 비용 등이 적게 들어 큰 나무 식재보다 경제적일 수 있다. 그 외에도 식재 목적 발휘에 다소 미흡한 나무일지라도 양생관리를 통하여 목적 발휘가 충족될 것이 예상될 경우 선정 대상에 포함시킨다. 이것은 식재 수종 다양화를 기하고 초기 조성비용 절감 효과가 있다.

[표2-1] 식재 준비 표준작업 세부 공정

항목	내용
식재 목적 수립	• 준비물 - 종이, 필기구 등 기록에 필요한 도구 또는 자재 • 기능식재 - 미화, 차폐, 방음, 방풍, 방화, 방설 등의 식재 목적 수립(사례 : 건물, 부대시설, 도로, 공원 등의 장식이나 차폐 등의 목적 수립, 식재 후 기대 효과 설정 등)
수종 선정	• 준비물 - 필요시 직경 자(직경 테이프), 기타 필요 도구, 수종별 생육 특성 조사 자료(문헌 조사) • 식재 목적에 부합하는 수종, 수형, 수고, 직경, 수량 - 식재지 조사 결과에 따른 수종 선정. 토지 면적에 따른 수량 파악 - 식재 목적 발휘 개시 기대 연도와 지속 기간 조사(개화, 결실, 단풍 등 - 문헌 조사)
식재지 조사	• 준비물 - 토양 조사에 필요한 제반 기구 및 도구(삽, 괭이 등 토양 채취 도구, 시료 채취 자루, 기타 토양 조사에 필요한 기자재, 나침판 등) • 토지 환경(지형, 경사, 방위, 기후, 토성) - 식재 대상목의 생리 · 생태적 특성과의 적합성 여부(적지적수 - 문헌 조사) • 토성, 개량 필요성 - 토양 물리 · 화학성, 토양 개량 필요성 유무(필요시 개량 자재 준비)
식재 설계	• 준비물 - 관련 사항(필기구 등, 기타) • 식재 디자인 - 토지 형태와 식재 목적에 따른 디자인(정형 · 자유풍경 · 자유식재 등등) - 단일 수종 또는 혼용 식재 여부 설계 • 식재 대장 - 수종, 수형(직경, 수고, 수간형 등), 식재 위치, 식재 방법(예 : 굴취 방법, 구덩이 개량 여부 등) 등 기재
자재 장비 인력	• 준비물(굴취 · 이동 · 식재용 기구와 장비) - 굴취 및 운송(삽, 곡괭이, 괭이, 쇠스랑, 포클레인, 크레인-필요시, 운송 차량, 기타 필요 도구와 장비. 평 벨트, 바, 끈, 고무바, 철사 등) - 완충용 자재(줄기와 뿌리분 보호용 부직포. 판자, 고무 패킹, 스티로폼 등의 패킹 재료, 기타 덧대기 재료) - 줄기 · 가지 감기 자재(녹화마대, 신문지 - 병해충 감염 기피용 대체 자재), 청테이프(감기 재료 고정용), 비닐랩(필요시), 끈, 사다리, 기타 각종 필요 도구) - 상처 치료제(부후 방지 도포제) - 절단기기(손톱, 기계톱, 전정가위, 철선 절단기, 기타) - 관수용 자재(고무 호스 - 지중 관수용 포함), 대체 자재 - 멀칭 자재(멀칭용 거적, 칩, 바크, 고정 핀과 끈, 폴리에틸렌 필름 또는 폴리염화비닐 필름, 기타 재료) - 굴취 목 차광, 방풍, 보습용 자재(차광막, 부직포, 천막, 비닐, 끈 등) - 식재, 양생관리 자재(필요시 보습 · 보비력 증진용 부산물비료 또는 상토), 유공관, 매립토 개량(필요시), 매립 다짐용 말목, 지주목, 지주목 접촉 부위 완충용 패킹 등의 자재와 결속 철사. 당김 줄(바, 철사 등)

항목	내용
비용 (예산 수립)	• 준비물(수목 구입 · 굴취 · 운송 · 식재 인력, 기자재 및 특수 장비 사용 예산) - 식재 과정에 소요되는 제반 비용 산출 - 전체 인력 및 소요 일, 잡 경비 산정 - 외주 시 용역 · 감리 비용
기타	• 기타 - 기타 현장에 따라 필요 및 부가되는 사항

② 식재지 조사와 설계

토지의 ㉠ 지형, 경사, 방위, 기후, 토성 등이 식재 대상 수목의 생리·생태적 특성과의 적합성 내지는 최대 유사성 정도를 조사한다. 예를 들어, 주목은 직사광선이 강하고 건조한 남향의 토지에 식재하면 초기 생장이 불량하다. 주목은 어릴 때는 내음성(耐陰性, shade tolerance)이 강해 적당한 그늘이 좋으나 커가면서 햇빛 요구도가 높아진다. 또한 함수 상태가 좋으면서 배수가 잘 되는 토양을 선호하기 때문에 건조지에서는 생장이 불량하다. 이처럼 내음성 수종은 언덕의 위쪽보다는 아래쪽, 남향보다는 북동향, 남서향보다는 북서향에 식재하고 과습한 곳이 아닌 적습지를 선택한다.

반대로 소나무처럼 내음성이 약한 양수(陽樹, shade intolerant tree)는 그늘이나 장차 그늘이 될 큰 나무 밑에 식재하면 커가면서 일조 부족으로 쇠약, 고사한다. 내음성이 중용이거나 강한 수종일지라도 햇빛이 부족한 곳에서는 건강한 생장을 할 수 없다(사진2-1, 2). 이러한 이유 등으로 식재 수종의 생리·생태적 특성과 식재지 토양의 물리·화학성, 지형이나 방위 등의 적합성 내지는 유사성 정도의 사전 조사가 필요하다. ㉡ 입지환경의 사전 조사 결과에 따라 토양 개량이나 필요한 기자재를 준비하고 수종과 예산 변경 등의 수정 작업을 한다.

[사진2-1] 그늘, 생육불량 초본류와 회양목

[사진2-2] 양지, 생육양호 초본류와 회양목

③ **기자재·인력 준비와 예산 수립**

식재 대상 수목의 구입에서 식재 작업 최종 단계에 이르기까지 소요되는 제반 비용을 산정·산출한다. 굴취·이동·식재에 소요되는 기구와 자재(줄기·가지 감기 자재, 칼, 전정가위, 톱, 기타 절단기기, 상처 치료제 등), 장비, 차량, 인력 등 식재에 필요한 제반 사항들을 세밀히 체크하여 준비한다.

작업 도중에 필요한 기자재가 없거나 부족할 경우 또 다시 준비 과정을 거치게 되면 작업 진행이 지연되고, 이로 인한 비용이 추가된다. 그 외에도 잡 경비, 하자 보수비까지 예산에 포함되도록 한다.

나. 식재 표준작업 공정

(1) 식재 표준작업 공정 실무

㉠ 넓은 의미에서의 식재란 구덩이 준비, 이식 대상목 굴취를 위한 표토 정리에서부터 굴취, 운송, 가지 정리, 줄기와 가지 감기, 나무 앉히기, 매립, 물분 만들기, 최종 관수, 지주 세우기, 멀칭, 보습과 다짐용 관수, 주변 정리에 이르기까지의 제반 작업들을 말한다(사진 2-3~20). ㉡ 좁은 의미에서는 구덩이를 준비하고 표토 정리에서부터 나무를 앉히고 매립하여 최종 관수에 이르기까지의 식재 행위이다. ㉢ 그 외에 식재한 나무의 활착을 돕기 위하여 가지를 정리하고 지주 세우기, 멀칭, 2차 관수, 기타 활착을 위한 작업들은 양생(養生, curing, recuperation) 또는 양생관리(養生管理)라고 한다.

식재 표준작업공정은 식재를 위한 구덩이 파기에서부터 식재 후 주변 정리까지의 전체 과정이며, 최우선 작업은 식재 구덩이 준비다(표2-2). 나무를 굴취하기에 앞서 구덩이를 준비하는 것은 이식 시간을 단축함으로써 이식 스트레스(stress)를 최소화하고자 함이다. 즉, 이식에 의한 각종 생리적 교란과 기계적 손상에 대한 자가치료(自家治療) 에너지 소모를 최소화하여 식재한 나무의 활착률 상승은 물론, 활착 기간 단축을 위한 것이다. 활착 기간이 길수록 각종 재해에 노출되는 기회가 많아지고 피해율도 높기 때문이다.

현장에서는 통상적으로 굴취한 나무를 식재지에 운반하고 나서 구덩이를 준비한다. 이렇게 하면 나무를 구덩이에 앉히기까지 소요되는 시간이 길어지고 각종 생리적 교란 기간 또한 길어져 이식 스트레스는 배가 된다. 특히 구덩이를 준비하는 동안 나무가 햇빛에 노출됨으로써 뿌리분, 잎과 잔가지가 마른다. 맑고 바람이 있는 날은 건조 현상이 더 커서 식재 후 활착을 어렵게 한다. 이러한 우려를 막기 위하여 식재 전 구덩이 준비, 이동과 나무 앉히기까지의 탈수 방지를 위한 뿌리분과 수관부 덮기, 대기 시간 나무와 덮개 위에 물 뿌리기 등의 작업을 한다.

◆ 식재 표준작업 공정 실무 요약 ◆

- 대상목 점검 ⇨ 작업 준비(굴취 · 운송 · 식재 · 양생관리 장비, 기자재, 차량 및 인력) ⇨ 식재 구덩이 준비 ⇨ 굴취(표토 정리 → 뿌리분 산출 → 굴취) ⇨ 뿌리분 감기 ⇨ 굴취목 이동(구덩이 밖 빼내기 → 필요시 병해충 방제 → 상차 → 운송 → 하차) ⇨ 수형 정리(가지 정리, 상처 치료, 필요시 살균 · 살충제 처리) ⇨ 줄기 · 가지감기 ⇨ 당김줄 설치(대형목) ⇨ 구덩이 재정비(뿌리분에 맞는 구덩이 보정) ⇨ 식재방위 결정 ⇨ 바닥 방석토 깔기 ⇨ 나무 앉히기 ⇨ 유공관 붙이기 ⇨ 매립(물조임, 다져조임) ⇨ 물분 조성 ⇨ 지주설치 ⇨ 최종 관수 ⇨ 멀칭 ⇨ 관수(멀칭자재 다짐 · 보습용) ⇨ 식재지 주변 정지 · 정리(표2-2)

[표2-2] 식재 표준작업 세부 공정

항목	작업 내용
대상목 점검	• 준비물 - 직경 자(직경 테이프), 대상목 건강 조사에 필요한 도구, 기타 • 대상목 상태(건강) 조사 - 수형 · 수고 · 직경 · 수세 점검, 수세 강화 필요성 여부 - 부후 · 상처 유무 및 치료 필요성, 병해충 감염 여부 및 방제 필요성 등
작업 준비	• 준비물 - 굴취 · 운송 · 식재 · 양생관리에 필요한 기자재(표2-1의 자재 · 장비 · 인력 항목과 동일)
식재 구덩이 준비	• 준비물 - 상토, 부산물비료 등. 필요시 개량토 준비 • 구덩이 준비 - 굴취 1~2일 전, 뿌리분 반경의 1.5배 또는 분 가장자리에서 30~50cm 더 넓게 • 배수력 점검 - 배수 시설(구덩이 1/3 깊이로 채운 물이 30분 내의 배수 여부, 배수 불량 시 개선 자재 준비 - 자갈, 모래, 배수관, 배수관 감싸기용 천이나 그물망 등) • 매립토 개량(필요시) - 흙, 개량 자재(부산물비료, 농업용 상토 등)

항목		작업 내용
굴 취	지표정리	• 준비물 - 삽, 곡괭이, 괭이, 쇠스랑, 전정가위, 포클레인 • 지표면 정리 - 낙엽, 낙지, 부식층을 긁어 토양이 노출되는 부위까지 제거
	뿌리분 크기 산출	• 준비물 - 줄자, 끈, 기타 작업 도구(전정가위, 톱 등) • 분경 잡기 - 분의 직경[R=24+(N-3)×d], d(상록수=4, 낙엽수=5) - 현장 분경잡기(지제부 - 근원부 둘레의 1/2 또는 +3~4cm)
	굴취 및 분감기	• 준비물 - 표2-1의 자재 · 장비 · 인력 항목과 동일 - 녹화마대, 녹화끈, 고무바(필요시), 철사(필요시), 조임 기자재, 절단기, 비닐(필요시), 소독 및 방부 처리제 등 • 굴취 및 분 감기 - 최소 크기에 최대량의 뿌리 확보(통상 지제부 직경의 4~5배) - 분의 높이(굴취 영역 뿌리의 90% 분포권, 1~1.5m 내외) - 분이 파손되지 않도록 굴취하면서 감기를 한다.
이동	구덩이 밖 빼내기	• 준비물 - 표2-1의 자재 · 장비 · 인력 항목과 동일(분 파손 방지용 자재) • 굴취 구덩이 밖으로 이동 - 뿌리분 파손과 균열 방지, 줄기와 가지 손상(꺾임, 뒤틀림, 박피 등) 방지
	상차 운송 하차	• 준비물 - 증산억제제(필요시), 차광막, 기타 표2-1의 자재 · 장비 · 인력 항목과 동일 • 운송(상 · 하차 포함) - 굴취 후 신속 이동, 상 · 하차 · 운송 시 차광 · 방풍 · 수분 수탈 방지용 덮개 설치, 서행(충격 방지) - 줄기 · 가지 상처 발생 예방(바 · 차량 · 장비 연결 및 접촉부위 패킹)
수형 잡기 (정리)		• 준비물 - 전정가위, 손톱, 기계톱, 기타 표2-1의 자재 · 장비 · 인력 항목과 동일 • 가지솎기(나무 앉히기 전) - 가지 정리(병해충 피해 지, 부후 지, 손상 지, 수형 파괴 가지 등) - 전체 수관부의 15%, 최대 20~25% 이내 제거
나무 앉히기		• 준비물 - 발근촉진제(필요시), 칼, 톱, 기타 표2-1의 자재, 장비, 인력 항목과 동일 • 구덩이 체크 - 이식목 뿌리분과의 구덩이 크기 체크 • 구덩이 바닥 방석토 깔기 - 매립 시 뿌리분 하단 경사면에 생기는 air pocket 방지용 바닥 깔기 또는 봉우리형 방석토 만들기(30~40cm 높이 : 뿌리분 바닥 경사면이 매립되는 높이, 뿌리분 크기에 따라 높이 설정) • 식재 방위와 깊이 - 가급적 굴취 전 생장 방위와 동일 방향, 좋은 시각 방향으로 앉히기 - 굴취 전 생장 깊이와 동일 깊이 또는 4~5cm 올려 심기

항목	작업 내용
유공관 붙이기	• 준비물 - 유공관, 절단용 톱 • 붙이기 작업 - 구덩이 바닥에서 분의 상단 표면의 높이 또는 4~5cm 높게 분 가장자리 3~4방위/각1개 - 유공관, 이물질 유입 방지 마개
매립	• 준비물 - 표2-1의 자재 · 장비 · 인력 항목과 동일 • 물조임 매립(선택) - 권장(고온 건조기, 생육기 이식, 배수 양호 지역, 척박지, 수분 요구도 높은 수종) • 다져조임 매립(선택) - 우기, 토양 함수상태가 좋은 곳, 내건성 수종 - 공극(air pocket) 철저 제거
물분 조성	• 준비물 - 얕은 물분을 만드는데 필요한 삽, 괭이 등의 도구 • 물분 - 둑 높이 10~20cm(관수가 넘치지 않을 정도의 높이) - 지형에 적합한 물분 조성(동심원, 구획물분)
최종 관수	• 준비물 - 지중 관수용 호스, 관수 차량 • 최종 관수(매립·관수 전 도복 우려가 있는 나무는 지주, 당김줄 설치) - 뿌리권(유공관) 지중관수 - 매립 후 뿌리권이 충분한 함수 상태가 되도록 뿌리분 지중관수, 물분 주변 지표관수
멀칭	• 준비물 - 표2-1의 자재 · 장비 · 인력 항목과 동일 • 멀칭 - 짚이 재료인 거적은 분 가장자리에서 시작하여 원형으로 2벌 피복하고, 줄기를 기준하여 돌아가면서 1/2~1/3 겹치도록 피복한다. - 핀을 박거나 줄을 띄워 멀칭 재료를 고정시키고 함수 증진을 위하여 멀칭 위에 관수한다.
주변 정리	• 주변 정리 - 식재 구덩이 주변 정리 - 작업도구, 기타 기자재 및 장비 정리 정돈, 철수 준비

[3] 구덩이 준비, 배수력 점검 ⇨

[4] 굴취 대상목 뿌리권 표토 ⇨

[5] 표토 정리, 분 직경 잡기 ⇨

[6] 굴취(뿌리분 뜨기) ⇨

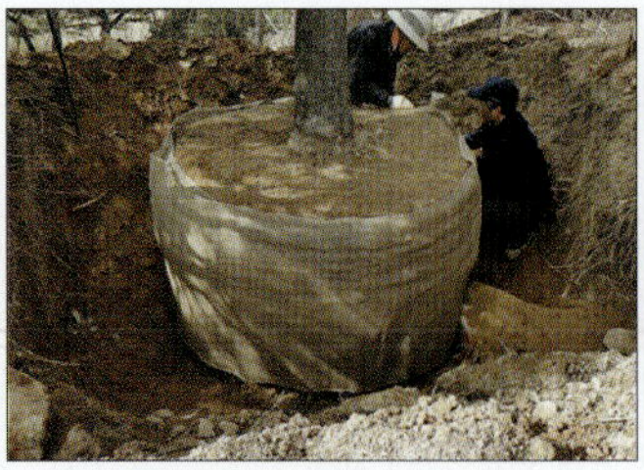
[7] 뿌리분 녹화마대 감기 ⇨

[8] 녹화마대+녹화 테이프 감기 ⇨

[9] 철사(고무바) 감기 ⇨

[10] 굴취목 구덩이 밖 이동 ⇨

[11] 운송(천막 덮기) ⇨

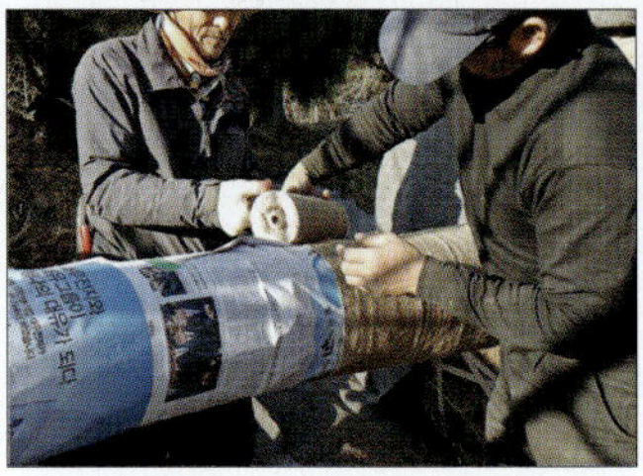
[12] 줄기 감기(신문지, 마대) ⇨

[13] 수형 정리(가지 정리) ⇨

[14] 구덩이 앉히기 ⇨

[15] 유공관 붙이기 ⇨

[16] 지주목 설치 ⇨

[17] 물조임 매립, 지중관수 ⇨

[18] 다져조임 매립 ⇨

[19] 멀칭 ⇨

[20] 멀칭재료 다짐 · 보습용 관수

[사진 2-3~20] 식재 표준작업공정도

(2) 식재 대상목 점검

식재 준비 과정이 끝나면 식재 대상의 매목 조사(근원직경, 수고, 수형), 수세(樹勢) 조사, 이상(상처, 부후, 병, 해충) 유무 조사 및 대책을 강구한다. ㉠ 근원직경은 뿌리분의 크기를 정하는 기준으로서 윤척(輪尺, calipers)이나 직경 테이프(卷尺, measuring tape)로 측정한다. ㉡ 수형이나 수고는 식재 목적과의 적합성 판단 자료이며, 경관 가치가 있는 특이한 수형의 나무는 우선적으로 가시권에 배식하는 기회가 된다.

개체 목의 특성 조사가 끝나면 건강 상태를 점검한다. ㉢ 수세는 식재 이후의 활착 성공률과 직접적으로 관계되며, 동일 식재 조건에서는 수세가 좋을수록 활착률이 높다. 활착과 수세 강화 작업의 필요성 여부를 점검하여 매립토 개량 여부를 결정하고 필요한 기자재를 준비한다. ㉣ 줄기와 가지에 상처나 부후의 유무와 정도, 치료의 필요성 여부를 점검하고 필요시 방부 처리, 외과수술 등의 준비를 한다. ㉤ 잎, 가지, 줄기의 병·해충 감염 여부와 방제의 필요성을 조사한다. 병·해충은 굴취 장소에서 방제하여 운송 과정에서 통과하는 지역에 전파되거나 식재지에 전염, 확산되지 않도록 한다.

(3) 식재 구덩이 준비

① 예비 구덩이

식재 대상지의 지형, 토양 특성, 수목의 생리·생태적 특성, 식재 목적, 식재 간격 등을 기준하여 적정 위치를 선정하여 구덩이를 판다. ㉠ 구덩이는 나무를 심기 1~2일 전 또는 이식 대상목이 도착하기 전까지 미리 준비하여 운송된 나무가 신속히 식재될 수 있도록 한다. 생육지가 바뀌고 잔뿌리의 70~80%가 잘리는 이식은 양분과 수분 흡수의 연속성이 단절되는 가장 위험한 기간이다. 그러므로 굴취에서 매립에 이르기까지의 시간을 단축함으로써 양분과 수분 흡수의 연속성 단절 시간을 가급적 짧게 하여 이식 스트레스를 최소화한다.

㉡ 건물이나 기타 시설물의 미화 장식용 식재 또는 수량이 적은 식재는 나무마다 뿌리분의 크기를 구하고, 표기(labeling)하여 맞춤형 구덩이를 준비하면 좋다. 그러나 나무마다 뿌리분의 크기가 다르고, 식재량이 많은 경우 이송된 나무를 바로 식재할 수 있는 구덩이 준비란 실제로 어려운 일이다. 그러므로 운송된 나무가 가장 짧은 시간 내에 식재될 수 있도록 예비 구덩이를 준비한다. 예비 구덩이는 뿌리분의 크기를 개략적으로 산정하여 미리 파놓은 1차 구덩이로서 식재 구덩이보다 작거나 큰 것을 뜻한다. ㉢ 이식목이 도착하면 뿌리분의 폭과 높이에 맞도록 구덩이를 보정하되, 방석토를 감안한 깊이로 파서 나무를 앉히

고 매립한다. 이렇게 하면 나무가 도착하고 나서 구덩이를 준비하는 것보다 식재 시간을 단축할 수 있어 이식 스트레스가 최소화된다.

② 구덩이 크기

식재 구덩이는 깊이와 직경, 토성, 배수력이 중요하다. 구덩이는 뿌리분보다 넓게 수직으로 파서 새 뿌리가 확장하기에 충분한 영역이 되도록 한다. 통상 뿌리분 직경의 1.5배 또는 뿌리분 가장자리에서 최소 30~50cm 이상 더 넓게 판다. 때때로 바람이 강한 해안가에서 이식목의 도복 방지를 위해 구덩이 깊이를 뿌리분 높이보다 더 깊고 폭은 분(盆)의 직경과 비슷한 넓이로 파서 끼워 넣듯 식재하는 경우가 있다. 이러한 방식의 식재는 뿌리 확장 범위가 좁고 깊어서 활착이 늦고 심식 결과가 된다. 해안의 모래밭일 경우라도 모래가 건조되는 깊이보다 깊어서는 안 되며, 건조되는 깊이보다 높은 복토 또한 활착에 불리하다. 도복 방지가 목적이라면 지주목이나 당김줄을 설치하여 예방하는 것이 바람직하다.

③ 배수력 점검

경험이 많은 작업자는 구덩이를 파면서 나오는 흙의 색깔과 입자만 봐도 배수력을 판단할 수 있다. 현장에서의 배수력 간이 점검은 60cm 깊이의 구덩이를 파고 물을 1/3 깊이로 채운 다음, 30분 내에 배수되는지의 여부로 판단한다(김, 2009). 30분 내에 물이 바닥으로 잦아들면 별도의 배수 시설을 하지 않아도 된다. 특히 소나무와 같은 내건성 수종의 경우 물이 그대로 있거나 배수 속도가 1시간을 넘으면 올려 심기, 바닥에 자갈이나 모래 깔기, 배수로 또는 유공 배수관을 묻는 것이 좋다. 유공 배수관은 구멍이 막히지 않도록 망사, 녹화마대 등의 그물형 천으로 감는다.

뿌리분 가장자리 3~4방위에 유공관을 붙이면 도움이 되고, 건조기에 지중 관수용으로도 유용하다. 뿌리분 가장자리의 유공관은 망사로 감지 않아도 된다. 점토(粘土, clay) 성분이 많아 배수가 어렵거나 습지 형태의 토지에서는 배수 시설로도 해결되지 않는다. 이러한 곳에는 낙우송, 메타세쿼이아, 버드나무류, 층층나무 등 내습성이 강한 수종을 대체 식재하는 것을 고려해야 한다.

④ 매립토 준비

나무를 구덩이에 앉히고 매립하는 토양의 개량 여부는 식재 구덩이의 토성에 따른다. ㉠ 지하수위가 높아 과습하거나 식토(clay soil) 함량이 높아 배수가 불량한 곳은 명거(明渠,

도랑, open ditch)나 암거(暗渠, closed conduit) 등의 시설이 필요하다. ㉡ 토양 물리성 개선은 부엽토(腐葉土, leaf mold), 이탄토(泥炭土, peat soil), 코코피트(cocopeat) 등이 원자재인 비료, 농업이나 원예용 상토(床土, bed soil), 기타 목질 섬유가 원료인 부산물비료에 흙을 혼합하거나 그대로 쓰기도 한다. 혼합 비율은 토양 조건이나 개량제의 종류에 따라 다르지만, 통상 1 : 1 또는 0.5 : 1(토양 또는 개량제) 비율이면 무난하다. 개량토는 보습력과 보비력이 높아 구덩이의 함수력을 증가시키고, 양분 유실이 적어 뿌리 발생 및 생장에 유익하다.

㉢ 척박한 토양은 유기질비료나 부숙유기질비료 등으로 물리·화학성을 개량한다. 그런데 축·수산업 과정에서 나온 부산물, 인분뇨, 음식 폐기물 등의 유기질비료는 염분 농도가 높아 발근에 장해되는 것으로 알려져 있어 권장하지 않는다. 이식목은 온도와 습도 조건이 알맞으면 잔존 뿌리, 절단면 가장자리와 그 주변부에서 새 뿌리가 발생하여 수분과 양분을 흡수함으로써 활착한다. 이때 염류 이온 농도가 높은 유기질비료는 절단면이나 잔존 뿌리에서 역삼투(逆滲透, reverse osmosis) 현상(농도장해)을 일으켜 발근하지 못하고 심하면 나무가 고사한다. 이에 반하여 부엽토나 코코피트가 원료인 비료는 보습력이 높아 발근 촉진 효과가 있으며, 농도장해가 없어 흙과 혼합하지 않고 그대로 사용해도 된다. 그러므로 쇠약목과 이식목의 부산물비료 시비는 충분히 발효된 저염류성 비료여야 한다. 미숙 비료는 땅속 발효 과정에서 가스 발생, 발열 등으로 나무를 고사시킬 수 있다.

(4) 굴취목 고정과 지표 정리

굴취 도중에 ㉠ 나무가 쓰러지는 것을 막기 위해 인접목에 바(줄)를 연결하거나 땅에 고정핀을 박아 단단히 묶어둔다(사진2-21). ㉡ 작업에 방해되는 아래 가지는 위로 당겨서 느슨하게 묶거나 수형이 흐트러지지 않는 범위 내에서 잘라낸다.

[사진2-21] 도복방지 고정 바 연결

그 다음 ㉢ 굴취 대상목의 뿌리권 지표면을 쇠스랑, 삽, 포클레인 등으로 조심스럽게 긁어 지표 가까이의 뿌리가 손상되지 않게 낙엽, 낙지, 부식층을 제거하여 광물질 토양을 노출시킨다. 지표의 낙엽이나 부식층은 생장에는 유리하지만, 뿌리분에 포함될 경우 토양 결속력이 떨어져 파손될 우려가 있으므로 통상 뿌리분에 포함시키지 않는다. 다만 ㉣

모래 함량이 많아서 결속력이 떨어지는 토양이나 부식층에 잔뿌리가 많이 분포하는 경우, 공생 균근(菌根, mycorrhiza)이 발달하는 수종 등은 균근 발달층과 잔뿌리가 포함되도록 녹화마대로 감싸거나 마대 자루에 넣어서 분을 뜬다.

(5) 뿌리분 산출

① 근원직경

근원부(根源部, root collar)는 일명 ㉠ 지제부(地際部, soil surface)라고도 하며, 나무와 지표면이 닿는 경계 부위를 말한다. 즉, 근원부는 뿌리와 줄기가 시작되는 비후(肥厚) 부위로서 근주(根株, stump)라고 한다. 근주라 함은 뿌리와 줄기가 합쳐진 단어이며, 평근(平根)이 시작되는 줄기 부위로서 뿌리가 포함됨을 뜻한다. 그러므로 ㉡ 이 부위를 근원부(根源部, root collar)라 하고, 그 직경을 근원부 직경(根源部直徑) 또는 근원직경(根源直徑, root collar diameter)이라고 한다. 엄밀히 말해서 근원직경은 순수 줄기의 직경이라고 할 수 없는, 일종의 완충부위 직경이다.

㉡ 근원직경은 어린나무를 취급할 때의 직경 개념으로서 7~8cm 이상 굵기의 교목성 어린나무는 지상 20~30cm 높이에서 측정하는 것이 오차 범위를 줄이는 직경 측정이다. 사진2-22에서 확인되듯이 지표면의 줄기 직경, 즉 근원부 직경은 8.5cm이고, 지상 30cm의 줄기 직경은 5.0cm로서 무려 3.5cm의 직경 차이가 있다(사진 2-22, 23, 24). 이 수치는 조경수 매매가를 차이 나게 하는 직경이므로 조경수 가

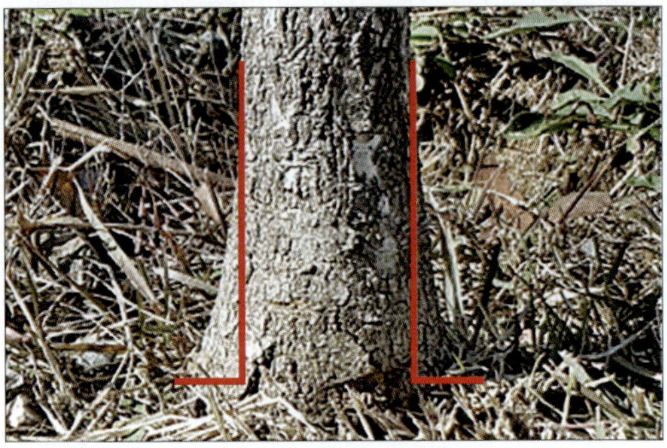

[사진2-22] 비후 근경, 근원부(이팝나무)

[사진2-23] 근원부 직경 측정(8.5cm)

[사진2-24] 근원직경 측정(5.0cm)

격 책정은 지상 20~30cm 높이 직경을 기준으로 하는 것이 합당하다. 근원부 직경으로 가격을 책정하면 그것은 뿌리의 일부인 근주의 가격이 포함되는 것이기 때문이다. 산림에서도 지상 20cm를 벌채점으로 정하고 있어 최소 벌채점 이상의 직경으로 가격이 책정되어야 공정한 매매가라고 할 수 있다. 벌채점은 작업의 안전과 편의성, 목재 생산성 등을 감안한 위치가 되지만, 벌채점의 비후 부위도 목재를 제재하는 과정에서 잘려나간다. 특히 메타세쿼이아처럼 근원부가 발달하는 나무는 직경 차이가 상당히 크므로 교목성의 근원부 직경 측정은 지상 20~30cm 부위가 합당하다. 그럼에도 현장에서는 근원부 직경을 줄기 직경으로 산정하여 매매되고 있는 실정이다.

줄기 직경이란 일정 높이의 평균 직경이어야 사회 통념상 합당한 것이지 줄기의 특정 굵은 부위를 그 나무의 대표적인 직경으로 산정해서는 안 된다. ㉢ 줄기의 평균 직경이라 함은 지표면에서 수관의 첫 굵은 아래 가지, 즉 역지(力枝, largest spreading branch)까지의 줄기 직경 평균을 의미한다. 어린나무 또는 지표면 가까이 줄기에서 가지가 자라는 나무는 지표와 첫 가지 사이, 지표와의 간격이 뚜렷하지 않는 나무는 첫 가지와 다음 가지 사이의 줄기 부위 직경을 기준으로 하고, 관목은 수고와 수관폭을 기준으로 하면 된다. 관습으로 혼동, 묵인 하에 통용되는 직경과 가격 책정은 재인식되어 바로잡는 것이 옳다.

② 뿌리분 산출

이식 후의 활착률을 높이기 위하여 뿌리가 뻗어있는 토양을 적정 크기의 뿌리 덩어리로 굴취한 것을 뿌리분(根盆, root ball, earth ball)이라 한다. 뿌리분은 분(盆)이라고도 하며, 대부분이 팽이 또는 화분 모양의 반구형~원주형이고, 뿌리의 분포 형태에 따라 깊이가 얕은 분이나 비대칭 또는 박스형 분을 뜨기도 한다.

뿌리분은 클수록 분속에 많은 뿌리가 포함되므로 활착률이 높다. 그러나 분이 클수록 작업이 어렵고 무게가 과중하여 작은 충격에도 파손 우려가 있기 때문에, 최소 크기의 뿌리분에 최대량의 뿌리가 포함되도록 굴취한다(김, 2009). 뿌리분은 나무의 근원부 직경을 기준하는데, 통상 4~5배가 적당하다.

굴취 현장에서는 간이적인 방법으로 뿌리분의 크기를 정하기도 한다. 끈으로 토양과 줄기의 경계인 지제부(地際部, soil surface), 일명 근원부(根源部, root collar) 줄기 둘레를 재고, 그 길이를 반(1/2)으로 접은 다음, 줄기를 기준하여 돌아가면서 동심원을 그려 그 바깥쪽을 파 내려간다(사진2-25, 26). 이때 나무의 이식력, 이식 시기 등을 고려하여 더 큰 뿌리분이 필요하면 2~3cm 또는 3~4cm 더 크게 잡는다.

[사진2-25] 근원부 둘레 측정

[사진2-26] 뿌리분 잡기(줄기둘레 1/2+α)

(6) 굴취

① 나근 굴취

잔뿌리가 많은 관목류 또는 어린나무는 삽으로 떠서 심기도 한다. 관목류는 잔뿌리가 흙을 잡고 있어서 삽으로 캐낸 그대로를 심어도 활착이 된다. 이처럼 분 감기를 하지 않아 흙이 떨어지는 그대로 캐내는 것을 나근(裸根, bare root) 굴취라고 한다(사진2-27, 28).

[사진2-27] 싸리 묘목 나근 굴취(뽑기)

[사진2-28] 산철쭉 나근 굴취

㉠ 나근 굴취는 점토 함량이 많아 흙이 잘 흐트러지지 않은 토양에서 가능하다(사진2-29). 굴취할 때 영역을 다소 크게 잡고 캐올린 그대로를 운반하여 식재한다. 일부 현장에서는 흐린 날이나 우기에 활착력이 좋은 어린 관목의 경우 운반하기 쉽게 흙을 털어 무게를 줄이기도 하는데(사진2-27), 흙을 붙인 이식목보다 바람에 넘어지고 말라죽기 쉽다. 관목성의 어린나무일지라도 굴취하여 바로 식재할 수 없거나 장거리를 이동해야 하는 경우는 반드시 뿌리에 흙을 붙여서 이동, 식재한다. ㉡ 어린나무여서 뿌리분 뜨기는 번거롭고 나근

굴취를 하기는 다소 큰 나무는 시중에서 유통되는 마대자루에 넣거나 넓은 녹화마대로 감싸서 이동한다(사진2-30). 뿌리분용 자루는 분의 파손이나 직사광선에 노출되는 것을 막는 장점이 있고, 자루에 넣을 때 물에 적신 짚을 깔면 보습에 큰 도움이 된다(김, 2009).

흙이 붙지 않은 상태의 ㉢ 나근식재는 이식 계절이 좋은 때인 봄철에 어린 관목류에서 주로 행하는데, 작업이 수월하고 인력과 비용이 적게 드는 장점이 있다. 특히 활착이 잘 되는 나무, 잔뿌리가 많아 떨어져 나가는 흙이 적은 철쭉류, 회양목, 수국, 사철나무 등은 나근 상태로 식재한다(김, 2009). ㉣ 캐낸 뿌리가 길어서 구덩이 안에서 구부러질 경우 적당한 길이에서 잘라버리고 심어도 되며, 잘린 부위에서도 발근이 잘 된다.

[사진2-29] 회양목 삽 뜨기 굴취

[사진2-30] 뿌리분 자루 넣기(자작나무 유목)

② 뿌리분 굴취

나무를 캐기 전에 ㉠ 작업의 편이성이나 운반할 때 가지가 손상되지 않도록 폭이 넓은 끈으로 수관부를 느슨하게 묶고 굴취한다. ㉡ 먼저 표토를 긁어 낙엽을 제거하고 뿌리의 분포 양상을 확인한다. 이때 노출되는 잔뿌리는 전정가위로 잘라 정리한다(사진2-31). 뿌리분 뜨기는 인력이나 포클레인으로 작업하는데, 통상 ㉢ 포클레인으로 분의 크기보다 더 크게 잡아서 파내려 가다가 삽이나 곡괭이로 세심하게 다듬어 최종 분을 얻는다(사진2-32). ㉣ 분의 높이는 굴취 영역 뿌리의 90% 이상이 분포하는 깊이에서 직근을 포함하여 10~20cm 정도 흙을 더 붙여서 최종 분을 얻는다. ㉤ 분을 뜨면서 나타나는 3~4방위의 굵은 뿌리와 직근은 고정용으로 남기고 나머지는 모두 절단한다(사진2-33). 절단 면적이 적도록 수직으로 매끈하게 잘라야 발근이 좋고 부후 우려가 적다.

굴취한 ㉥ 뿌리분은 녹화마대 감기를 하고 끈으로 묶어 고정하는데, 일부 현장에서는 필요에 따라 굴취한 분을 끈으로 먼저 동여맨 다음 녹화마대 감기를 하기도 한다(사진2-34, 35). 점토 성분이 많은 토양에서는 분의 2/3 이상 굴취된 다음 감싸기를 해도 분이 파손될

[사진2-31] 표토 및 잔뿌리 정리

[사진2-32] 포클레인 분 뜨기 초벌작업

[사진2-33] 도복 방지용 측근 남기기

[사진2-34] 녹화끈 분 감기

염려가 적다. 그러나 모래 함량이 많을수록 결속력이 떨어져 파손 우려가 높으므로 조금씩 캐가면서 분 감기를 한다. 분은 녹화마대를 감고 끈으로 다시 결속하는데, 장거리 이동 시 분의 파손을 막기 위해 철사나 고무바로 2중 감기를 하기도 한다(사진2-36, 37, 38). 2중 감기는 가급적 굴취 구덩이 안에서 작업하되, 구덩이 안이 비좁고 분이 파손되지 않을 것이 예상되는 경우에 한해서만 구덩이 밖으로 이동하여 작업한다. 2중 감기의 철사와 고무

[사진2-35] 녹화마대 분 감기

[사진2-36] 녹화마대+녹화 끈 감기 완성분

[사진2-37] 녹화마대+녹화끈+고무바 감기

[사진2-38] 녹화마대+고무바+철사 감기

바는 나무를 앉히고 매립할 때 반드시 제거한다. ㉦ 최종 분은 고정용 뿌리와 직근을 자르고 분 감기를 보정한 다음 ㉧ 구덩이 밖으로 이동, 운송한다.

③ 발근촉진제 처리

발근촉진제(發根促進劑, rooting stimulant, rooting promoter)는 호르몬(hormone) 제제의 일종으로서 뿌리 발생을 촉진시킨다. 제품으로는 액제와 분제가 있으며 ㉠ 나근 굴취목이나 어린나무는 희석 용액이 담긴 용기에 뿌리를 담그는 것이 효과적이다(Pirone, 1988). 어린나무는 매립하기 전에 발근촉진제 흡수가 용이하도록 헝클어진 잔뿌리는 다듬어 정리하고 긴 뿌리는 적정 길이에서 잘라버리고 처리한다. 뿌리가 접히거나 말려서 매립되면 새뿌리가 발생하지 않거나 지연되며, 환상근(環狀根, girdling roots)의 원인이 되고(제5장 4 가 (2) 참조) 상처가 있을 경우 썩기 쉽다.

㉡ 뿌리분 굴취목은 굴취하면서 절단된 뿌리의 단면에 직접 분무하거나 발라준다. 발근촉진제는 굵은 뿌리에서 효과적인데, 절단 부위에 곰팡이나 박테리아 감염을 차단하여 부후(腐朽, decay)를 막는다. 깨끗한 절단면에서 유합조직(癒合組織, callus tissue)이 잘 형성되므로 날카로운 칼로 다듬고 분무한다. 유합조직은 유상조직(癒傷組織)이라고도 하며 상처부위의 세포가 분열하여 감싸는 세포군이다.

㉢ 일부 식재 현장에서는 구덩이에 나무를 앉히고 물조임 식재 관수를 하면서 발근촉진제를 병 채로 구덩이에 쏟아 붓고 매립하기도 한다. 이렇게 처리하면 뿌리 절단면은 이미 물에 코팅(coating)된 상태이므로 발근촉진제가 절단면에 닿을 수 없고, 처리제 희석농도 또한 적정하지 않아 효과가 없다. 즉, 처리제가 물에 희석됨으로써 농도가 낮아져 발근촉진제로서의 기능을 잃기 때문에 약제 소비에 그치고 만다.

(7) 굴취목 이동과 운송

① 굴취목 이동

뿌리분 감기가 완료된 나무는 구덩이 밖으로 이동하여 수송 차량에 적재한다. 이 과정에서 분이 손상되기 쉬우므로 주의한다. 하차 시에도 동일한 주의가 필요하다. 먼저 ㉠ 분 밑으로 폭넓은 평 벨트(belt)를 가로질러 넣는다. 이때 단단하지 않은 분은 들어 올릴 때 벨트가 분을 파고들 수 있으므로 분 바닥에 판자를 대는 것도 좋다.

다음으로 ㉡ 뿌리분의 무게 중심이 균형 잡도록 근원부와 줄기 중·하단부에 벨트를 묶어 고정한다. 묶은 줄기 부위에는 반드시 두꺼운 소재의 천, 판자, 고무판이나 졸대(wood lath) 등을 덧대어 상처가 생기지 않도록 한다(사진2-40, 44). 특히 ㉢ 봄철 수액 이동이 시작된 경우 들어 올릴 때 무게중심을 잃어 나무가 한쪽으로 기울면서 돌아가면 고정 바를 묶은 부위가 뒤틀리면서 목질부와 수피가 버들피리처럼 분리, 손상된다. 분리 손상된 부위는 조직(체관부, 형성층)이 파괴되어 양분 이동이 차단됨으로써 이식목은 서서히 붉게 말라죽는다(사진2-41). 뒤틀림에 의한 수피와 줄기의 분리 손상 피해는 수액 이동기인 봄철 이식목이나 동절기에 언 나무를 이식할 때 많이 생긴다. 단거리 이동 시 차량으로 운송하지 않고 포클레인에 바를 걸어 운반하는 사례가 있다(사진2-39). 이 방식의 이동은 울퉁불퉁한 땅을 지날 때면 나무 무게로 연결 부위가 충격과 압박을 받아 손상된다. 또 뿌리분의 무게로 균형을 잃을 경우 나무가 돌아가면서 수피와 목질부가 뒤틀려 분리, 손상될 수 있다.

굴취목 상·하차, 구덩이 앉히기를 할 때 가장 많이 발생하는 피해가 뿌리분 파손이고, 그 다음이 줄기의 목질부와 수피의 분리 손상이다. 분리 손상 피해는 박피(剝皮, barking) 손상과 비박피 손상이 있다. ⓐ 박피 손상 피해는 벨트를 묶었던 줄기 부위 수피가 벗겨져 상처가 노출되는 피해다(사진2-42, 43). ⓑ 비박피 손상은 외수피가 벗겨지지 않아 피해가 노출되지 않은 내부 손상이다. 외부로 노출되지 않는 비박피 손상은 식재 후 나무가 쇠약 또는 고사해도 원인 규명이나 발견이 어렵다. 분이 파손되거나 매립 과정의 잘못이 없었음에도 이식목이 서서히 죽어가는 사례는 이 때문인 경우가 많다. 비박피 분리 손상 피해 진단은 고정 부위 줄기나 근원부를 돌아가면서 두드렸을 때 빈 공간 소리가 나는 것으로 진단한다.

[사진2-39] 뒤틀림, 손상 우려 포클레인 이동

[사진2-40] 수피 뒤틀림 손상 예방 덧대기

[사진2-41] 수피 뒤틀림 줄기손상 주목 고사 ⇨

[사진2-42] 고정바 연결부 뒤틀림 박피, 주목

[사진2-43] 근원부 줄기 뒤틀림 박피, 소나무

[사진2-44] 근원부 줄기 뒤틀림 예방 패킹, 소나무

② 뿌리분 덮기

굴취 구덩이 밖으로 이동한 이식목, 운송이나 식재 대기 중의 이식목은 모두 뿌리분과 수관부를 천막으로 덮어 광선과 바람에 노출되지 않도록 한다. 차광이나 바람막이용 덮개는 섬유 소재 제품을 사용하여 통풍이 되도록 한다(사진2-45). 통풍이 되지 않는 비닐 소재는 덮개로 사용하지 않는다(사진2-46).

비닐 덮개가 광선을 받으면 덮개 내부의 온도가 상승하여 뿌리분 온도를 높이고 뿌리분의 토양수분에 잔뿌리 삶김 현상이 일어난다(사진2-46). 특히 봄~여름 고온기에는 비닐을 덮개로 사용하지 않는 것이 좋으며, 천막을 덮었을 때도 자주 벗겼다가 덮기를 반복하여 통풍시킨다.

[사진2-45] 노출부위 뿌리분 건조(5월)

[사진2-46] 비닐 덮기, 뿌리분 온도 상승(5월)

③ 증산억제제 처리

잎의 기공을 통하여 손실되는 수분을 감소 또는 차단하기 위해서 증산억제제를 사용한다. 증산억제제(蒸散抑制劑, antitranspirant)는 잎에 얇은 피막을 형성하는 코팅(coating) 제제로서 호흡이 일어나는 잎의 뒷면 처리가 효과적이며, 수분 손실 차단 효과는 2주 정도다(James R. Feucht, J. D. Butler. 1988).

㉠ 이식수의 증산억제제 처리는 굴취목을 구덩이 밖으로 이동하여 운송 차량에 적재하기 전이나 구덩이에 나무를 앉히기 전에 처리한다. 그런데, 잎의 기공은 광합성 작용의 가스 교환뿐만 아니라 호흡이 이루어지는 곳이므로 증산억제제를 과량으로 사용하면 광합성과 호흡작용이 억제될 수 있다. 피해 예방을 위해서 희석 배율을 낮추거나 전체 수관부의 1/2~1/3에 해당하는 영역 살포가 안전하다(김, 2009). ㉡ 증산억제제는 어린 가지와 겨울눈에 피막을 형성함으로써 수분 증발을 차단하기 때문에 이른 봄철 잎이 없는 낙엽수, 동절기의 상록수에도 효과가 있는 것으로 알려져 있다.

④ 굴취목 운송

식재 장소로의 굴취목 운송은 먼저, ㉠ 끈으로 수관부를 느슨하게 묶어 가지가 적재함 밖으로 이탈, 손상되지 않도록 한다. ㉡ 운송 차량은 가급적 적재함이 긴 것이 좋고 뿌리분이 차량 적재함 앞쪽에, 수관부가 뒤쪽에 오도록 한다. ㉢ 뿌리분이 닿는 적재함 바닥에 두꺼운 천이나 스티로폼(styrofoam), 기타 완충용 자재를 깔아 파손을 막고 분이 좌우로 움직이지 않도록 고정한다. ㉣ 줄기 중간이나 적재함 끝 쪽에 거치대를 세워 무게 중심을 잡아 이동간에 나무가 휘청거리거나 움직이지 않도록 한다. 거치대와 접하는 줄기 부위와 기타 접촉 부위는 모두 두꺼운 부직포 또는 기타 완충재를 덧대어 수피가 상하지 않게 한다.

㉤ 이동이나 식재 전 대기 시간에도 나무가 마르지 않도록 뿌리분은 물론 줄기와 수관부를 천막으로 덮는다. 운송을 위해 굴취 구덩이에서 대기하거나 운송할 때에도 바람과 광선에 노출되지 않도록 한다(사진2-47, 48, 49). 다만, 두꺼운 천막이나 비닐 소재 덮개는 광선을 받을 경우 내부 온도가 상승하여 잎, 어린 줄기(芽條, shoot)와 가지가 시들므로 장시간 운송할 때에는 환기한다. 이는 잎의 호흡에서 배출되는 수분과 뿌리분의 습기가 천막 안의 높은 온도에 삶김 현상을 일으키기 때문이다. 그러므로 ㉥ 더운 날 장거리 이동 시에 증산억제제를 살포하면 도움이 된다.

㉦ 차량 운행은 가급적 서행하여 분의 파손 위험을 줄인다. 턱이 있거나 비포장도로를 운행할 때에는 주의한다. ㉧ 식재 대기 중에 잎이나 뿌리분의 건조가 우려되면 덮개에 살수하여 보습 상태를 유지한다(사진2-50).

[사진2-47] 덮개 미설치 운송, 소나무

[사진2-48] 덮개 미설치 운송, 참나무

[사진2-49] 상차 대기 굴취목 방치

[사진2-50] 식재 대기 분 덮기와 살수

(8) 수형 정리와 상처 치료

① 가지 정리

건강한 수목은 지상부(잎, 가지, 줄기)와 지하부(뿌리)의 비율이 적정하게 유지됨으로써 뿌리의 수분 흡수와 잎의 증발이 균형을 유지한다. 이와 같이 지상부(Top)와 뿌리(Root)의 무게(건물중, dry weight) 비율을 T/R ratio(Top/Root ratio)라고 한다. 식물체의 T/R율은 1 또는 그보다 다소 높거나 낮은 비율이며 S/R ratio(Shoot/Root ratio)라고도 한다.

㉠ 이식목의 T/R율 균형 유지는 굴취할 때 잘려나간 뿌리와의 적정 무게 비율(건물중) 유지를 위한 가지치기 작업이다. 즉, 제거된 가지와 뿌리의 무게 비율이 1 또는 그보다 다소 높거나 낮은 정도의 전정이어야 한다는 것이다. 잘려나간 뿌리의 무게보다 남겨진 가지가 많아 잎이 무성하면 뿌리의 흡수량보다 잎에서의 소모량이 많아 나무는 체내 수분 부족을 겪고 새 뿌리 발생이 불량하다. 반대로 과잉 전정으로 남겨진 잎이 적어 광합성이 불량하면 뿌리에 전이되는 탄수화물 부족으로 새 뿌리 발생이 불량해진다.

이러한 이유로 ㉡ 이식목의 수관부 정리는 통상 15%에서 최대 20% 내외까지를 권고한다. 연구에 의하면 30~45%의 다소 많은 가지치기를 했을 때 이식목은 활착하지 못했다고 한다(James R. Feucht, J. D. Butler. 1988). 특히 상록수 이식목의 가지치기는 전체 수관부의 20%를 넘어서는 안 된다(Tatter, 1986). 그런데 이식목의 가지치기는 잘려나간 뿌리의 중량(건물중)을 정확히 알 수 없고 나무의 활력도, 식재 조건, 토성, 기타 환경적 차이가 있어 어렵다. 또한 나무마다 이식력이 달라서 이론적인 T/R율 조정 개념의 수관부 제거는 활착을 지연시키거나 활착 실패를 초래할 수 있다(사진2-52).

[사진2-51] 강 전정 이식 소나무 고사

[사진2-52] 강 전정 소나무 잔가지 고사, 쇠약

이식 소나무 가지 제거의 경우, 전체 수관부의 20% 이내 가지치기는 활착이 양호하였지만, 40% 가지치기는 고사한 사례가 많았다. 40% 가지치기의 소나무 고사 유형은 먼저,

굵은 가지 끝에 붙은 잔가지 1~2개가 말라죽고 인접한 다른 잔가지로 서서히 확대되었다(사진2-51). 가지치기 한 나무의 잔가지가 붉게 마르는 원인은 수분 공급 불량이기도 하지만, 속가지가 강 일광에 노출되었기 때문이기도 하다(사진2-52). 이러한 나무는 먼저, 2차성 해충 애소나무좀(*Tomicus minor*)이 가지 또는 수피가 얇은 줄기 윗부분을 공격한다(사진2-53, 54). 피해목은 강한 직사광선에 노출된 속가지 고사, 잎 마름 등으로 나무는 더욱 쇠약해진다. 이때 소나무좀(Tomicus piniperda)이 굵은 줄기를 공격함으로써 나무 전체가 죽는다.

[사진2-53] 애소나무좀 가해 수지 유출

[사진2-54] 애소나무좀 가해 유출 수지 굳음

㉢ 가지 정리는 식재 장소에 도착한 나무를 구덩이에 앉히기 전 눕혀진 상태에서 작업한다. 굴취 현장에서 정리하기도 하는데, 이때는 운송에 방해되는 가지만 제거한다. 굴취 현장에서 미리 수형 잡기를 완성하면 운송 과정에서 가지가 손상될 경우 수형이 흐트러질 우려가 높다. 그러므로 운송에 방해되는 가지 정리는 최소량의 제거를 원칙으로 한다. 정리 대상은 고사지, 쇠약지, 병해충 피해지, 부후지(腐朽枝), 부러지거나 상처가 있어 치료가 불가능한 가지, 수형을 어지럽히는 가지 등이다. 소나무류처럼 윤생(輪生, 돌려나기)하는 가지는 상단과 하단의 가지가 서로 엇갈리게 배치되도록 정리, 제거한다.

② 상처 치료

나무를 구덩이에 앉히기 전에 가지, 줄기와 뿌리의 상처 부위를 다듬고 방부 처리를 한다. 부러진 가지는 절단면을 매끈하게 다듬어 유상조직 형성이 잘 되도록 한다. 박피된 줄기와 가지는 상처 부위를 깨끗이 다듬어 빗물이 고이지 않도록 하고 방부제를 바르거나 분무한다.

소나무류 등 송진이 많은 나무는 방부 처리를 하지 않아도 된다. 그러나 큰 상처는 유상조직이 형성되는 상처 가장자리를 제외한 목질부에 방부제를 바른다. 유상조직(癒傷組織, callus)이란 유합조직(癒合組織, callus tissue)이라고도 하며, 식물체의 상처 부위에서 세포분열이 일어나 증식하는 조직으로서 상처를 아물게 하고 부후(腐朽, decay)를 방지한다(사진2-55, 56).

[사진2-55] 절단 부위 유상조직 형성, 잣나무

[사진2-56] 절단 부위 상처유합, 소나무

(9) 나무 앉히기

운반된 나무를 장래 살아갈 방향과 깊이로 식재 구덩이에 넣는 것을 앉히기라고 한다. 나무 앉히기는 식재 깊이와 방향 선정, 구덩이 정리, 분감기 재료 제거, 뿌리분 이동 시 사용된 자재 제거 등의 작업이 포함된다.

① 방석토 쌓기와 식재 방향

나무를 앉히기 전 최종적으로 구덩이를 보정하고 ㉠ 바닥에 방석토를 깐다. 방석토란 구덩이 바닥에 뿌리분을 앉혔을 때 생기는 공간(공극, air pocket, 그림2-1)을 메우기 위해 수평으로 깔거나 봉우리처럼 쌓는 흙이다(그림2-2). 팽이 모양의 뿌리분 하부 경사면과 바닥면 사이에 흙이 채워지지 않아 공간이 생기면 뿌리가 말라 발근이 불량하다. 반면 방석토를 깔면 뿌리분의 무게에 방석토가 눌리면서 자연스럽게 분을 감싸고 밀착되어 공극(空隙, 空間, air pocket), 일명 공기주머니가 생기지 않는다(그림2-2).

ⓐ 바닥에 돌이 없는 부드러운 흙이나 개량토를 수평으로 깔거나 볼록하게 쌓은 다음 그 위에 나무를 앉힌다. ⓑ 방석토 부피는 뿌리분 바닥 경사면이 매립되는 높이로서, 뿌리분의 크기와 무게에 따라 정해지는데, 통상 30~40cm 높이로 깔거나(Pirone, 1988) 볼록하

게 쌓는다. 구덩이 바닥에 봉우리처럼 방석토를 쌓는 이유는 수평으로 바닥에 까는 것보다 뿌리분 하부 경사면을 감싸듯 매립하여 공간 메우기 효과가 더 높기 때문이다. ⓒ 방석토를 쌓고 매립한다고 해도 뿌리분 하단의 사면과 방석토를 봉으로 잘 다지는 것이 좋다. 특히, 물조임 식재를 하지 않고 다져조임 식재를 할 경우, 아무리 잘 매립한다고 해도 공간이 생길 수 있다.

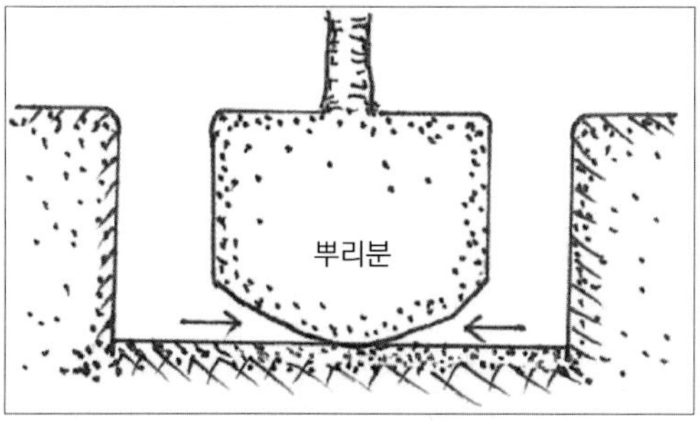

[그림2-1] Air pocket(공기주머니↑) ⇨

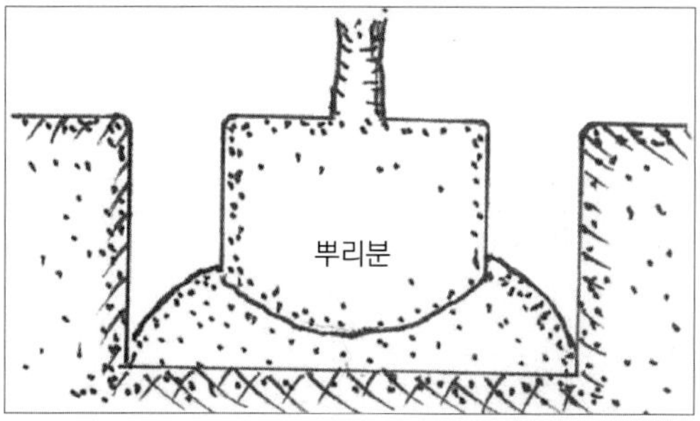

[그림2-2] Air pocket 제거 방석토 쌓기

ⓛ 운반된 나무를 구덩이에 앉히기 전 식재 방향을 정한다. 식재는 나무가 본래 살아왔던 방향과 가급적 동일 방향이 되도록 심는 것이 좋다. 그러나 경관적 측면에서의 식재 방향 결정은 가장 아름다운 수형이 주된 가시권이 되게 한다. 이를 위해서는 굴취 전 수형미가 가장 아름다운 방향의 가지에 끈이나 천으로 묶어 표시를 하였다가 그대로 심는다.

② 뿌리분 감기 자재 제거

식재 방향과 깊이가 정해진 다음 이동 시에 분을 들어 올렸던 바닥의 평 벨트 또는 판자, 분 감기 철사, 고무바 등을 모두 제거한다(사진2-57, 58). 특히 철사와 고무바를 제거하지 않고 매립할 경우 땅속에서 부식되지 않고 수년을 그대로 남아 굵게 자라는 뿌리와 지제부 줄기를 조여 고사에 이르게 할 수 있다(사진2-59, 60).

통상적으로 식재 현장에서는 분 감기 재료인 녹화마대는 미제거 상태로 매립하는데, 두껍게 감았거나 분이 파손될 우려가 없으면 제거하는 것이 좋다. 물론 분해되는 재료이지만 두껍게 감은 재료는 새 뿌리 확장에 방해가 되고 때로는 환상근(環狀根, girdling roots) 발생의 원인이 된다(제5장 4 가 (2) 참조). 또한 분해되면서 발생하는 가스가 뿌리 발생과 생장에 악영향을 미친다.

[사진2-57] 나무 앉히기와 평 벨트 빼기

[사진2-58] 분감기 철사 · 고무바 제거

[사진2-59] 분감기 철사 · 고무바 미제거

[사진2-60] 분감기 고무바 지제부 줄기 조임 피해

(10) 식재 깊이

① 양토~사양토 식재지

토양은 모래(sand), 미사(silt), 점토(clay)의 구성 비율에 따라 분류하는데, 양토(壤土, loam)는 모래 40%, 미사 40%, 점토 20%의 구성비를 나타내는 토양이다(손 외, 2020). 부식과 양분 함유율이 높고 함수성과 배수성이 좋아 식물 생장에 적합한 토양이다. 양토보다 모래 함량이 다소 많고 점토 비율이 낮은 사양토(砂壤土, sandy loam) 또한 수목 식재지로서 적합하다. 그런데 점토의 비율이 높아 함수 능력이 좋은 식양토(埴壤土, clay loam)는 벼 재배에는 적합하지만, 수목 식재지로서는 다소 부적합한 토양이다. 이러한 토양에 나무를 식재하기 위해서는 암거와 명거 등의 배수시설을 하거나 식재 깊이 조정으로써 과습 문제를 해결한다. 즉, 토양의 물리적 성질에 따라 식재 깊이를 조금씩 달리하여 활착력을 높임으로써 녹지 조성을 가능하게 한다.

㉠ 토성이 양토(lome)~사양토(sandy lome)인 토양은 평지를 기준하여 본래 자라왔

던 깊이 또는 약간 높여서 식재한다(그림2-3 우). ⓐ 식재 구덩이 깊이는 뿌리분 높이보다 더 깊게 준비하여 방석토 위에 나무를 앉혔을 때 뿌리분 상단과 지면이 수평이 되거나 4~5cm 높은 식재가 되도록 한다. 그러므로 구덩이 깊이는 뿌리분 부피와 무게에 눌린 방석토의 높이와 분의 높이가 계산된 깊이가 된다. ⓑ 구덩이 넓이는 뿌리분 가장자리에서 30~50cm 정도 더 넓게 잡아 개량토 또는 굴취한 흙으로 매립한다. 다소 높은 식재가 활착에는 유리하지만, 수평면 식재보다 건조에는 약하다. 이 현상을 막기 위하여 현장에서는 복토하듯 식재하는 사례가 있는데, 이 또한 심식(深植, deep planting) 결과를 초래한다(사진2-61). 높여심기(上植)에 따른 건조는 복토가 아니라 지중관수, 멀칭 등의 방법으로 관리한다. ⓒ 4~5cm 높아진 식재지는 1m 내외의 외곽에서 높여 심기가 인식되지 않을 정도로 지면을 정리한다.

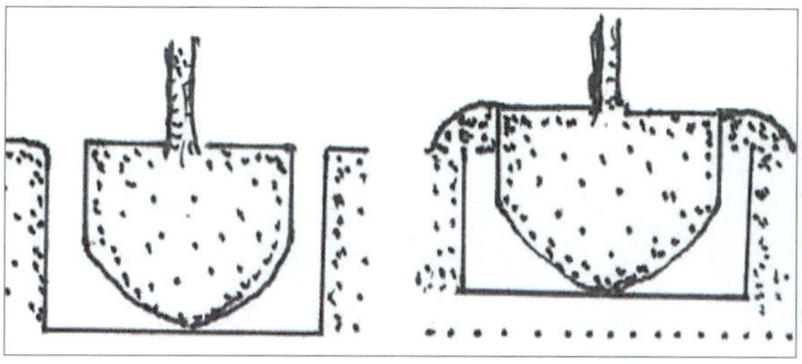

[그림2-3] 수평 식재(좌), 5cm 상면 식재(우)

[사진2-61] 평지의 과다 상면 식재(50cm)

ⓛ 양토~사양토보다 모래 함량이 많아 건조하기 쉬운 토양에는 본래 자라왔던 깊이로 식재한다(그림2-3 좌). 다만 매립토를 개량하여 보습·보비력을 높이는 것이 필요하다. 개량 재료는 부엽토(腐葉土, leaf mold), 이탄토, 코코피트가 원료인 비료는 그대로 사용한다. 발효 농·축산업부산물비료는 가급적 사용하지 않는다. 필요한 경우 굴취한 흙과 1 : 1 ~ 0.5 : 1 (토양)의 비율로 혼합하여 사용한다. 발효 농·축산업부산물비료는 충분히 발효되어 포장을 개봉했을 때 특유의 냄새가 나지 않아야 한다.

② 식양토 식재지

점토(clay)와 미사(silt) 함량이 높은 ㉠ 식양토에는 본래 자라왔던 깊이보다 더 올려 심는다. 구덩이 깊이는 뿌리분보다 더 얕게, 폭은 30~50cm 더 넓게 준비한다. 이때 방석토와 뿌리분에 눌렸을 때의 높이가 계산되어야 한다. 나무를 앉혔을 때 식재지 지표면보다

5~10cm 더 높게 심어(J. R. Frucht & J. D. Butler, 1988) 주변의 물이 구덩이로 유입되지 않도록 한다. 특히 장마기에 주변의 물이 유입될 경우 쇠약과 고사의 직접적인 원인이 된다.

식양토 성질의 토양은 ㉡ 보습력과 보비력은 크지만, 공기 유통과 배수가 나빠 매립토 개량 검정이나 배수 시설을 해야 한다. ⓐ 구덩이 바닥에 모래, 자갈, 돌을 깔거나 배수관, 배수판을 깐다. 배수관을 설치할 경우 배수관 위에 섬유질 포를 깔거나 감아 개량토가 배수층 사이를 메우지 않도록 한다. ⓑ 개량토는 굴취할 때 나온 흙에 모래를 1 : 1로 혼합하여 준비한다. 주변보다 5~10cm 정도 높아진 뿌리분 가장자리는 개량한 흙으로 감싸듯 복토 매립한다. 높게 매립된 뿌리분은 대기와 가까움에 따라 산소 공급이 원활하고 과습에서 벗어날 수 있다. ⓒ 매립토 개량, 배수관이나 배수판만으로 개선 효과가 적은 곳은 명거배수(明渠排水, open ditch drainage) 또는 암거배수(暗渠排水, under drainage, subsurface drainage)를 한다(사진2-62, 63).

[사진2-62] 저습지 올려심기

[사진2-63] 배수 불량지 암거와 명거 설치

③ 과습 경사지

경사지에는 상부와 주변의 물이 모여 아래로 흐르는 유하수(流下水)의 물길이 있다(사진2-64, 65). 이러한 곳에 식재된 나무는 긴 장마기에 과습 피해를 받는다. 건조기에는 주변의 나무보다 수분 조건이 좋아 생장에 유리하다. 그러나 장마기에는 이곳으로 흐르는 물이 일시적이라도 식재 구덩이에 머물게 되고, 그로 인해 과습이 초래된다. 이 기간 동안 뿌리는 호흡 불량을 겪고 물과 무기양분 흡수력이 떨어진다. 유하수 지역의 장마기 과습 피해는 경사가 완만할수록 커진다.

경사지 장마기 과습 여부는 건조한 땅일지라도 마른 이끼가 발생해 있는가의 여부로 진단한다. 점토(clay) 성분이 많은 토양처럼 평소 건조한 땅일지라도 여름 장마기에는 일시적으로 습해진다. 이러한 곳은 장마기 동안에는 이끼가 발생하여 자라다가 건조기가 되면 마른다. 비가 오면 다시 녹색으로 돌아오는데, 평소 마른 땅인데도 이끼가 있으면 우기에 일시적인 과습이 초래되는 곳이다. 장마기의 과습은 기간이 길수록 뿌리의 생장 불량 기간이 길어진다. 경사가 완만한 유하수 지역은 뿌리분 하단 사면에 명거 또는 암거시설을 하거나 배수판을 깔아 과습 피해를 예방, 치료한다(사진2-66, 67). 경사지 식재 세부 기술은 제3장 3에서 다룬다.

[사진2-64] 경사면 지중 유하수 길

[사진2-65] 성토지 유하수

[사진2-66] 경사면 지중 유하수 명거배수

[사진2-67] 지표 유하수 암거배수 작업

(11) 매립

① 유공관 붙이기

구덩이에 나무를 앉히고 철사와 고무 바 등의 감기 재료 제거가 끝나면 분 가장자리를 따라 3~4 방위에 유공관(有孔管, perforated drain pipe)을 붙인다(사진2-68). 토양은 식물의 뿌리뿐만 아니라 각종 지중 동물과 미생물이 서식하는 곳이다. 이들 생명체는 모두 호흡을 해야 하며, 호흡은 산소(O_2)를 흡수하고 이산화탄소(CO_2)를 배출하는 과정이다.

[사진2-68] 뿌리분 주변 유공관 붙이기

[사진2-69] 매립 후 지표면 노출 유공관

공기 유통 불량으로 배출된 가스가 축적되거나 토양 공극이 물로 채워지면 지중 생물은 물론 뿌리가 호흡할 수 없다. 그러므로 유공관을 설치하여 토양에 산소를 공급하고 지중의 가스를 배출시킨다.

◆ 유공관 기능과 효과 ◆

- 지중 유해 가스를 배출한다.
- 지중에 산소를 유입시켜 토양생물을 활성화한다.
- 지중 공기 공급으로 뿌리 호흡을 증진시킨다.
- 과습지에서는 수분 증발 효과가 있다.
- 유공관을 통한 지중관수가 가능하다.

유공관 설치의 가장 큰 목적은 지중 공기 유통과 관수 관리의 편의성이다. 유공관을 설치할 때 구멍이 막히는 것을 방지하기 위하여 녹화마대, 천연섬유 부직포나 기타 토목 섬유제품으로 감싸기를 하는데, 그대로 설치해도 크게 문제가 되지 않는다. 점토질 토양에서 물조임으로 식재할 경우 토양 미립자가 구멍을 막거나 관속을 채워 공기 유통에 방해되기도 한다. 이때 호스를 관 속에 넣고 수압을 높여 관수하면 막힌 토양입자가 오버플로어(overflow)하여 흙이 빠져나온다.

유공관의 길이는 분의 바닥에서 지면 4~5cm 높이로 노출되는 정도가 알맞다. 너무 길면 통행에 방해가 되고 미관상 아름답지 못하다. 너무 짧아서 지표보다 낮으면 우기에 주변의 물이나 이물질이 유입된다(사진2-69). 관 속에는 코코아 칩 등으로 채우거나 그대로 두어도 되고, 입구는 공기가 유통되는 마개로 막아 소동물의 덫이 되지 않도록 한다(사진2-70, 71).

[사진2-70] 이식목 유공관 매립

[사진2-71] 유공관 마개 근경

◆ 유공관 설치 필요 지역과 수목 ◆

- 식재 구덩이가 다소 습한 곳
- 경사지여서 관수가 유실되는 곳
- 건조한 땅에 식재되거나 식재된 나무
- 수분 요구도가 높아 자주 관수해야 하는 수종
- 이식력이 약한 나무
- 노거수 등 기타 귀중한 나무

② 물조임과 다져조임

매립 방법은 물조임과 다져조임이 있다. 물조임(水植)은 흙과 물을 넣고 삽이나 봉으로 다지고 저어서 반죽하듯 매립하는 방법이다(사진2-72). 방법은 구덩이의 1/3, 1/2, 3/4 높이까지 각각 물과 흙을 교대로 넣으면서 반죽하듯 매립한다. 방석토를 깔고 식재하는 경우 방석토를 잘 다져서 뿌리분 하단 경사면과 밀착되어 공간(air pocket)이 생기지 않도록 한다. 그 다음 흙을 구덩이의 1/3까지 채우고 다짐과 물 붓기를 하여 반죽하면서 식재한다. 방석토를 깔지 않고 식재할 경우에도 뿌리분 사면과 바닥면 사이에 공간이 생기지 않도록 흙으로 메우고 잘 다지고 매립한다.

물조임으로 식재할 때에는 나무가 기울거나 넘어질 수 있으므로 지주를 세우는 것이 안전하다. 물조임 식재는 구덩이의 함수 상태를 높이고, 분과 매립토 간의 공극(air pocket)을 없게 하여 발근과 활착에 유리한 식재 방법이다.

다져조임 식재는 일명 토식(土植)이라고도 하며, 구덩이 바닥부터 흙을 조금씩 넣고 봉으로 다져가면서 매립하는 방법이다(사진2-73). 토식은 뿌리분과 매립토 사이에 공간이 생기지 않도록 매립하는 것이 중요하다. 점토 성분이 많은 토양이나 습한 땅, 이식에 좋은 계절이나 장마철, 어린 나무는 다져조임 식재를 많이 한다.

[사진2-72] 물조임 식재

[사진2-73] 다져조임 식재

(12) 물분 조성과 최종 관수

매립이 끝나면 관수용 물분(水盆)을 만든다. 물분은 관수가 유실되지 않도록 식재 구덩이 가장자리를 따라 10~20cm 높이의 관수 유실 방지용 둑이다(김, 2009). 평지에서의물분은 하나의 동심원으로 조성해도 되지만(사진2-74), 경사지에서는 물이 경사면 하단에 고여 상단은 관수되지 않기 때문에(사진2-75) 구획물분을 조성한다(사진2-76). 구획물분은 여러 구획으로 나누어진 물분에 관수(灌水, irrigation, watering)함으로써 물이 경사면 아래쪽으로 고이지 않고 뿌리분 전체에 관수될 수 있게 한다(사진2-77).

다져조임 식재를 했을 때에도 물분은 필요하며, 뿌리분과 매립토 사이의 공극(air pocket)을 없애고 뿌리분과 구덩이 주변 토양이 충분한 함수 상태가 되도록 관수한다. 관수는 지표관수보다는 지중관수가 유리하다. 지중관수(地中灌水)란 뿌리분 가장자리에 붙인 유공관에 관수하거나, 쇠 파이프 또는 딱딱한 플라스틱 관을 호스 선단에 연결하여 구

[사진2-74] 평지 동심원 물분

[사진2-75] 경사지 물분 하단 물고임

[사진2-76] 경사지 1/2 구획 물분

[사진2-77] 경사지 다중구획 물분

덩이의 흙속에 박아 관수하는 방법이다(사진2-78). 지중관수는 땅속 뿌리권에 관수함으로써 뿌리분과 구덩이 주변의 토양에까지 함수 상태가 되는 장점이 있다.

관수가 잦아들면 물분의 수분 유지와 토양 온도 유지 등을 위하여 멀칭(mulching)을 한다. 물조임 식재를 하고 멀칭을 한 경우에도 멀칭 위에 다시 관수하여 멀치(mulch)가 차분히 자리 잡아 바람에 날리지 않고 뿌리권의 함수 상태가 오래 지속되도록 한다(사진2-79).

[사진2-78] 뿌리권 구획물분 지중관수

[사진2-79] 멀칭 후 다짐용 관수

2. 식재 부작용 치료

가. 심식 피해

(1) 심식

심식(深植, deep planting)이란 나무가 깊게 심어지는 것으로서 식재된 나무가 쇠약, 고사하는 원인의 하나다. 대부분의 심식은 ㉠ 나무를 식재하는 과정에서 발생하지만, ㉡ 이미 식재된 곳에 마운드(mound)를 조성하는 성토(盛土, banking, filling) 또는 정지 작업 과정의 복토(覆土, soil covering)에서 초래되기도 한다(사진2-80, 81). ㉢ 해안가에서는 바람에 도복되거나 건조 방지를 위하여 인위적으로 깊게 심는 우를 범하기도 한다. 나무가 심식되지 않았더라도 ㉣ 지형이 낮아 주변의 물이 고여 드는 곳, ㉤ 장마기와 해동기에 배수가 불량한 곳 등은 토양 공극이 물로 채워짐으로써 호흡에 필요한 공기 부족으로 심식과 동일한 피해가 발생한다.

[사진2-80] 마운드 조성 성토 심식

[사진2-81] 정지작업 복토 심식

심식 피해의 가장 큰 원인은 첫째 토양 산소 부족이다. 피해는 근원부가 5cm 내외 깊이로 매몰되어도 발생한다. 토양은 깊어질수록 대기와의 공기 유통 불량으로 호흡에 필요한 산소가 부족하다. 또한 토양공극의 함수량이 높아지고, 각종 유기물 분해에 따른 가스 축적 등으로 뿌리의 호흡 불량, 양분과 수분 흡수 불량, 공생미생물 균근(菌根, mycorrhiza)의 활성이 저하되는 등 직·간접적인 영향으로 나무가 쇠약, 고사한다.

공생미생물 균근은 곰팡이의 일종으로서 상리공생(相利共生, mutualism)을 하는 미생물이다. 기주식물로부터 광합성 산물인 유기양분을 공급받는 대신, 토양의 무기양분(N, P, K,……)을 뿌리가 흡수할 수 있는 이온(ion) 형태로의 공급과 수분 흡수를 돕는 것으로 알려져 있다. 공기가 부족한 토양에서는 균근의 활성이 떨어지고 상리공생의 관계도 불량해져 나무가 쇠약한다. 상리공생의 대표적인 사례는 콩과식물의 뿌리혹박테리아(root nodule bacteria)인데, 일명 근류균(根瘤菌, leguminous bacteria, root nodule bacteria, rhizobium)이라고 한다. 근류균은 공기 중의 질소를 고정하여 식물과 토양에 공급함으로써 수목의 생체량(生體量, biomass)을 증가시키고 토성을 개선하는 박테리아(세균)로서 기주 수목을 비료목이라고도 한다.

비료목(肥料木, soil improving tree)은 ㉠ 뿌리혹박테리아가 공생하는 낙엽활엽수로서 ㉡ 엽량이 많고 분해되기 쉬우며, ㉢ 산림에 환원되는 속도가 빠른 지력증진 수목이다(표2-3). ㉣ 질소 함량이 높은 낙엽은 유기물을 공급하고 ㉤ 침엽수류 잎의 분해를 돕는다. 과거 우리나라 산림은 1960년대 중반까지만 해도 나무가 없는 민둥산이 많았다. 헐벗은 산림을 복구하는 사방사업의 선구 수종으로서 근류균이 공생하는 아카시나무, 싸리나무 등의 콩과식물과 비콩과식물 오리나무 등을 식재하여 산림토양 비옥화를 이루었다.

심식목 쇠약의 두 번째 원인은 산소 부족과 함수율이 높아진 뿌리권에 혐기성균(嫌氣性菌, anaerobic bacteria)의 활성화로 뿌리가 부패하는 데 있다. 즉, 매몰된 뿌리가 서서히 썩어 양분과 수분 흡수 기능이 점점 떨어짐으로써 수세가 약해지는 것이다.

심식목 쇠약의 세 번째 원인은 지표 가까이의 2단근(二段根) 발생이다. 나무가 깊게 묻히면 원뿌리 또는 그 일부가 쇠약, 부패, 고사하고 깊게 묻힌 지표 가까이의 땅속 줄기에서 잠아(潛芽, latent bud, dormant bud)가 발아하여 새 뿌리가 되는데, 이를 2단근(二段根)이라고 한다(사진2-82, 83). 2단근은 양분과 수분 흡수 기능이 있지만, 발생량이 적고

[사진2-82] 심식, 스트로브잣나무 2단근

[사진2-83] 복토자국, 2단근(잔뿌리) 느티나무

세력이 강하지 못해 나무는 양분과 수분 부족을 겪는다. 여기에 가뭄이나 관수가 부족하여 표토가 마르면 지표 가까이 발생한 2단근도 말라 흡수 기능을 상실함으로써 나무가 죽는다(김, 2009).

[표2-3] 질소고정 미생물 공생 비료목

목(目)	과(科)	수종
소귀나무목	소귀나무과	소귀나무
참나무목	자작나무과	오리나무류(오리나무, 산오리나무, 물갬나무, 사방오리나무)
쐐기풀목	느릅나무과	느릅나무
장미목	콩과(근류균)	자귀나무, 박태기나무, 주엽나무, 실거리나무, 조록싸리, 참싸리, 싸리, 괭이 싸리, 개싸리, 좀싸리, 칡, 다릅나무, 솔비나무, 회화나무, 등나무, 땅비싸리, 낭아초, 아카시나무, 꽃아카시나무, 골담초, 족제비싸리
도금양목	보리수나무과	보리수나무류

(2) 심식 진단

① 근주 매몰

심식 여부의 진단은 ㉠ 근원부를 파서 직접 확인하는 것이 정확한데 ㉡ 근주 매몰, ㉢ 하부가지 매몰 등의 방법과 ㉣ 잎 황화, ㉤ 가지 끝 고사, ㉥ 맹아 발생, ㉦ 표토 잔뿌리 발생 여부 등의 간접 진단으로도 가능하다.

수목의 줄기는 지면에 가까워질수록 직경이 굵어져 확장되는데(사진2-84), 이 부위를 근주(根株, stump)라고 한다. 근주는 뿌리와 줄기의 경계 부위로서 뿌리가 포함된 그루터기인데, 깊게 묻힌 나무는 근주가 노출되지 않고 직선형 줄기로 매립된다(사진2-85, 86).

주로 나무가 식재되고 나서 정지 작업을 한 토지, 경사지에서 나타난다.

[사진2-84] 표준식재, 지제부 근주 노출

[사진2-85] 심식, 직선형 줄기 근주 비노출

② 잎 황화, 정단고사

심식된 나무는 수년이 지났음에도 활착하지 못하고 잎의 황화 → 시듦 → 엽소 → 정단고사 → 맹아 발생 → 쇠약 → 고사 단계로 진행된다. 피해는 ㉠ 가장 먼저 가지 끝의 잎이 연한 황색으로 탈색된다. 잎의 황화는 ㉡ 시듦과 처짐, 선단부와 가장자리가 타는 엽소(葉燒, leaf scorch, leaf burn) 현상으로 진행된다. 가장자리 엽소는 ㉢ 기간이 지나면서 잎 전체가 마르고 수관부 전체로 확산된다. 물론 잎의 황화와 엽소 현상은 심식목뿐만 아니라 다른 원인으로도 변색되고 마르기 때문에 진단자는 많은 경험이 필요하다.

피해가 더 진행되면 ㉣ 잎의 밀도가 떨어지고 잔가지 끝이 마르는 정단고사(頂端枯死)가 일어난다(사진2-87). ㉤ 고사는 굵은 가지로 확대되면서 직사광선에 노출된 방향의 수피가 변색되고 타는 열해(熱害, heat injury)로 고사지가 늘어난다(제5장 3 나 (3) 참조). 심식에 의한 쇠약과 고사는 식재 깊이가 깊을수록 진행이 빠르다. 이식 과정에서 심식된 나무는 1년 내에 고사 여부가 결정되지만, 기존 수목이 복토로 심식된 경우는 잎이 황화하면서 쇠약하여 고사에 이르기까지 수년에 걸쳐 서서히 진행된다.

[사진2-86] 성토, 근주 비노출 직선형 술기, 삿나무 ⇨

[사진2-87] 성도, 가지 고사, 잣니무

③ 하부 가지 매몰, 표토 잔뿌리 발생

심식된 교목의 가장 뚜렷한 증상은 ㉠ 근주 비노출 직선형 매몰이고(사진2-85, 86), ㉡ 관목은 하부 가지가 매몰되어 지면 아래에서 뻗어있다(사진2-88). 또 ㉢ 쇠약, 황화하는 관목류의 근원부를 파보면 하부가지를 잘라버리고 매립한 사례가 많다. 이는 상처나 기타 피해로 손상된 아래 가지를 잘라버리고 식재하였기 때문이다. 또 현장에서는 주목이나 철쭉, 영산홍 등의 관목류를 식재할 때 건조 피해를 우려하여 아래 가지 1~2개를 잘라버리고 깊게 심는 경향이 있어 고사율을 높이는 원인이 되고 있다(사진2-89).

[사진2-88] 심식, 매몰된 가지(주목)

[사진2-89] 하부가지 절단 식재, 잔뿌리 발생

㉣ 생장기에 잎이 누렇게 변색된 나무의 근원부 표토를 걷어내면 많은 잔뿌리가 발생한 경우가 많다. 이는 원뿌리가 쇠락 또는 부후한 상태에서 자주 관수되었거나 장마기에 매몰된 표토 가까이 땅속의 줄기에서 새 뿌리가 발생하였기 때문이다(사진2-90). 그러나 가뭄이 있으면 표토 가까이의 잔뿌리도 말라 수관부는 수분 부족으로 황화한다. 심식 깊이가 크게 깊지 않거나 물리·화학성이 좋은 토양의 심식목은 원 뿌리가 부패하더라도 지표가까이에 발생한 2단근이 많으면 생장이 가능하다. 그러나 척박한 토양에서는 일시적으로잔뿌리가 발생하였더라도 표토 건조로 말라죽는다.

[사진2-90] 심식, 표토 잔뿌리 발생

④ 맹아 발생

대부분의 활엽수는 심식, 이식, 배수 불량, 척박한 토양, 기타 장해로 쇠약하면 줄기와 근주에서 발생하는 줄기맹아(幹萌芽, stump sprout) 또는 지표 가까이 굵은 뿌리에서 많은 근맹아(根萌芽, root sucker, root sprout)가 발생한다(사진2-91, 92, 93).

[사진2-91] 쇠약수 줄기 맹아 발생, 정단고사

[사진2-92] 쇠약 벚나무 근원부 줄기맹아

[사진2-93] 쇠약 배롱나무 근맹아

쇠약한 상태로 수명을 이어가는 ㉠ 심식(深植, deep planting)된 활엽수는 끝가지가 죽는 정단고사(頂端枯死) 현상으로 가지 끝이나 그 주변에서 새순이 돋지 못하고 굵은 가지, 줄기, 근원부의 잠아(潛芽, dormant bud) 또는 부정아(不定芽, adventitious bud)에서 맹아(萌芽, sprout)가 발생한다. ㉡ 경사지에 마운드(mound)가 조성되면서 기존 나무가 성토(盛土, banking)될 경우에도 심식 결과가 초래되어 맹아가 발생한다. 경사지 성토는 경사면 상단은 깊게 묻히지만, 하단은 상단보다 얕기 때문에 하단에 분포하는 뿌리는 상대적으로 대기와 가까워 생명이 지속된다. 하단의 살아있는 뿌리 기능으로 생명이 지속되는 나무는 줄기, 굵은 가지, 근원부, 지표 가까이 뿌리에서 맹아가 발생한다.

㉢ 활착은 하였으나 쇠약한 이식목은 대부분이 정단고사 현상으로 잔가지가 죽고 굵은 가지나 줄기 중간에서 맹아가 나온다. 쇠약한 이식목의 맹아 발생 경향은 대부분이 짧은 순이 무리지어 나와 수관을 형성하지 못함으로써 식재 목적을 발휘하지 못한다(사진 2-91). ㉣ 줄기 및 가지 잠아에서의 맹아 발생은 과습지 쇠약목에서도 발생한다. 과습한 곳은 토양공극의 공기 부족으로 나무가 쇠약하다. 이러한 나무에서 발생한 맹아는 건실한 가지로 자라지 못하고 나무는 결국 고사하고 만다.

쇠약목의 맹아는 길게 자라지 못하고 여러 개의 순(筍, shoot, sprout)이 무더기로 발생해 새 둥지처럼 형성되는 경우가 많다. 그러나 뿌리의 활력이 유지된 상태에서 줄기가 고사하면 맹아의 세력은 커진다. 맹아의 세력이 커질수록 줄기의 세력은 더욱 약해지고 결국은 마르고 부후하여 수피에 버섯이 발생하면서 고사에 이른다.

⑤ 맹아 관리

맹아는 발생량이 많을수록 모수(母樹)의 체력 소모가 크다. ㉠ 발생 즉시 따버리지 않으면 모수의 쇠약은 더욱 가중된다. 대부분의 맹아는 세포 조직이 목질화(木質化, lignification)되지 않은 어린 조직으로서 건조, 강한 일광, 동절기 저온에 대한 내성이 약해 고사와 발생을 반복한다. 짧고 많은 맹아가 무리지어 발생한 나무는 기존 가지가 굵고 길게 자라지 못하고 잎과 잔가지 밀도가 떨어진다. 또 직사광선에 노출된 줄기가 고열에 손상되고 겨울에는 저온 피해 가중으로 쇠약은 더욱 빨라진다.

㉡ 맹아는 충실도에 따라 관리하면 새로운 개체로 키울 수 있다. 먼저, 첫해에는 3~5개 맹아만을 남기고 다른 맹아는 모두 제거한다. 이때 남긴 맹아 외에는 작은 순이라도 남기지 않는 것이 남겨진 맹아의 세력 증진에 도움이 된다. 이듬해 봄 새순이 나오면 향후 줄기로 키울 맹아만 남기고, 줄기와 나머지 맹아 모두를 제거하고 관리하면 새로운 개체를 얻을 수 있다(제3장 1 나 (3) 참조).

㉢ 맹아 발생이 많아 쇠약한 나무는 쇠약한 원인을 치료하고 관리하면 활착시킬 수도 있다. 심식되어 쇠약한 나무는 복토 제거와 무육관리를 하고(제6장 2, 3 참조) 과습하여 쇠약한 나무는 배수 처리를 하는 등 나무가 활착할 수 있도록 관리한다.

나. 심식 예방

심식 피해 예방은 ㉠ 나무가 깊게 심어지지 않도록 노력하며, 표준식재하는 것이 최선의 방법이다. 나무는 1cm만 매몰되어도 쇠약, 고사할 수 있다는 인식이 필요하고, ㉡ 이미 복토(覆土)되어 심식된 나무는 쌓인 흙을 즉시 제거하는 것이 회생의 방법이다. 그 외에 ㉢ 수세를 회복할 수 있도록 뿌리권의 산소 공급, 시비, 배수 등의 관리가 따르면 회생률은 높아지고 건강한 나무로 생장할 수 있다.

(1) 표준식재

심식되지 않도록 나무가 원래 자라왔던 깊이 또는 그보다 다소 높게 식재하는 것을 표준식재라고 한다. ㉠ 뿌리분을 뜰 때에는 낙엽과 지피물을 긁어내고 토양이 나타나는 지면이 뿌리분의 상단이 되게 한다. ㉡ 식재는 뿌리분 상단면이 구덩이 표면과 수평이 되거나 이보다 4~5cm 높은 올려심기를 한다. 뿌리분 상단과 지면의 높이, 즉 식재 깊이는 앞에서 설명한 바와 같이(제2장 1 나 (10) 참조) 토양의 물리적 성질과 지형에 따라 다르게 한다.

점토질 토양이나 지형이 낮아 주변의 물이 모이는 곳에서는 지표면보다 4~5cm 정도 높게 식재한다. 건조하기 쉬운 모래 토양에서는 지표면과 같은 높이로 식재하되, 유기질비료를 혼합하여 양분과 수분 보유력을 높인다. 보비·보습력 증진을 위한 개량 재료는 부엽토(腐葉土, leaf mold), 이탄토(泥炭土, peat soil, bog soils), 피트 모스(peat moss), 코코피트 등이 재료인 비료, 발효 부산물비료를 굴취한 흙과 1 : 1 ~ 1 : 0.5(비료)의 비율로 혼합하여 개량한다. 염분 농도가 낮은 부엽토, 이탄토, 피트 모스, 코코 피트가 재료인 비료는 토성에 따라서는 그대로 사용하기도 한다. 부산물비료는 완숙된 것이어야 한다. 그렇지 않으면 식재 구덩이 속의 발효 과정에서 발생되는 열과 가스에 뿌리가 상하고 심하면 나무가 고사한다.

(2) 차단막 설치

성토됨에 따라 매몰이 예상되는 나무는 경사면 상단에 복토 방지용 차단막이나 건정(乾井, dry well)을 설치하여 흙이 밀려서 덮이는 것을 막는다(사진2-94, 95). 차단막은 대형 배수관을 잘라 설치하는데, 근원부와 멀수록 뿌리권 복토 방지 면적이 넓어지므로 생존율이 높아진다. 그러므로 가지가 뻗은 수직 지면, 즉 근계평균분포영역(제6장 2 가 참조)까지 설치하는 것이 바람직하다. 그러나 작업이 방대하여 다소 좁은 면적으로 축조하는데, 나무에서 최소 1.5m 이상 이격되도록 한다.

경사지의 뿌리분포 경향은 상단보다 하단과 측면에 더 많이 분포하고 길게 신장한다(사진4-96, 97). 현장 조사 결과 수세, 지형, 경사도, 뿌리 생장 방향의 장애물 존재 여부 등에 따라 다르지만, 일반적으로 측면과 하단의 뿌리 신장이 상단의 2~2.5배에 달하였다. 그럼에도 상단의 매몰 깊이가 중요한 것은 복토로 인하여 약해지기 쉬운 상단의 뿌리 보호와 하단으로 밀려 내려오는 흙의 양을 최소화하기 위함이다.

[사진2-94] 성토지 상단 차단막 설치

[사진2-95] 성토지 건정 축조

[사진2-96] 측 · 하방으로 발달한 뿌리

[사진2-97] 경사면 하단으로 발달한 뿌리

(3) 건정 축조

토성에 따라 다르지만, 수목의 뿌리는 대부분이 지표 15~60cm 깊이에 분포한다(Tatter, 1986). 그러므로 뿌리의 매몰 깊이가 4~5cm를 넘어도 피해가 발생하고 40~50cm에 이르면 치료를 위한 제거 작업이 힘들다. 차단막과 같은 목적으로 성토지 나무의 매몰 방지를 위해 건정을 조성한다. 건정(乾井, dry well)은 성토 또는 복토되기 전에 작업한다. 방법은 나무를 중심으로 일정 넓이의 원형 영역에 담을 쌓아 우물처럼 축조하여 근원부와 뿌리권의 일부가 매립되지 않도록 하는 시설이다. 샘솟는 우물과는 달리 바닥이 건조하기 때문에 마른 우물, 즉 건정이라고 부른다.

건정을 조성하는 주된 기능은 뿌리권의 표토가 대기와 접하게 함으로써 지중으로의 산소 유입, 토양환경 개선 및 유지로 나무가 지속적으로 생장할 수 있도록 한다. 성토 또는 복토가 계획된 곳의 보호수, 보호가치가 있는 나무, 그 자리에 두면 복토되어 고사가 예상되거나 이식하더라도 성공을 보장할 수 없는 나무 등을 대상으로 축조한다.

◆ 건정 축조 공정 요약 ◆

- 건정 폭 설정 ⇨ 지표면 피복물 제거, 지면 정리 ⇨ 시비(필요시) ⇨ 모래 또는 콩자갈 깔기 ⇨ 건정 벽면 경계 바닥 수평 유통관(유공관) 깔기 ⇨ 건정 벽면 쌓기(관 또는 돌담) ⇨ 수평 유공관 중간 수직 유공관 설치(필요시) ⇨ 수직 유공관 설치(근계평균분포 영역 가장자리) ⇨ 성토 ⇨ 유입수 차단 둔덕 조성(필요시) ⇨ 건정 덮개 설치. 수직 유통구 마개 덮기

건정 설치는 근계평균분포영역 가장자리까지의 바닥에 부챗살처럼 방사형으로 뻗는 유

공관을 깔고, T자 관으로 연결하여 지상으로 노출될 수직 유통구를 설치하여 성토하는 방법이다. 근계평균분포영역이란 가지가 뻗은 수직 지면에 뿌리가 평균적으로 분포하는 영역이다(제6장 2 가 참조).

먼저, ㉠ 건정의 영역을 설정한다. 건정은 폭이 넓고 유통구가 많을수록 나무의 회생률이 높고, 좁거나 유통구 수가 적을수록 회생률이 낮다. 폭은 근원부 둘레의 반경, 나무에서 60~70cm 또는 1.5m 이상 이격한 거리를 설정하는데, 직경이 큰 나무일수록 건정의 폭을 넓게 한다. ㉡ 건정 높이는 성토되는 지면까지다. ㉢ 바닥(기존 지표면)의 지피물을 모두 제거하고 지면을 정리한다. ㉣ 수세 강화가 필요한 경우 질소함량 13~15% 이내의 입상 화학비료를 30~50g/m^2 내외로 시비한다. ㉤ 정리된 바닥에는 고결 현상 방지, 배수와 공기유통을 위하여 콩자갈 또는 모래를 1~2cm 정도로 얇게 깐다. ㉥ 건정 가장자리 벽면은 나무를 중심으로 둥글게 우물처럼 옹벽을 쌓거나 대형 배수관을 쪼개어 세운다. 옹벽과 대형 관은 땅을 20cm 내외 깊이로 파고 초석을 놓거나 관을 묻어 안정되게 한다.

㉦ 건정 바닥과 벽면 경계에서 근계평균분포영역 가장자리까지 나무를 중심으로 망사로 감은 유공관을 7~8 방위, 최소 5~6 방위에 방사상으로 길게 놓는다. 건정 바닥 벽면에서 시작되는 유공관 입구는 구멍이 있는 마개로 막아 이물질이 들어가지 않도록 하고, 나무 방향으로 10~20cm 더 길게 놓아 입구가 이물질로 막혔을 때 관리하기 쉽게 한다. 유공관 설치 바닥에 얕은 도랑을 파고 자갈과 모래를 깔고 그 위에 놓으면 배수와 공기 유통 효과가 더 높다. 유공관은 뿌리 가장자리 방향으로 약간의 경사가 있어 배수되면 좋다. 유공관 대신에 도랑을 파고 모래와 자갈을 채워 배수되도록 해도 되는데, 오래되면 자갈이나 모래 사이가 흙으로 메워져 배수 효과가 떨어진다. 유공관 길이는 근계평균분포영역보다 다소 길게 하는 것이 생존에 유리하다. 그러나 너무 길면 작업이나 유지관리에 비하여 효과가 높지 않다.

㉧ 근계평균분포영역 가장자리까지 설치된 바닥 유공관 끝에 T자 관을 이용하여 지상으로 노출될 수직 유공관을 세운다(사진 2-98, 99. 그림2-4, 5). 이때 바닥 유공관 중간에 수직 유공관을 1개씩 더 세우면 대기와의 공기유통이 원활해 수세 증진 효과가 커진다. 수직 유공관의 높이는 성토 높이보다 4~5cm 높게 한다. ㉨ 수평 유공관과 수직 유공관 설치가 끝나면 성토한다. 성토할 때 유공관 입구가 흙으로 메워지지 않도록 마개를 한다. ㉩ 건정 지상부 가장자리에 둔덕을 만들어 외부의 물이 유입되지 않도록 하고, ㉪ 안전과 유입물 차단을 위하여 건정과 유통구는 모두 통풍이 되는 뚜껑과 마개를 설치한다.

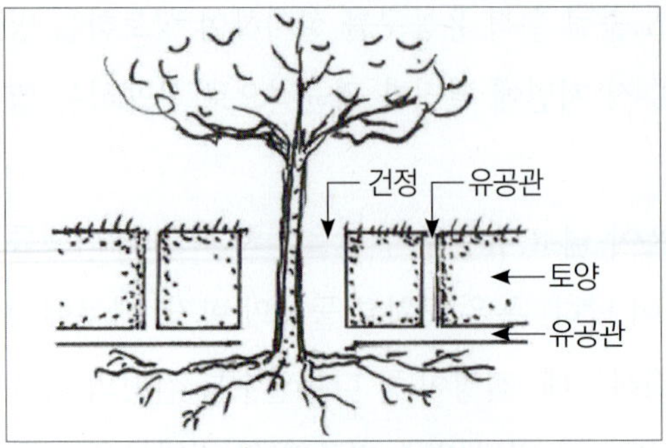

[그림2-4] 성토지 건정 측면도

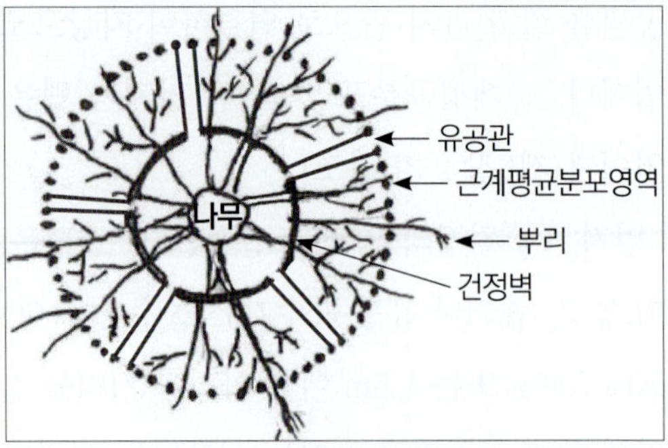

[그림2-5] 성토지 건정 평면도

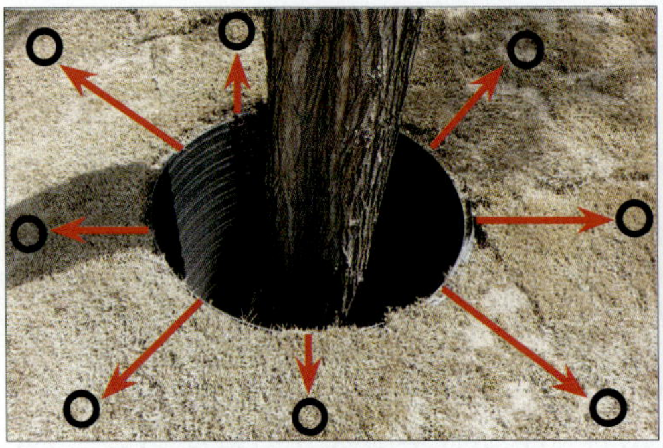

[사진2-98] 건정과 유공관(○) 설치

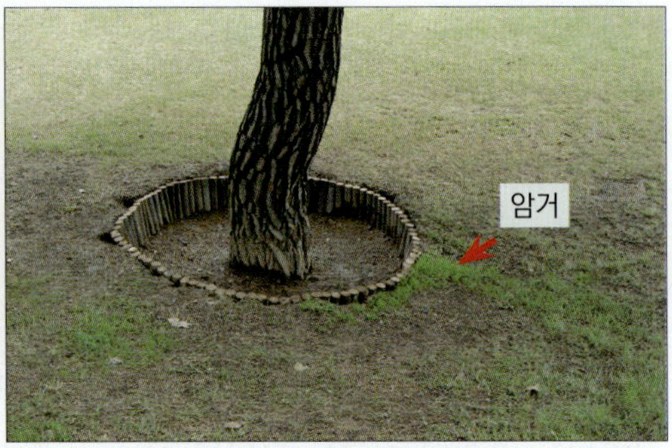

[사진2-99] 건정과 암거 설치

다. 심식 치료

(1) 복토

① 복토 제거

평지 또는 얕은 경사지에서 20~30cm 내외의 깊이로 복토되어 쇠약한 상태로 자라는 나무는 매몰된 흙을 제거하는 일만으로도 회생이 가능하다. ㉠ 복토 제거 영역은 넓을수록 생존율이 높은데, 뿌리분 폭의 2~3배 또는 수관폭의 수직 지면에서 20~30cm 바깥까지다. 통상 작업의 용이성과 뿌리 확장 정도를 감안하여 근계평균분포영역(제6장 2 가 참조)의 복토를 제거한다. 가지가 정리되었거나 수관폭이 좁은 나무는 가지가 뻗은 현재의 수직 지면에서 20~30cm 바깥을 잡는다(사진2-102). 좁은 면적의 복토 제거는 효과가 없다(사진2-100). 그 이유는 새 뿌리 발생은 줄기 가까이의 굵은 뿌리에서보다는 줄기에서 먼 잔뿌리에서 많기 때문이다.

복토 제거는 줄기 가까이에서부터 복토 깊이를 확인하면서 바깥으로 진행한다. 지형에 따라서는 특히 경사지의 경우, 근원부의 심식 깊이를 확인하고 경사면 하단에서 상단으로 진행하는 것이 수월하다. ㉡ 복토 제거 깊이는 식재 당시의 뿌리분 상단면이 노출되는 부위 또는 잔뿌리가 노출되는 지면까지이다(사진2-101). ㉢ 제거 과정에서 잔뿌리가 나타나면 가급적 손상이 적도록 주의한다. 손상된 잔뿌리는 수세 증진을 위한 시비와 멀칭을 하기 직전에 전정가위로 잘라 절단면이 마르지 않도록 한다.

[사진2-100] 좁은 복토 제거 면적 ⇨

[사진2-101] 복토 50cm 제거 흔적

② 복토 제거 수세회복 사례

㉠ 시술 대상

- **소나무** : 지상 30~40cm에서 3개 줄기로 분지한 나무다(사진 2-100).
- **수세** : 활착 불량, 잎 황화, 낙엽량이 많고 잔가지가 고사하면서 수세 약화가 진행되고 있다.

㉡ 수세회복 작업 공정

- **원인 조사** : ⓐ 선 식재, 후 골프코스 조형공사 과정에서 50cm 깊이로 복토되어 심식결과가 초래되었다(사진2-101, 102). ⓑ 다소 오목한 경사면 하부에 식재되어 강우 또는 강설 융해수가 정체하여 과습이 초래된다. 이상의 원인으로 수세 약화가 초래된 것으로 진단되어 뿌리권 복토 제거를 결정하였다.
- **복토 제거** : ㉠ 나무에서 1m 이격한 거리까지 복토를 제거하였으나(사진2-100, 101) 수세 회복 효과가 없었다. ㉡ 이듬해 2차 복토 제거를 하였다. 제거 영역은 수관 폭에서 30~50cm 밖의 영역까지 확장 제거하였다(사진2-102).

ⓒ 시술 결과

• **수세 회복** : ㉠ 복토 1차 제거 당년에는 쇠약 증상이 지속되면서 1개의 줄기가 고사하였다. ㉡ 복토 2차 제거 후, 수세 약화는 더 이상 악화되지 않았으며 ㉢ 이듬해 봄부터 서서히 회복되었다. ㉣ 복토 2차 제거 3년차에는 수세 100% 회복되었다(사진2-103). 참고로 ㉤ 복토만 제거하였으며 전정이나 시비, 기타 치료용 작업은 하지 않았다.

[사진2-102] 복토 제거 면적 확대 ⇨

[사진2-103] 복토 제거 3년, 수세 회복 100%

③ 복토 제거 수세회복 실패 사례

㉠ 시술 대상

• **소나무** : 근원직경 70cm의 우수 수형의 나무다(사진 2-104).
• **수세** : 잔가지 고사, 잎의 밀도 저하, 황화 현상이 3~4년간 지속되면서 붉게 변색되어 고사가 진행되었다.

㉡ 수세회복 작업 공정

• **원인 조사** : ⓐ 골프코스 조형공사 과정에 뿌리권이 40cm 깊이로 복토되었다. ⓑ 경사면 하단의 다소 오목한 지형에 식재되었다(사진2-104). 지형 특성상 강우 시에 주변의 표면수가 유입되어 과습이 초래되었다(사진2-105). 이러한 원인으로 수세 약화, 고사가 진행된 것으로 진단되어 뿌리권 시술을 결정하였다.
• **복토 제거** : ⓐ 근원부 줄기에서 120cm 거리까지 40~50cm 깊이의 복토를 제거하고 3방위에 유공관을 매설하였다. ⓑ 표면 유입수 배수를 위하여 경사면 하단 방향으로 어골형(魚骨形) 배수로를 만들고 배수관과 자갈을 매설(암거배수)하였다(사진2-106). ⓒ

강우 시 경사면 상단과 좌우의 표면수 유입 방지를 위한 측구(側溝, gutter)를 조성하였다. ⓓ 시판되는 수세 회복용 영양제 1,000㎖를 1회 수간 주입하였다.

ⓒ 시술 결과

• **고사** : 회생하지 못하고 고사하였다(사진2-107). ㉠ 고사의 주된 원인은 시술 시기가 늦어 회생 기회를 상실한 것으로 진단되었다. ㉡ 다음으로는 복토 제거 면적이 적었다. 나무의 크기(수고와 직경)로 보아 제거 거리가 1.5m 이상 되었어야 한다(뿌리분 가장자리에서 30~50cm 더 넓게). ㉢ 원활한 공기 유통과 관수를 위한 유공관 설치는 5~6방위, 깊이는 구덩이 바닥까지 천공 설치되었어야 한다. 이듬해 5월 단풍나무로 교체 식재하였다.

[사진2-104] 쇠약, 고사 진행 소나무(6월)

[사진2-105] 뿌리권 함몰, 심식

[사진2-106] 복토 제거, 암거설치(익년 4월)

[사진2-107] 고사한 시술 소나무

제 3 장

특수 식재와 부작용 치료

1. 절간목 식재
2. 잔디밭 식재
3. 경사지 식재
4. 저습지 식재
5. 암반 식재
6. 화분 식재
7. 아스팔트 콘크리트 바닥 식재

1. 절간목 식재

가. 절간식재

(1) 절간식재 수종

수목은 재생력이 있어 줄기나 가지를 자르면 주변의 잠아(潛芽, dormant bud, latent bud)가 발아하는 특성이 있다. 수종에 따라 발아력의 차이는 있으나 대부분의 활엽수류는 꺾꽂이처럼 가지나 줄기를 잘라 심으면 지하부에서는 뿌리가 발생하고, 지상부는 순(筍, bud, shoot)이 돋아 새 개체로 자란다. 이러한 재생력을 이용하여 거목(巨木, big tree, gigantic tree)이나 기타 필요한 나무의 줄기 중간을 자르고 뿌리분을 떠서 식재하는 것을 절간식재(切幹植栽) 또는 절간목 식재라고 한다(사진3-1, 2, 3, 4).

[사진3-1] 상수리나무 절간식재 ⇨

[사진3-2] 상수리나무 절간식재 근경

[사진3-3] 대왕참나무 절간식재

[사진3-4] 왕버들 노거수 절간식재

절간목 식재는 주로 맹아력이 강한 ㉠ 활엽수의 거목이나 노목(老木), ㉡ 잔뿌리가 적고 직근이 발달하여 이식력이 약한 참나무류에서 많이 행한다. 그 외에도 ㉢ 고사가 진행되고 있어 그대로 두면 죽거나 ㉣ 생존하더라도 경관가치를 상실할 것으로 예상되는 나무 등의 줄기 중간을 자르고 새순을 받아 무육하여 회생시키는 식재방법이다(사진3-5, 6). 이것이 가능한 것은 뿌리가 활력을 유지하고 있기 때문이다. 대부분의 고사 진행은 가지 끝에서 시작되어 줄기로 이어지고 토양과 접한 뿌리는 살아있거나 가장 늦게 고사하기 때문이다. ㉤ 주목, 향나무 등의 몇몇 수종을 제외하고 대부분의 침엽수류는 맹아력이 없거나 극히 약해 절간식재 대상이 되지 못한다. 맹아력이 있는 침엽수일지라도 성공률을 높이기 위해서는 남게 되는 줄기에 가지가 있어 수관을 형성해야 한다. 가지가 없고 줄기만 남겨질 경우 맹아가 발생하더라도 세력이 약해 실패할 수 있다(표3-1).

절간식재는 ㉠ 나무 전체를 식재하는 것보다 노력과 비용이 적게 들 뿐만 아니라, ㉡ 식재 작업이 용이하다는 장점이 있다. ㉢ 노거수(老巨樹, old-growth and giant tree)는 줄기가 굵고 거대하며 수령이 높은 나무여서 절간식재를 할 경우 웅장한 풍치를 그대로 유지하기 때문에 사적(史蹟)·관공서·학교·종교건물·호텔·골프장 클럽하우스 조경에 자

[사진3-5] 고사 진행목 절간, 절지 부위(단풍나무)

[사진3-6] 고사 진행목 절간, 맹아유도(벚나무)

[표3-1] 절간목, 절두목, 절지목 식재 가능 거목성 수종

구분		수종
침엽수	상록성	주목, 비자나무, 곰솔(해송), 리기다소나무, 섬잣나무, 스트로브잣나무, 젓(전)나무, 삼나무, 금송, 향나무, 측백나무
	낙엽성	은행나무
활엽수	상록성	가시나무, 졸가시나무, 종가시나무, 구실잣밤나무
	낙엽성	황철나무, 왕버들, 참나무류(상수리나무, 굴참나무, 졸참나무, 갈참나무, 신갈나무, 대왕참나무), 모과나무, 매화나무, 귀룽나무, 무환자나무, 칠엽수, 이팝나무, 배롱나무, 느티나무, 느릅나무, 양버즘나무, 은사시나무, 회화나무, 뽕나무, 위성류

주 도입된다. 특히 신축지에 도입 식재하면 짧은 역사성이 은폐되고 고풍미를 연출할 수 있어 선호되는 식재 기법이다(사진3-7, 8). 그러나 ㉣ 노거수는 부후(腐朽, decay, rot)와 손상된 곳이 많고, ㉤ 맹아력이 강한 수종일지라도 어린나무 식재보다는 활착이 어려우며 ㉥ 대형 장비가 동원되는 등 고가의 식재 비용과 노력(인력)이 필요하다.

[사진3-7] 노거수 식재(모과나무)

[사진3-8] 노거수 식재(회화나무)

한편 공원수나 가로수처럼 안전사고 예방이나 시야에 방해되는 나무, 전선, 교통 표지판, 기타 시설물 유지에 방해가 되는 이유 등으로 줄기와 가지를 잘라내는데, 그 정도에 따라 절간목, 절두목, 절지목, 절초목 등으로 구분한다. 절간목(切幹木)은 설명한 바와 같이 줄기의 중간을 잘라내는 나무의 형태다. 절두목(切頭木)은 줄기 상단부와 굵은 가지를 자르는 인공수형이고(사진3-9), 절지목(切枝木)은 줄기는 그대로 두고 가지의 끝을 잘라내는 기법이다(김 외, 1987). 절초목(切梢木)은 절지보다 바깥 잔가지 끝(초단부)을 쳐내는 기법이다. 즉, 절지는 잔가지가 달린 다소 굵은 가지를 자르는 것이고 절초는 잔가지 끝, 즉 초단부를 쳐내는 것이다. 절지와 절초는 정단고사(頂端枯死)가 잘 생기는 활엽수류를 식재할 때 적용하면 수형이 흐트러지지 않고 활착할 수 있다(사진3-10). 이때 정단부가 타원형을 이루어 자연스러운 수형이 되도록 한다.

[사진3-9] 절두목(느티나무)

[사진3-10] 초단부 미제거 식재 정단고사(느티나무)

그 외에도 맹아력이 강한 나무를 대상으로 절근목(切根木) 식재기법이 있다. ⓐ 거목으로서 뿌리의 활력은 유지되나 줄기의 상당 부분이 고사한 나무, ⓑ 뿌리, 근원부 또는 벌채점(지상 20cm) 내외 높이의 줄기가 살아있는 나무, ⓒ 지상부에서 여러 대의 줄기로 키우려는 목적의 나무 등은 근원부에서 잘라 절단부 주변에서 발생하는 맹아 또는 근맹아(根萌芽, root sprout)를 키우는 기법이다. 발생한 맹아가 장래 가지와 줄기로서 자랄 것으로 판단될 때 뿌리돌림을 하였다가 이식한다. 절근목 식재의 성공률은 그 나무의 맹아력과 뿌리의 활력 정도에 달렸다.

(2) 절간식재 표준작업공정

노거수 절간식재는 이식 예정 1~2년 전부터 뿌리돌림을 한다. 뿌리돌림 굴취는 2월 중·하순~4월에 하고, 식재는 1~2년 후 3월 중순~4월 중순이 적기다. 작업 내용은 일반 이식과 같으나 건강 체크가 필수이며, 활착에 소요되는 기간 예측, 이식에 필요한 기자재 및 예산 수립, 양생관리 방안 등을 더욱 세밀하게 수립해야 한다(표 3-2).

[표3-2] 노거수 절간식재 표준작업 세부 공정

항목	작업내용

건강 체크	• 준비물
	  - 방부제, 살균·살충제, 병해충 방제도구 및 차량(필요시), 부후 외과수술 도구 및 기자재(필요시)
	• 대상목 건강 체크
	  - 부후·상처 여부와 정도, 치료 여부·방법 결정
	• 병해충
	  - 피해 여부, 가해 병해충 동정 및 생태 조사, 피해 정도와 치료 여부·방법 결정

예산수립	• 준비물(식재 준비 작업공정과 동일)
	  - 수목 구입, 굴취·운송·식재 인건비, 기자재 및 특수 장비 등 사용 예산
	  - 기타 식재 과정에 소요되는 제반 비용. 전체 식재 소요일의 인건비 및 잡 경비. 외부 수주 시 용역비 등

줄기 절단	• 준비물
	  - 전정가위, 손톱(기계톱), 기타 절단 도구, 사다리, 고사지 보존 시 자재 준비(박피용 도구, 사포, 도색용 수성 페인트, 방부제 등)
	• 줄기 절단
	  - 줄기 및 가지 절단 길이 설정. 4단계 절단법, 절단면 방부처리
	  - 가지 정리(구덩이 앉히기 전후), 고사지 제거, 도색 등의 정리 여부 결정

항목	작업내용
뿌리분 뜨기 (뿌리돌림)	• 준비물(일반 이식목과 동일) - 자재(녹화마대, 녹화테이프, 철사, 고무바, 끈), 기구(삽, 곡괭이, 전정가위, 톱) 및 장비(포클레인 등), 발근촉진제, 기타 - 필요시 부산물비료(부엽토 · 이탄토 · 코코피트가 원료인 비료), 농업용 상토 • 굴취 및 분 감기 - 일반 이식목 분 뜨기와 동일(근원경 4~5배) - 뿌리돌림 : 이식 1~2년 전(근원경 4배 또는 그 이하) - 도복 방지 및 수세 유지용 굵은 뿌리 3~4 방위 잔존
수세관리	• 준비물 - 생장촉진제, 필요시 외과수술 준비(청소용 공기 프레셔, 실리콘, 기타 필요 기자재) - 화학비료(고형복합비료, 입상비료), 부산물비료, 관수용 자재 • 시비관리 - 뿌리돌림 후, 식재 1년 후 - 시비(질소 함량 13~15% 고형복합비료 또는 입상비료)
맹아지관리	• 준비물 - 전정가위, 톱, 기타 절단 도구, 사다리, 방부제 • 관리 - 식재 후 관리, 장래 수관 후보 가지 선정, 수형 잡기

◆ 노거수 절간식재 표준작업공정 요약 ◆

- 대상목 건강 체크 ⇨ 인력 · 기자재 · 장비 준비 ⇨ 예산 수립 ⇨ 수형 잡기(가지 · 줄기 자르기 및 보존관리) ⇨ 뿌리분 뜨기(뿌리돌림) ⇨ 맹아지 관리 ⇨ 수세 관리 ⇨ 식재 구덩이 준비 ⇨ 이하 일반 식재 및 양생관리 공정과 동일

절간식재는 노거수만의 식재 기법이 아니다. 이식은 어렵지만 맹아력이 있는 수종이면 모두 적용 가능하다. 우리나라는 참나무류가 우점하는 산림이 많다. 참나무류는 굵은 뿌리가 발달하고 잔뿌리가 적어 어린나무일지라도 이식이 어려운 편이다. 도로 개설, 임도(林道, forest road) 설치, 택지나 공장부지 개발, 골프장 개발 등으로 폐기될 참나무류는 절간식재를 하면 우수 조경수가 된다.

참나무 이식은 개발 토지로 확정된 시기부터 시작한다. ㉠ 토지이용계획이 수립됨과 동시에 절간식재 대상 참나무를 줄기 중간 또는 적당한 길이에서 자른다(사진3-11). ㉡ 가지를 솎아내고 끝을 쳐내면 새순이 돋는다. 참나무류 새순은 전 연도에 형성된 겨울눈이 자란 것으로서, 연간 1회 새순이 돋는 고정생장(固定生長, fixed growth) 수종으로 알려져 있다. 그러나 적정한 온도와 강우 조건에서는 연간 2회 정도 새순이 나온다(사진3-12). ㉢ 뿌리

돌림을 하고 1~2년 후 개발이 시작되면 새순이 나온 나무 그대로를 굴취하여 1차 가지 정리를 하고 운반한다. ㉣ 구덩이에 앉히기 전 밀생한 가지는 솎아내고 부러진 가지, 상처가 있는 가지 등을 다듬고 정리한 다음, ㉤ 구덩이에 앉히고 매립하면 활착률이 높아 참나무 숲 조성이 가능하다. ㉥ 식재 이후에는 관수 등 양생관리를 철저히 해야 한다.

[사진3-11] 절간식재 새순받기(이태리포플러)

[사진3-12] 6월 하순, 갈참나무 2차 새순

(3) 절간식재 공정

① 대상목 건강 체크

노거수 건강 체크는 ㉠ 부후 줄기 및 가지 손상 여부와 정도, ㉡ 수세(쇠약 여부와 정도) 등을 조사한다. 쇠약한 나무는 새순 발생력이 약하기 때문에 시비하여 수세를 회복시킨 다음에 줄기 자르기를 한다. 대부분의 노거수는 썩고 상처가 많으므로 ㉢ 부후(腐朽)와 상처 치료의 필요성 여부를 진단한다. 치료는 식재 전 또는 식재 후에 할 것인지를 정하고 가벼운 상처는 더 이상 진행되지 않도록 도포제(티오파네이트메틸-톱신, 테부코나졸-실비코)로 방부처리를 한다. ㉣ 상처가 크거나 부후 정도가 심해서 가벼운 도포 처리만으로는 치료가 어려운 경우 외과수술을 한다. 외과수술은 이식한 다음 활착 이후에 하는 것이 안전하다.

㉤ 병해충 피해가 있을 경우 종, 생활사, 가해 습성 등에 대한 정보를 바탕으로 방제한다. 방제는 적기 방제가 중요하고 약제를 사용할 경우 농도장해를 입지 않도록 주의한다. 농도장해는 희석배율 피해이지만, 과량 살포도 피해를 유발하므로 유의해야 한다.

② 줄기 절단

줄기 절단은 절단 시기와 위치 결정, 고사지를 포함한 가지 정리 등의 작업이다. ㉠ 줄기와 가지 절단은 가급적 뿌리돌림이나 뿌리분 잡기 이전에 하는 것이 새순 발생에 유리하다. 절단 시기는 뿌리돌림 1~2년 전의 12월~3월 초순으로서 월동기, 수액 이동이 시작되기 전, 늦어도 수액 이동 초기까지 한다. ⓛ 줄기에 가지가 많이 붙어 있을수록 활착 성공률이 높기 때문에 가급적 가지가 많이 붙은 부위의 상단을 자르는 것이 유리하다. ⓒ 나무가 크고 굵을수록 웅장하므로 절단 이후의 수형을 예상하여 가지 뻗음의 위치와 형태, 운송의 편의성, 식재지와의 조화성 등을 고려하여 남겨지는 줄기의 길이와 가지의 수량을 정한다. 식재지의 시설물보다 작아도, 또 너무 커도 조화롭지 못하다.

줄기 절단은 나무에 올라가거나 사다리를 타고 잘라야 하는 다소 위험한 작업이므로 안전사고에 유의한다. 손톱이나 기계톱으로 자를 때 수피가 붙어 찢어지지 않도록 4단계법으로 자른다(그림3-1, 사진3-14). 먼저, ⓐ 자르기 전에 절단된 줄기가 넘어질 방향을 정해 바(줄)를 걸고 1~2사람이 당겨서 다른 방향으로 넘어가지 않도록 준비한다. ⓑ 제1단계 절단은 정해진 절단 부위에서 수 cm(통상 5~10cm) 위쪽에서 직경의 1/4을 수평으로 자른다. ⓒ 제2단계는 제1단계 절단 부위 5~10cm 정도 위쪽을 비스듬히 삼각형으로 잘라 쐐기 모양이 되게 한다. ⓓ 제3단계는 반대 방향에서 제1단계 절단 부위보다 조금 위쪽 또는 비슷한 위치에서 서로 엇갈리게 자르면 상단부가 넘어간다. ⓔ 제4단계는 최종 절단으로서, 정해진 절단 부위를 자르면 수피가 찢어지거나 상처가 생기지 않고 잘려나간다. 그런데 3단계 절단에서 남겨져 절간식재가 될 줄기에 상처가 없거나 깨끗하게 잘린 경우 4단계를 생략할 수 있다. 그러므로 3단계 절단 위치를 잘 잡아서 신중하게 자를 필요가 있다.

ⓕ 절단면은 상구유합(傷口癒合, healing of wound) 면적이 적고 빗물이 고이지 않게 줄기선과 직각으로 매끈하게 자르고 방부 처리를 한다. 절단면이 넓을수록 상구유합이 어렵고 부후균 감염 우려가 높다. 또 절단면이 고르지 않으면 빗물이 상구에 머무는 시간이 길어 부후 우려도 높아진다. ⓖ 때때로 현장에서 작업의 편의성을 이유로 줄기를 수평으로

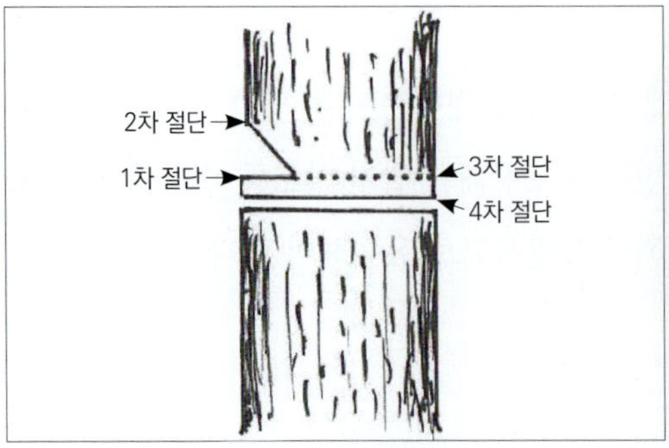

[그림3-1] 절간식재 줄기절단 4단계법

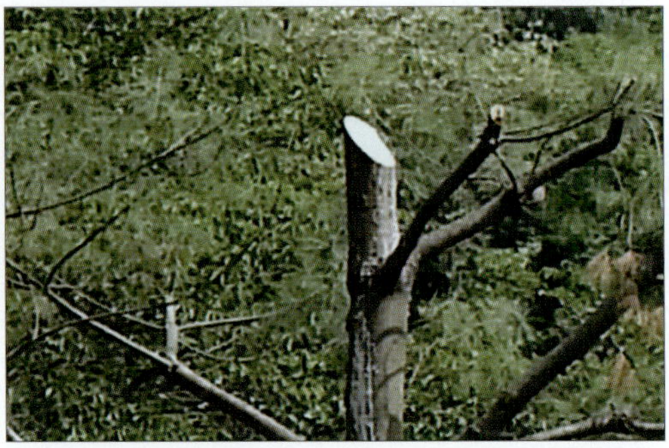
[사진3-13] 줄기 기울기 절단(스트로브잣나무)

[사진3-14] 단계적 줄기 절단 무시 피해(상수리나무)

[사진3-15] 절단면 목질부 갈라짐(벚나무)

자르지 않고 비스듬히 자르는 사례가 있다(사진3-13). 직각이 되게 수평으로 자르는 것보다 작업이 수월하고 빗물이 절단면에 머무는 시간도 단축되는 장점이 있다.

그러나 비스듬히 자르면 절단면이 그만큼 더 넓어져 목질부와 수피가 건조에 취약하다. 목질부가 마르면 수선 방향으로 터지면서 수피와 분리 손상되고 빗물이 스며들어 부후균 감염률이 높아진다(사진3-15). 작업의 편의상 비스듬히 잘라야만 하는 경우, 가급적 절단면이 북향이 되게 한다. 북향 절단면은 남향보다 유상조직 형성이 빠르고 목질부와 수피의 분리 손상 피해가 상대적으로 적기 때문이다. 절단면의 기울기는 남향과 북향의 절단 길이 차이가 2~3cm를 초과하지 않도록 하여 절단 면적을 최소화한다.

③ 뿌리돌림과 분 잡기

뿌리돌림 또한 이식수의 분 뜨기와 같다. 다만 ㉠ 뿌리돌림을 1회에 할 것인가, 2년에 걸쳐 할 것인가를 정한다. 발아와 발근이 좋아 이식이 잘 되는 나무, 1~2년 내에 식재지로 옮겨야 하는 나무는 1회에 뿌리돌림을 한다. 반면 발아와 발근력이 떨어지는 나무, 노쇠한 나무, 귀중수, 식재까지의 시간적 여유가 있는 나무 등은 2~3구획으로 나누어 2~3년에 걸쳐 도랑 파기를 하듯 교호 분잡기를 한다. ㉡ 뿌리분의 크기는 통상 이식용 뿌리분보다 작게 잡는다(이식용 분, 근원직경 4~5배). 이는 새 뿌리를 발생시켜 옮길 때 포함하여 분을 뜨기 위함이다. 그러나 1회에 뿌리돌림을 하는 경우는 이식용 뿌리분과 같은 크기로 잡는다. 노거수의 뿌리분은 가급적 크게 잡는 것이 활착에 유리하다. 그러나 너무 큰 분은 나무의 무게와 더불어 작업 과정에서 파손 우려가 있으므로 주의해야 한다.

뿌리돌림을 할 때 ㉢ 도복 방지, 지속적인 양분과 수분 흡수를 위하여 직근과 3~4 방위의 굵은 측근은 자르지 않고 남기는 것이 중요하다. ㉣ 굵은 뿌리 절단면은 발근촉진제를 분무하고(필수 작업은 아님), ⓜ 분이 파손되지 않도록 녹화마대로 감는다. 1회에 뿌리돌림을 하는 분(盆)은 이식용 분 뜨기와 같은 방법으로 분 감기를 한다. 이때 두껍게 감지 않고 1벌 감기를 하여 새 뿌리가 녹화마대를 뚫고 발생할 수 있도록 한다. 일반적으로 뿌리돌림 후 1~2년이 경과하면 새 뿌리가 분 감기를 한 녹화마대를 뚫고 나오는데, 새 뿌리를 포함시켜 이식용 분 뜨기를 하면 활착률이 높다. 분 잡기가 끝나면 ⓑ 굴취 도랑 되 메우기를 한다. ⓢ 되 메우기 토양은 발근촉진을 위해 개량토를 혼합하여 매립하기도 한다. ⓞ 이식할 때에는 매립된 흙을 걷어내면서 남긴 측근과 직근을 자르고 새 뿌리를 포함시켜 분을 뜨고 운반, 식재한다.

나. 절간목 무육 치료

(1) 생장촉진제 수간주입

광합성 작용으로 합성된 글루코스(glucose, $C_6H_{12}O_6$, 포도당 – 단당류)는 녹말(starch – 다당류)로 전환되어 저장되었다가 설탕($C_{12}H_{22}O_{11}$ – 이당류)으로 분해되어 체관을 통해 가지, 줄기, 뿌리로 이동한다. 이동한 당은 식물체의 구성 성분과 생장의 에너지 원으로 이용된다. 나머지는 수종에 따라 탄수화물, 지방, 단백질, 설탕, 포도당의 형태로 뿌리, 줄기, 가지, 열매(종자)에 저장된다.

고령이 될수록 상처, 부후, 가지 고사 등으로 광합성의 주체인 잎의 총면적이 감소함으로써 포도당 합성과 저장 양분의 감소로 이어진다. 줄기나 뿌리의 저장 양분 부족은 새순과 새잎 발생 불량, 상처 재생력 저하, 각종 환경 스트레스 내성 감소로 이어져 쇠약한다. 쇠약한 나무의 활력 회복을 위하여 인위적으로 포도당이나 기타 양분이 함유된 생장촉진제(植物生長促進劑, plant growth substances, growth promoting agent)를 주입한다. 생장촉진제는 주로 시토키닌(cytokinin), 옥신(auxin), 지베렐린(gibberellin) 등의 호르몬과 무기양분(필수원소와 미량원소)을 함유하여 발근·발아 촉진, 잎의 면적 확장 및 엽록소 함량을 증가시키는 발육 증진 보조제이다.

(2) 시비

절간목 수세 강화는 고형복합비료 또는 용과린 등의 화학비료 시비가 효과적이다. 시비는 뿌리돌림 후 뿌리분 상단면과 뿌리분 가장자리에 시비한다. 뿌리돌림 당시에 잔존시킨 굵은 뿌리 방향에도 시비하면 활력을 높일 수 있다(그림 3-2).

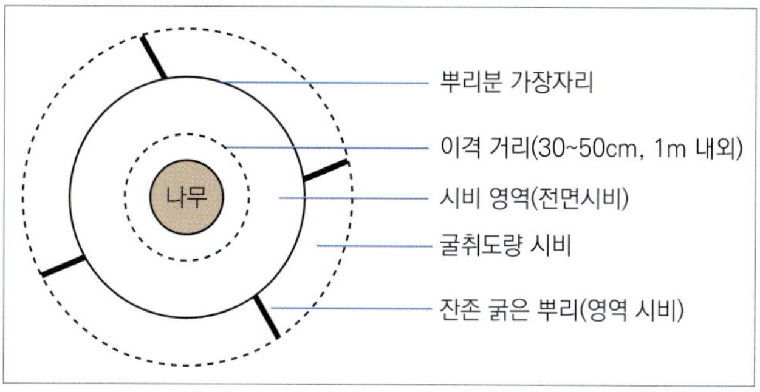

[그림3-2] 절간목 뿌리돌림과 시비

㉠ 뿌리분 상단면 시비 영역은 근원부에서 30~50cm, 1m 내외로 이격한 거리에서부터 뿌리분 가장자리까지 원형의 고리 모양이다. 시비 영역 전면에 20~30cm 깊이의 구멍을 30~40cm 간격으로 뚫고 질소함량 13~15% 완효성 고형복합비료를 1개/1구멍씩 시비하되, 과량 시비되지 않도록 한다. 시비량은 나무의 굵기 또는 크기에 준하기보다는 시비 면적으로 산정한다. 즉, 30~40cm 간격으로 시비할 때 비료가 놓이는 양이 곧 전체 시비량이 된다. 이렇게 시비하면 뿌리분 내의 잔뿌리와 굵은 뿌리에서의 발근량이 증가한다. 발근 촉진을 위한 용과린 등의 입상비료를 시비할 경우 20~25g/㎡를 산포하고 충분히 관수한다.

㉡ 뿌리분 가장자리 시비는 굴취 도랑 시비가 된다. 즉, 분의 가장자리에서부터 5~10cm 이격한 거리에까지 30~40cm 간격으로 돌아가면서 고형복합비료를 1개씩 시비한다. 시비량이 적어 전면시비보다 비효는 약할 수 있지만, 농도장해 우려가 없고 시비량 대비의 비효가 높다. ㉢ 잔존 뿌리 방향 시비는 굴취 도랑 밖의 뿌리 방향에 20cm 간격으로 구멍을 4~5개 엇갈리게 뚫고 같은 방법으로 시비한다. 시비 후 관수하고 구멍은 막지 않아도 된다. ㉣ 시비는 7월 하순~8월 초순 이전까지 끝낸다. 그 이후의 시비는 웃자람을 유발하여 동해 우려가 높아진다.

㉤ 이식 후에는 반드시 3~4 방위의 같은 거리에서 월 1회 정도 촬영을 하고 1년, 2년, 3년 후의 생장 상태 변화를 기록하는 것도 중요하다. 예를 들어, 가지와 줄기의 밀도 증가 상태, 개엽과 개화 시기, 단풍 시기, 부후 진행 여부와 정도 등을 기록하면서 나무의 생장 상태를 관리한다.

(3) 맹아지 관리

절간목의 맹아는 가지와 줄기 절단면 주변에서 나오는 경향이 많고 때로는 줄기 중간이나 근원부에서도 발생한다. ㉠ 맹아(萌芽, sprout)는 모체의 영양 상태가 좋을수록 발생량이 많고 생장이 우수하다. 이는 맹아 발생량이 많을수록 모체의 체력 소모 또한 많으며, 기존 가지의 생장에도 영향을 미친다는 뜻이다. 그러므로 발생한 맹아 모두를 그대로 두면 모체가 쇠약하므로 장래의 가지로 무육시킬 맹아지(萌芽枝)만 남기고 나머지는 모두 발생 즉시 따버린다.

㉡ 무육 대상 맹아지는 수가 많으면 직경생장보다 길이생장이 우세하여 세장한 가지가 되고 수형이 흐트러지므로 솎아준다. 먼저, ⓐ 가지로 자라 장래 수관부를 형성할 맹아지를 선정한다. ⓑ 발생 첫해에는 목질화가 충분하지 않아 월동하면서 고사하는 가지가 생길 수 있으므로, 장래 수관부를 형성할 대상지와 후보 가지 2~3개를 더 남겨서 월동시킨다. 이듬해 봄 ⓒ 월동한 맹아지의 중간 길이에서 잘라 새순을 받는다(사진3-16). 다만, 길게 키우려면 자르지 않는다. 7~8월이 되면 튼실한 가지와 위약한 가지가 차별화된다. 이때 ⓓ 튼실한 가지 2~3개는 장래 수관부를 형성할 가지로 키우고, 나머지는 모두 밑동까지 바짝 잘라 제거하고 도포제를 바른다. 밑동을 남기면 그곳에서 다시 2차 맹아가 발생한다. 뿌리돌림 후 1~2년 내에 이식할 경우 수형 정리용 가지솎기와 자르기는 굴취, 이동, 식재 과정에서 손상될 수 있으므로 식재지에 운송된 다음에 하는 것이 안전하다(사진3-17).

[사진3-16] 절간목 타원형 수형잡기

[사진3-17] 절간목 제거 가지 선별(왕버들)

(4) 고사지 관리

노거목은 고사지가 많다. 고사한 굵은 가지는 줄기 부후의 원인이 될 수 있고, 때로는 비바람에 부러져 안전사고의 위험이 있으므로 제거한다. 그러나 소나무류처럼 수지(송진) 함량이 많아 부후 또는 부러질 위험이 적고, 잘라내면 수형미가 파괴될 경우 잔존시킨다. 잔존 길이는 나무의 균형미를 고려하여 남긴다.

먼저, ㉠ 썩은 부위가 있을 경우 도려내고 방부 처리를 한 다음, 빗물이 스며들지 않도록 매끈하게 다듬어 내구성을 높인다. 그 다음 ㉡ 수피를 벗기고 오염물을 제거한다. ㉢ 목질부를 사포(沙布, sandpaper)로 잘 다듬어 ㉣ 흰색이나 연한 갈색 수성 페인트로 도색하면 부후하지 않고 고목의 풍미가 높아진다(사진3-18, 19). 취향에 따라 도색이 오래 지속되도록 니스(neeth) 칠을 하기도 한다. ㉤ 고사 부위가 썩지 않도록 매년 점검하여 탈색된 도색은 다시 전체를 사포로 정리하고 덧칠을 한다. 페인트 칠 외에 살균을 겸한 도색 방법이 있다. 고사지에 ㉠ ~ ㉢의 작업을 하고 석회유황합제를 붓으로 발라주면 흰색으로 도포될 뿐만 아니라, 살균 처리되어 부후 진행 지연 효과가 있다.

[사진3-18] 고사줄기 장식 ⇨

[사진3-19] 고사줄기 장식 근경

2. 잔디밭 식재

가. 교목류 식재와 관리

(1) 식재

잔디밭 교목류 식재는 뿌리 영역 확보가 우선되어야 한다. 수목의 뿌리는 토성에 따라 차이가 있지만 대부분이 지표 15~60cm 깊이에 분포한다(Tatter, 1986). 이 영역은 잔디 뿌리 분포 영역이기도 하여 양분과 수분 흡수 경쟁이 일어나는 곳이다. 잔디와 수목이 비슷한 시기에 식재된 경우 잔디는 활착이 빨라 양분과 수분 흡수 경쟁에서 우위를 차지한다. 따라서 수목은 잔디의 방해를 받지 않고 뿌리를 뻗어 원활하게 수분과 양분을 흡수할 수 있는 영역 확보가 필요하다.

잔디밭에 교목류를 식재할 때에는 뿌리 생장에 필요한 충분한 면적의 잔디를 걷어 내고 심는다. 그러나 나지 면적이 크면 건조, 침식, 동해 등으로 뿌리 발달에 오히려 불리하므로 최소 면적의 잔디만을 걷어낸다. 뿌리 발달에 필요한 최소 면적은 뿌리분의 크기에 비례하는데, 통상 뿌리분 외곽에서 30~50cm 내외 거리의 잔디가 제거된 영역이다.

(2) 무육관리

잔디밭에 식재된 교목류의 주요 무육 관리는 뿌리 발달에 필요한 충분한 관수와 잡초 관리인데, 식재 후 활착기까지 2~3년간 지속되어야 한다. ㉠ 수분 부족이 일어나지 않도록 지중관수를 하고 ㉡ 뿌리 발달영역을 침범하는 잔디와 잡초를 제거한다. 뿌리영역 경계를 침범하는 잔디와 잡초는 매년 자르고 정리하여 양분과 수분 흡수 경쟁이 일어나지 않도록 한다. 특히 단풍나무, 자작나무, 서어나무, 플라타너스, 오리나무, 붉나무 등은 활착한 나무일지라도 근원부에 잔디 또는 잡초가 무성하면 천공성 해충 하늘소류의 서식처가 될 수 있다(사진3-20, 21). 그러므로 근원부의 잔디 및 잡초를 제거하고 ㉢ 노출된 뿌리권은 멀칭을 해 잡초 발생 억제는 물론, 보온과 보습력을 높여 발근을 촉진시킨다.

㉣ 교목류의 어린나무는 통상 식재 이듬해부터 시비한다. 이는 새 뿌리가 발생하지 않았거나 수세에 비하여 시비량이 조금이라도 많을 경우 농도 장해가 일어날 수 있기 때문이

다. 그러나 ⓐ 새 뿌리가 발생하여 활착을 한 나무는 그해 7월경에 시비하고 이듬해 봄 새잎이 나온 뒤 다시 시비하면 생장이 빠르다. ⓑ 시비량은 뿌리분의 크기에 따라 다르다. 예를 들어, 뿌리분 반경 10cm 내외의 어린 이식 교목류는 뿌리분에서 10~15cm 거리를 이격한 4~5 방위에 10~15cm 깊이의 구멍을 뚫고 질소 13~15% 완효성 고형복합비료 1개/1구멍씩 총 4~5개를 시비한다. 입상비료의 경우 동일한 이격 거리에서 나무를 중심으로 돌아가면서 얕게 고랑을 파고 60~80g을 뿌리고 덮는다. ⓒ 고형복합비료 2차 시비는 6월 하순~7월에 하되, 가급적 1차 시비 위치와 어긋나게 한다.

[사진3-20] 알락하늘소 근원부 천공흔적

[사진3-21] 알락하늘소 피해 단풍나무 고사

나. 관목류 식재와 관리

(1) 뿌리권 확보 식재

잔디밭 관목류 식재는 ㉠ 뿌리 영역의 잔디만을 제거하거나, ㉡ 식재지 전역의 잔디를 제거하고 심는다. 후자는 나지 피복 식재에서 다루기로 한다. 잔디밭에 뿌리 영역 잔디만을 제거하고 구덩이를 파서 관목류를 심을 경우, ⓐ 뿌리 영역 확보 최소 면적은 나무에서 20cm 이격한 거리이다(사진3-22). 이 거리는 관목류가 활착하여 2~3년간 뿌리를 뻗을 수 있는 최소 공간이다. 뿌리 영역 최소 면적이 확보되지 않으면 어린 나무는 잔디 및 잡초와의 양분과 수분 경쟁, 일광 부족으로 도태될 수 있다(사진3-23). 특히 직사광선이 강하고 건조하며 토심이 얕은 경사지에서는 도태 진행이 가속화된다.

잔디밭 수목 식재도 일반 토지의 식재와 동일하지만 ⓑ 구덩이 파기, 운송 등의 진출입과 식재 과정에서 많은 잔디가 답압(踏壓, trampling)되고 손상을 입는다. 답압 완충용 자재(합판), 손상 복구용 잔디 확보, 잔디 수확기(sod cutter) 등의 준비가 필요하고 시비와 관수 준비, ⓒ 이에 따른 비용을 산정한다.

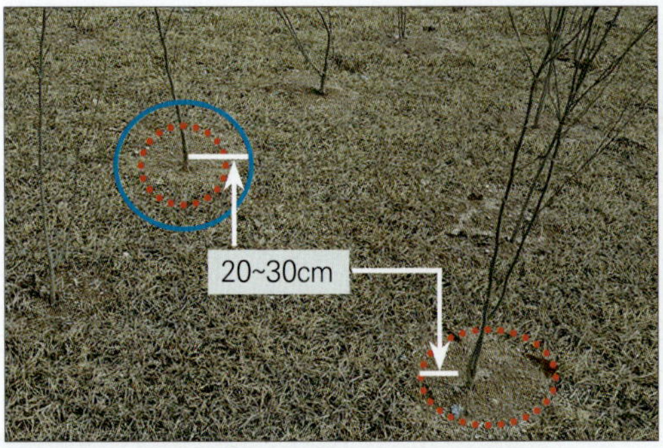

[사진3-22] 잔디밭 식재 뿌리권 영역(○)

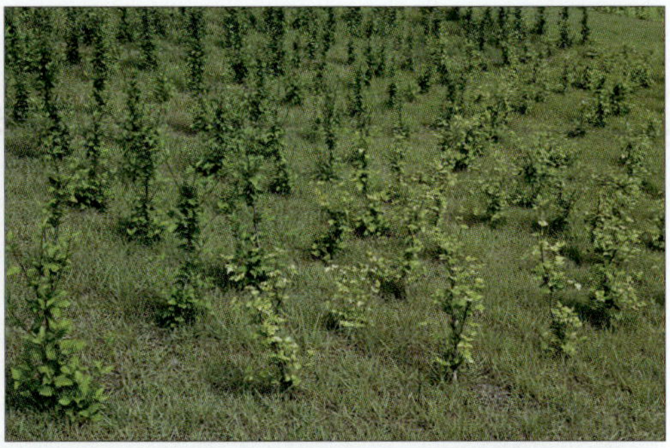

[사진3-23] 뿌리 영역 미확보 생장 불량(무궁화)

(2) 나지 식재

① 나지 피복 식재

관목류의 나지 식재는 식재지 전역의 잔디를 걷어내고 나지(裸地, bare land) 상태의 토양에 심는 것으로서, 잔디밭에 구덩이만 파고 식재하는 것보다 생장에 유리하다. 특히 산철쭉, 영산홍 등의 관목이나 기타 어린나무 군식(群植, assemble planting)은 잔디를 모두 걷어내고 식재하는 것이 활착 이후의 생장에 유리하다(사진3-24).

관목류의 나지 식재는 고랑을 길게 파고 식재하는 방법과 구덩이를 파고 한 포기씩 식재하는 방법이 있다. 두 방법 모두 식재 간격은 같다. ㉠ 고랑파기 식재는 고랑을 따라 부산물비료를 시비할 수 있어 작업이 편하고 토양 비옥도를 높일 수 있다. 예를 들어, 수관폭 20cm 내외의 어린 영산홍이나 산철쭉을 식재할 경우, ⓐ 수관폭의 2~2.5배인 40~50cm 간격의 고랑을 15~20cm 깊이로 길게 판다. ⓑ 고랑에는 완숙 부산물비료 4~5kg/1m를 기비(밑거름)하여 얇게 흙을 덮고 식재하거나 부산물비료 : 흙 = 1/2 : 1로 혼합하여 기비하고 식재한다. ⓒ 40~50cm의 식재 간격은 첫 고랑의 식재목과 두 번째 고랑의 식재목이 서로 엇갈리는 교호식재를 한다. 교호식재를 하지 않을 경우 식재 초기의 피복도가 낮아 나지 노출 면적이 많아진다. 이보다 좁은 20~30cm 간격으로 식재하면 초기 밀도는 높아지지만, 활착 이후 과밀하여 나무 간의 생육 공간 경쟁이 일어나 불량목이 생긴다.

㉡ 구덩이를 파고 한 포기씩 식재할 경우 ⓐ 구덩이 바닥에 완숙 부산물비료 1~1.5kg을 흙과 혼합하여 기비(基肥, basal dressing, basal fertilization)한다. ⓑ 기비로 시용하

는 부산물비료는 모두 피트, 이탄토, 코코피트 등 천연 소재 비료가 적합하다. 유기질비료를 기비로 사용할 경우 완숙된 것일지라도 염분 농도가 낮은 비료를 흙과 혼합하여 쓴다. 대부분의 관목류는 경사지에 식재되는 경우가 많아서 기비하지 않고 식재할 경우 양분과 수분 부족으로 초기 생장이 불량하다(사진3-25).

[사진3-24] 나지피복 식재 산철쭉생

[사진3-25] 경사지 개나리 생육불량, 잡초 발생

② 나지 피복 식재지 무육관리

관목류를 식재하고 아직 피복되지 않는 나지 상태의 토양은 직사광선과 비바람에 노출되어 척박하기 쉽다. 특히 경사지는 일조량이 많고 보습력이 약해 인위적으로 관수와 멀칭을 하지 않으면 활착이 불량하다. ㉠ 경사지의 멀칭, 즉 피복(被覆, mulching)은 토양침식 예방, 직사광선 차단, 수분 증발·지온 상승·잡초 발생 억제, 보비력 증진 등의 효과가 있어 나지 식재지의 필수 작업이다(사진3-26).

파종된 경사지 피복은 ⓐ 짚이나 코어네트(core net) 등의 섬유재가 원료인 거적 또는 망으로 피복한다. 거적이나 섬유망은 빗방울이 나지에 직접 떨어지는 충격을 막고 파종한 종자는 싹이 터서 거적과 망의 올 사이로 올라오게 한다(사진3-27). ⓑ 짚이나 거적 외에도

[사진3-26] 성토지 seeding, 거적 멀칭

[사진3-27] 코어네트 피복 식생 발생

한국잔디(*Zoysia* spp.), 억새, 갈대 등의 예초물을 깔아 잡초 침입과 침식을 막고 보습과 보비력을 높인다. 억새와 갈대 예초물은 20~30cm 길이로 잘라서 깔면 작업이 편하다. 멀칭 식재지는 2년 정도 경과하면 활착하여 지엽(枝葉, branches and leaves, flag leaf)으로 나지가 피복되고 직사광선 조사(照射, irradiation) 차단, 낙엽이 퇴적하는 등 토양의 물리·화학성이 개선된다. 멀칭은 교목류 식재지에서도 동일한 효과가 있다.

㉡ 경사지에서는 관수 관리가 어렵다. 호스로 지표관수를 할 경우 마른 땅에서는 흡수되지 못하고 유실되어 버린다. 마른 땅은 표면이 단단하고 물 분자와 친화력이 없는 소수성(疏水性, hydrophobicity)이 되어(김 외 14. 2006) 물이 흡수되지 못하고 흘러내린다.

ⓐ 아래로 유실되는 관수를 잡아주고 오래 머물 수 있도록 식재할 때 15~20cm 깊이의 얕은 측구(側溝, gutter)를 1~2m 간격으로 만든다. 측구는 식재목에 가려 노출되지 않으면서 물을 잡아주고 낙엽이 쌓여 토양의 함수력을 높이고 비옥하게 한다. ⓑ 경사지의 지표관수는 장시간 소량으로 관수되는 점적관수, 미스트 관수가 효과적이다(제4장 5 나 (2) 참조).

(3) 잔디밭 관목류 시비

활착한 관목류가 다소 풍성한 수관을 형성하고 잔디와 잡초와의 경쟁에서 도태되지 않기에는 3~4년이 걸린다. 그 기간 동안에는 빠른 생장을 할 수 있도록 잡초 제거, 시비 등의 무육 관리가 필요하다.

수세 강화용 시비는 식재 시기와 관계가 있다. ㉠ 3~4월에 식재한 관목류는 그해 7월경에 시비한다. 나무에서 5cm, 뿌리분을 떠서 식재한 나무도 분(盆) 가장자리에서 5~10cm 이격하여 좌우 2곳에 10cm 내외 깊이의 구멍을 뚫고 질소 13~15% 완효성 고형복합비료 1개/1구멍씩 총 2개를 시비한다. 입상비료 또한 뿌리권에서 5~10cm 이격하여 나무를 중심으로 돌아가면서 얕게 고랑을 파고 20~30g/m을 뿌리고 흙을 덮는다. 입상비료는 속효성인 것이 대부분이어서 과량 시비되지 않도록 주의한다. ㉡ 이듬해 봄 새잎이 나온 뒤 또는 개화기 직전에 뿌리권의 3~4 방위에 각각 고형복합비료 1개씩 총 3~4개를 같은 방법으로 시비한다. ㉢ 2차 시비는 6월 하순~7월에 하되, 가급적 1차 시비 위치와 어긋나게 한다. 이렇게 시비한 나무는 성장이 빠르다.

개체목 시비는 많은 시간과 노동력이 소요되므로 ㉣ 군식된 관목류의 밭은 입상비료를 살포기로 분무하여 전면시비를 한다. 군식지의 전면시비는 개체목 시비의 양보다 1.5~2배를 증량한다. 20~30mm 내외의 강우가 예상되는 전날 질소 13~15% 내외의 입상비료를 30~50g/m^2 시비하면 효과가 있다. 강우가 없을 경우 지표에서 20cm 깊이까지 젖도록 관수한 다음, 같은 방법으로 시비한다. 시비 후 가볍게 다시 관수하여 잎이나 새순에 붙은 비료를 씻어 내리고 비료의 용해를 돕는다.

다. 알레로파시 피해와 치료

(1) 알레로파시 피해

잔디와 수목이 식재된 녹지에서 가장 문제되는 것 중의 하나가 수목에서 발산되는 타감물질에 의한 잔디의 생육 부진이다. 타감물질, 즉 알레로케미칼(allelochemical)은 플라보노이드(flavonoid), 타닌(tannin), 테르펜(terpene), 스테로이드(steroid), 알칼로이드(alkaloids) 등으로서 주변 식물체의 발아, 생장, 생식에 영향을 주는데(한잔, 2005), 이 현상을 타감작용(他感作用, allelopathy) 또는 알레로파시 현상이라고 한다.

타감물질은 뿌리에서 분비되는 물질과 나무에 떨어진 빗물이 잎과 열매, 가지와 줄기를 타고 흘러내리는 과정에서 각종 수용성 물질이 녹아든 세탈액(洗脫液)이다. 이 물질들이 토양에 스며들어 토양 미생물의 활성 억제, 다른 식물의 뿌리 발육이나 종자 발아를 억제한다. 타감물질은 잎의 부식질, 목재, 수피, 꽃에서도 추출되는 것으로 알려져 있다. 이와 같이 식물의 세탈액이나 뿌리에서 분비되는 화학물질은 자신에게는 영향이 없지만, 주변의 다른 식물에 직·간접적으로 피해를 입히거나 촉진시키기도 하는 이종감응물질(異種感應物質, allelochemical)이다(박 외 12인, 2006).

타감작용에 의한 잔디 고사의 외부적 증상은 ㉠ 잎의 황화 현상이다. 피해 잔디는 녹색도가 떨어져 황화하고, 서서히 잎의 밀도가 감소하면서 지면 피복력이 낮아진다(사진3-29,

[사진3-28] 알레로파시, 고리형 잔디 고사 ⇨

[사진3-29] 알레토파시 피해면적 확대

30). 이러한 토지에 고온, 직사광선 조사(照射, irradiation)에 의한 토양 수분 증발, 양분 부족 등으로 ⓛ 지표면을 덮고 있던 잔디 잎과 포복경(匍匐莖, stolon)이 수분 부족으로 고사한다. ⓓ 건조가 계속되면 지하경(地下莖, rhizome)까지 말라죽어 ⓔ 토지는 나지(裸地) 상태가 된다. 나지는 비바람에 침식되어 토심이 얕아지는 등 척박해지고 잔디가 재생력을 상실함으로써 나지 면적이 확대된다(사진3-32, 33).

[사진3-30] 알레토파시 피해 잔디 황화

[사진3-31] 알레토파시 피해 잔디밭 침식

[사진3-32] 알레토파시 피해 잔디밭 침식 근경

[사진3-33] 알레토파시 피해 잔디 포복경 고사

잔디의 황화, 고사 면적 확대 속도는 수목의 활력, 토양 수분과 양분, 지형(경사도, 방위) 등에 따라 차이가 있으나, 연간 15~20cm 거리까지 진행되는 것으로 조사되었다(사진3-34, 35). 이 거리는 수목의 뿌리 신장과 관계가 있다. 알레로파시 현상에 의한 잔디 고사 유형은 ⓐ 뿌리가 사방으로 고루 확장하는 나무 밑 잔디는 원형의 고리 모양으로 황화, 고사한다(사진3-27, 28). 즉, 굵은 뿌리가 분포하는 줄기 가까이의 잔디는 생존하여 녹색을 유지하는데, 물과 양분을 흡수하는 잔뿌리 분포권의 잔디는 황화, 고사한다. 이는 줄기 가까이의 굵은 뿌리 분포권에서는 잔뿌리가 없어 타감물질 분비가 없거나 약하고 물과 양분 흡수 경쟁이 일어나지 않기 때문으로 본다. ⓑ 경사지에서는 대체로 하향하면서 불규칙하게 나타나는 경향이 있다. 피해가 불규칙하게 아메바(amoeba)형으로 나타나는 것은

[사진3-34] 알레로파시 피해 뿌리권 잔디 고사 진행

[사진3-35] 알레로파시 피해 잔디 고사 진행 속도(20cm/년)

나무뿌리의 신장 방향과 생장 속도에 따라 황화, 고사하는 모양이 달라서 생기는 현상이다(사진3-36).

이와 같이 ㉣ 나무 밑 잔디 고사는 반드시 알레로파시(allelopathy) 현상만으로는 설명할 수 없고 타감물질, 햇빛, 토양의 물리·화학성, 뿌리의 생육 공간 경쟁 등의 복합적인 원인과 기작에 의한 것으로 본다. 근부 잔디 고사원인 연구(한잔, 2005)에 의하면 한국잔디(*Zoysia* spp.) 고사 토지의 토양 pH는 적정치(pH 6.5)보다 낮았으며, 양분과 수분함량도 낮았다고 한다. 또한 잔디가 고사하는 원인을 알레로파시 요인 하나에 의한 것이 아니라, 토양의 물리성과 화학성, 기상 조건(강우, 기온 등) 등의 복합적인 영향으로 사료된다고 하였다.

일부 한국잔디의 고사 진행 유형을 보면 봄과 가을에는 잔디가 세력을 잃고 황화하면서 고사가 진행되지만, 7~8월에는 회복되기도 한다(사진3-38, 39). 이는 한국잔디 생육 최성기인 7~8월의 잦은 강우, 높은 기온과 충분한 일조량 등으로 수목과의 경합에서 경쟁력을 갖게 되면서 일시적인 회복 상태에 이르기 때문이다. 그러나 9월로 접어들면서 월동기의 잔디는 다시 경쟁력을 잃고 고사를 반복함으로써 나지가 된다. 나지에는 각종 경쟁에서 우위를 차지한 칡이나 잡초 등 내성의 식물로 피복되기도 한다(사진3-37).

[사진3-36] 경사지 싸리나무 뿌리 신장과 잔디 고사 유형

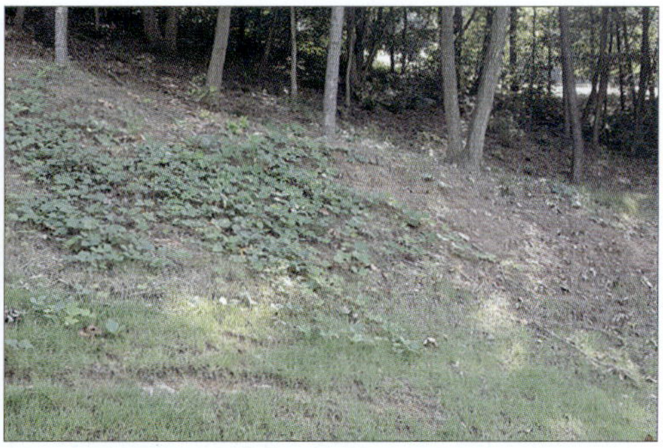

[사진3-37] 알레로파시 피해 나지 침입 칡

[사진3-38] 알레로파시 피해 잔디 세력 약화(4월)

[사진3-39] 알레로파시 피해 잔디 세력 회복(7월)

(2) 알레로파시 피해 잔디 치료

타감작용 피해 잔디밭 치료는 토양의 물리·화학성 개선으로 가능하다. ㉠ 토양 물리성은 객토, 부산물비료(유기질비료, 부숙유기질비료) 시비, 경운 등의 방법으로 토양을 입단구조화 하여 개량한다. 토양의 입단구조(粒團構造, aggregated structure, crumbled structure)는 식물이 흡수하는 양분과 수분, 뿌리 호흡에 필요한 공기의 저장력이 높은 구조로서 토양 미생물, 토양 곤충(톡토기, 굼벵이, 땅강아지 등)과 토양 소동물(노래기, 지렁이 등)을 활성화시킨다.

㉡ 토양 화학성은 식물 생장에 필요한 질소, 인산, 칼륨, 칼슘, 마그네슘 등의 무기양분 공급, 부식산(腐植酸, humic acid) 또는 제올라이트(zeolite)나 벤토나이트(bentonite) 처리로서 양이온치환용량(cation exchange capacity, CEC) 개선, 토양 pH 개선 등으로 개량한다. 토양 pH 개량은 석회 시용으로 식물 생육에 적합한 약산성(pH 6.5)에 가깝도록 하는 것이다. 산성 토양은 인산과 칼슘을 고정하여 흡수율을 저하시키고, 알루미늄 등의 중금속 용해도를 높여 식물에 흡수됨으로써 생장이 저해된다. 뿐만 아니라 낙엽 낙지 분해도가 낮거나 속도가 느려 양분 재순환이 불량하다.

한국잔디(*Zoysia* spp.) 밭 타감작용 ㉢ 피해 치료는 ⓐ 잔디 발생 이전의 3월 하순~4월에 한다. 작업은 ⓑ 적정 토양 pH 교정(pH 6.5), ⓒ 부산물비료·화학비료 시비, ⓓ 멀칭의 3단계 과정으로 진행한다. 제1단계 과정은 피해지 토양 산도(pH)를 조사하고 그 결과에 따라 석회(소석회, 탄산석회, 고토석회)를 시용(施用)하여 개량한다. 석회는 시용하기 1~2일 전 30cm 깊이까지 함수될 수 있도록 충분히 관수하고, 소석회 40~50g/m^2을 시용한다. 그 다음 잔디 잎에 묻은 소석회를 씻어낼 정도로 가볍게 살수한다. 그런데 토양산도는 1회 시용이나 짧은 기간에 개량되는 것이 아니고 지속적인 개선 작업을 통해서 가능하다.

제2단계 과정은 석회 시용 5~7일 후 부숙유기질비료, 유기질비료, 농업용 상토, 부산물비료 등을 택 1 하여 잔디 잎이 묻히지 않을 정도의 양으로 시비하여 보습과 보비력을 높이는 동시에 토양 물리성을 개선한다. 천연 소재 부산물비료를 시비한 경우 질소와 인산 함량이 높은 화학비료 또는 발근력을 높이는 용과린을 20~30g/m^2을 살포기로 분무하거나 부산물비료와 혼합하여 시비한다. 5월 중순경 잔디 새순이 나오면 규산질비료 20~30g/m^2를 시비하면 경엽(莖葉, stem and leaf)이 충실해진다. 치료 기간 중에는 부산물비료가 마르지 않도록 자주 관수하되, 유실되지 않도록 한다.

제3단계 과정은 차광률 30~40% 차광막이나 짚이 재료인 거적으로 멀칭하여 직사광선과 바람을 막아 개량제의 건조를 막고 강우에 유실되지 않도록 한다(사진3-40). 잔디가 다소 회복되면 비닐 소재 차광막은 제거하고(사진3-41), 자연재료 멀치는 그대로 둔다.

[사진3-40] 개량제 유실억제 코어네트 멀칭

[사진3-41] 토양유실 방지 비닐 그물망

3. 경사지 식재

가. 성토와 절토지

높은 지형을 깎아내는 것을 절토(切土, cutting of earth, cut earth)라 하고, 현재의 지반 위에 흙을 쌓아 돋우는 것을 성토(盛土, mounding, filling)라고 한다. 절토와 성토로 생긴 경사면은 법면(法面, face of slope, cut-slope)이라고 한다. ㉠ 성토지는 기존 지반에 외부의 흙을 반입해 쌓거나 주변의 흙을 긁어모아 쌓은 곳으로서, 흙이나 돌이 뒤섞이고 다져지는 등 조성 초기에는 토양 모세관 파괴로 지중 수분 상승이 불량하다. 또한 경사진 땅으로서 보습력이 낮다. 특히 남동향~남서향 경사는 강한 직사광선에 노출됨으로써 건조하여 척박하고 비바람에 침식(浸蝕, erosion)되는 등 토양 유실 정도가 크다.

성토지의 모세관 단절 현상은 각종 지피식생(초본류, 관목류), 낙엽이나 부엽토 등으로 피복된 곳에서도 생긴다. 이러한 토지에서는 지표면 피복물질을 제거하고 성토하는 것이 모세관 재생 기간을 단축한다. 그러므로 기존 토양에 반입토를 쌓아 식재하는 성토 공법은 절토지보다 식물 생장에는 오히려 불리하다. 즉, ㉡ 절토지는 흙이 깎이지만 바닥의 모세관은 파괴되지 않고 그대로 존재하기 때문에 지중수분 상승 현상이 연속되므로 모세관이 단절된 성토지보다 식물 생육에는 오히려 유리하다. 그러나 절토지는 표토가 깎이고 유기물이 적은 광물질 토양인 경우가 많아 생산력이 떨어지며, 하층의 단단한 토층에 뿌리내려야 하기 때문에 반드시 유리한 것만은 아니다.

나. 경사지 피복 식재

(1) 경사율

법면의 침식과 건조 예방을 위해서 화초류 등의 지피식물(地被植物, ground cover plant), 관목류, 교목류를 식재하거나 파종, 떼장 입히기, 멀칭 등의 토양 안정화 작업을 한다. 경사면(비탈면)은 기울기에 따라 작업의 편이성, 식생의 활착과 피복률 향상, 지반

안정화 등을 위하여 적정 식재 수종이 있다. 비탈면의 기울기는 백분율(%)로 표시하며 계산식(그림3-3)과 적합한 파종·식재 수종은 표3-3과 같다. 경사율(%)은 수직거리(H)를 수평거리(W)로 나누고 백분율로 표시한 값이다. 그림3-3 경사면 계산식은 H/W×100 = 10/200×100 로서 5% 경사를 가진 비탈면이다(수직거리 10m, 수평거리 200m).

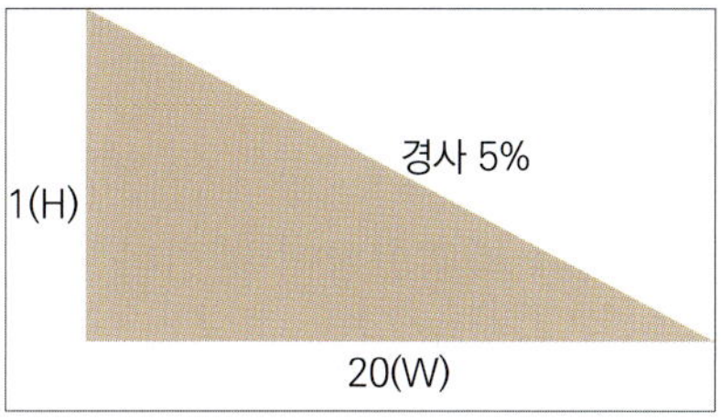

[그림3-3] 비탈면 경사

[표3-3] 경사 비율과 파종 · 식재 적정 수종

경사율(%)	식재 수종
1 : 3(완)	교목류(지주 설치), 관목류, 지피식물
1 : 2(중)	관목류(산철쭉, 싸리, 조록싸리, 족제비싸리, 낭아초 등), 아카시나무
1 : 1(심)	지피식물(잔디, 초화류), 등나무, 칡

(2) 경사지 식재와 파종

① 경사지 식생 효과

경사지가 나지(裸地, bare land, eroded land) 상태로 남아있으면, 빗방울이 땅에 직접 떨어지는 충격으로 토양 입자가 튀어 흩어지고 아래로 흐르면서 표면침식이 일어난다. 겨울에는 땅이 얼고 서릿발이 생기면서 얼고 녹는 과정에서 흙이 들뜨고, 건조한 표토는 바람에 날리는 풍식에 의하여 척박한 토양으로 변모해간다.

이러한 경사지에 식생을 도입하면 ㉠ 빗방울이 토양에 직접 떨어지는 충격을 완화하여 토양침식을 방지하며, ㉡ 식생이 있는 토지에서는 토양에 스며드는 전체 강우량이 감소하는 결과가 된다. 즉, 강우량의 전체가 토양에 떨어지지 않고 일부는 식물체의 잎과 가지 및 줄기에 떨어져 식물체를 적시고 머물며, 또 증발함으로써 토양에 직접 떨어지는 강우량은 감소하는 결과가 되는 것이다. 이 현상은 지피식물이 흐르는 빗물의 속도를 낮춤으로써 토양침식 억제 효과가 발휘되는 것이다. 또한 ㉢ 뿌리는 흙을 감싸서 토양 입자가 흐트러지는 것을 막고, 흙을 파고들어 토양간극이 증가함으로써 투수성이 향상되어 함수량이 증대하고 지표면으로 흐르는 수량이 줄어들어 침식이 억제된다(윤, 1989). 그 외에도 ㉣ 식물은 지면을 피복하여 지면의 온도 변동폭을 적게 하여 토양 생물의 활성화에 기여한다.

② 경사지 식재

일반적으로 경사지는 보습력과 보비력이 낮고 평지보다 광선과 비바람에 더 많이 노출되어 메마르기 쉬운 지형이다. 이러한 이유 등으로 구덩이를 깊게 파고 식재하는 경향이 있어 사면 상단 방향과 뿌리분은 심식되거나 움푹하게 웅덩이가 생긴다(그림3-4 좌, 사진3-44). ㉠ 깊게 묻힌 상단 방향의 뿌리는 토양 공기 부족으로 호흡 불량, 미생물 불활성화, 양분과 수분흡수 불량, 부패 등으로 진행하여 활착이 어렵다. 또한 상단의 웅덩이는 강우기에 물이 고여 일시적인 과습이 초래되고, 겨울에는 고인 강수에 과습과 동결이 반복되면서 뿌리와 근원부가 동해를 입는다.

반면, ㉡ 얕게 묻히는 하단의 뿌리분은 건조 우려로 더 많이 복토(覆土, soil covering)하게 되고, 사면 하단은 더욱 불룩하게 돌출하여 사선(斜線) 파괴현상이 생긴다(사진3-45). 하단의 불룩한 사선 파괴 경관은 경사면의 기울기가 클수록 심하며, 골프코스나 기타 녹지에서는 예초(刈草, mowing) 관리의 기계화가 어렵고 안전사고 위험이 따른다(사진3-45, 46).

이처럼 ㉢ 뿌리 발달에 불리한 경사지 식재의 유의점은 첫째, 경사면 상단 방향 뿌리권의 심식과 웅덩이 방지 식재이고, 둘째는 얕은 하단 뿌리권의 건조 방지와 사면경관 파괴 최소화 식재다. 이 두 가지는 서로 상충되는 일로서, 사면경관 파괴를 최소화할수록 식재 깊이는 깊어진다.

그럼에도 현장에서 가장 많이 시공되는 방법은 일명, ㉠ 식혈(植穴, planting hole) 식재공법이다. 경사면에 수직으로 구덩이를 파고 식재하는 방법으로서(그림3-4 좌) 가급적 지양해야 할 공법이다. 수직의 경사면 상단은 강우기에 붕괴되고 겨울철의 동결과 해동이 반복되면서 무너지고 복토되어 심식 결과가 초래된다. 구덩이가 깊으면 뿌리분 상단에 웅덩이가 생기고 뿌리분이 크면 분의 하단이 노출된다. 노출된 부위의 건조 방지를 위해 성토하게 되고 이로써 경사면 하단은 더욱 볼록해져 사선 파괴 현상이 생긴다.

㉡ 경사지의 사선 파괴 경관 최소화와 심식 방지 식재는 경사면 보정 식재공법, 절충 식

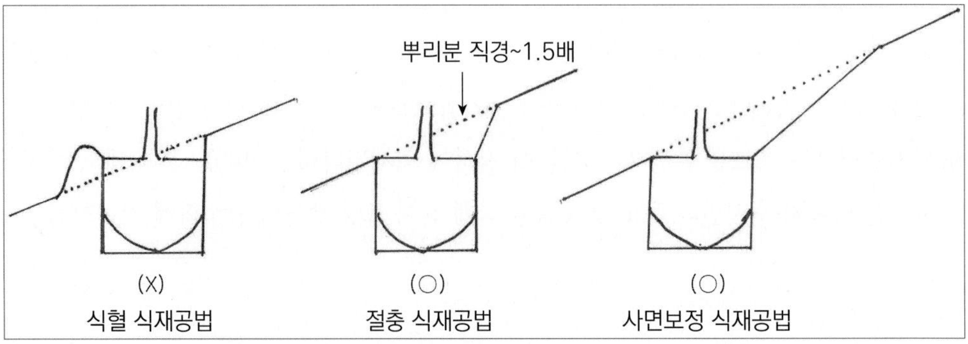

[그림3-4] 경사면 사선파괴 식재(좌)와 사선유지 식재도(중, 우)

재공법, 접시분 뜨기 식재, 적정한 구덩이 깊이 등으로 가능하다. ⓐ 사면 보정 식재공법은 조형공사 당시에 적용하는 식재 방법이다(그림3-4 우). 경사면의 기울기를 상단에서 하단에 이르기까지 조금씩 높낮이를 보정해오면서 식재 위치에 구덩이를 파고 심는다. 그 다음 뿌리분이 크게 노출되지 않고 또 심식되지 않도록 식재목 주변의 경사면을 보정한다. 비탈면 상단 - 매립되는 뿌리분의 상단 표면 - 비탈면 하단으로 이어지는 경사면이 최대한 자연스럽게 완만한 사선을 이루면서 이어지도록 한다. 즉, 경사면 상단에서 하단으로 이어지는 사선(斜線)이 최대한 자연스럽게 흐르듯 이어지는 선의 미를 살리는 공법이다.

이 공법은 경험자가 시공할 경우 식재지가 거의 두드러지지 않을 정도로 사면의 사선 경관이 조성된다(사진3-42, 43). 그러나 잘못 사선 잡기를 하면 심식되므로 시공 경험이 많을수록 안전한 식재가 된다.

ⓑ 절충 식재공법은 경사면 보정공법과 식혈공법의 단점을 보완하기 위한 방법이다(그림3-4 중). 즉 뿌리분 폭, 1.5배 거리의 경사면 상단을 깎아 기울기를 낮추어 흙이 무너지지 않도록 한 다음, 수직으로 구덩이를 파고 식재하는 방법이다. 사선 파괴 최소화를 위한 공법이지만, 적정 거리에서 경사면 깎기를 하지 않으면 식혈공법과 큰 차이가 없어진다.

[사진3-42] 경사면 사선유지 식재

[사진3-43] 경사면 사선유지 식재(5년 경과)

[사진3-44] 경사면 상단이 움푹한 식재

[사진3-45] 경사면 하단이 불룩한 식재

ⓒ 접시분 뜨기 식재는 뿌리분이 깊이보다 폭이 넓기 때문에 더 많은 뿌리가 포함되므로 활착에 유리하다. 그런데 얕은 뿌리분은 이동과 식재과정에서 파손 우려가 있으므로 이를 감안한 분 뜨기를 해야 한다. 식재 후에는 비바람에 도복되지 않도록 지주목이나 당김줄 설치가 필수다. 접시분을 뜰 때에는 잔뿌리가 노출되는 부위까지 과감하게 표토를 걷어내고 뿌리가 분포하지 않는 토양은 분에 포함시키지 않는다. 뿌리분 폭은 토양 응집력, 뿌리 분포, 작업 여건 등을 감안하여 현장에서 결정한다.

ⓓ 적정 깊이 식재 구덩이 깊이는 방석토 높이를 감안하여 최종적으로 경사면 하단의 선과 뿌리분의 표면이 거의 수평이 되는 깊이다. 구덩이는 깊이보다 좌우 폭이 넓어야 하고 구덩이를 경사면 상단 방향으로 약간 치우쳐 자리 잡아 하단의 둔덕이 가급적 적게 돌출되도록 한다. 좌우 폭은 뿌리분 반경에서 30~50cm 더 넓게 파고 깊이는 뿌리분보다 20~30cm 더 깊게 판다.

㉢ 식재 조건이 불리한 경사지에서는 개량토 매립, 지중관수 등으로 활착 및 건강한 수세를 유지할 수 있다. 그 첫 번째가 구덩이 바닥에 개량토를 까는 일이다. 매립용 개량토는 시판되는 상토(床土, bed soil) 또는 부산물비료(이탄토, 코코 피트 등이 재료인 비료)를 단독으로 시용하거나 토양과 1 : 1 비율로 혼합하여 준비한다. 개량토를 30~40cm 높이로 볼록하게 방석토로 깔고 나무를 앉힌다. 방석토는 구덩이와 뿌리분 사이에 공극(공기주머니, 孔隙, air pocket)이 생기지 않게 하고 보습력을 높인다(제2장 나 (9) ① 참조).

㉣ 다음은 경사지에서 부족하기 쉬운 수분을 공급하는 일이다. 뿌리분 가장자리를 따라 경사면 상단에 2곳, 하단과 좌우에 각각 1개씩 유공관을 붙인다(사진3-47). 사면 상단의 유공관은 뿌리분이 깊게 매립되었을 때 심식 피해를 최소화할 수 있고 하단과 좌우 유공관과 더불어 관수를 겸할 수 있다. 매립이 끝나면 일반 식재와 마찬가지로 멀칭을 하고 지주목이나 당김줄을 설치한다. 경사면의 교목류 식재는 지주와 당김줄 설치가 필수이며 나무

[사진3-46] 지면선 사선파괴 식재

[사진3-47] 사면상단 관수, 공기유통 유공관

가 활착할 때까지 1~2년 유지 관리한다. 식재 이후 경사면 이식목의 관수는 뿌리분 가장 자리에 붙인 유공관을 통하여 지중관수 되도록 한다.

③ 파종

법면의 불안정한 지반을 안정화하고 함수(含水) 증진과 침식 방지를 위하여 시드 스프레이(seed spray) 공법이나 식생 매트 공법으로 초본류 또는 관목류 종자를 파종한다. ⓐ 시드 스프레이 공법은 종자, 비료, 유실 방지 안정제, 착색제와 물을 혼합하여 초고압 펌프로 살포하여 녹화하는 공법이다. 도로 개설, 공장부지 조성, 공원녹지 조성, 골프장 조성 등으로 생기는 대면적의 법면 시공에 유용한 공법이다(사진3-48, 49).

ⓑ 식생 매트 공법(植生工法, vegetation-mat measures)은 종자와 비료를 점착제로 섬유 매트에 부착시켜 비탈면에 깔아 나지를 피복하는 공법이다. 그 외에도 ⓒ 자루망에 종자, 부산물비료, 흙을 넣어 비탈면에 붙이는 식생자루 공법이 있다. 식생자루 공법은 종자, 비료, 흙의 유실이 적고 시공 계절의 폭이 넓다. 급경사지에서도 가능한 공법으로서 제방 녹화에 자주 이용된다.

[사진3-48] 갓길 시드스프레이 시공

[사진3-49] 경사면 시드스프레이 시공

4. 저습지 식재

가. 저습지

저습지(低濕地, lowland)는 지형이 낮아 주변의 물이 유입되어 고이는 곳으로서, 지하수위가 높고 배수가 불량하여 수목의 생장에 불리한 토지다. 고속도로 인터체인지(interchange) 안쪽의 지형처럼 지대가 낮은 곳, 공원이나 기타 토지조성 시 정지 작업 부주의로 형성된 주변보다 낮은 평지, 사람의 왕래 또는 차량 통행이 잦아 답압된 토지, 점토질이어서 우기와 해동기에 물 빠짐이 나쁜 토양 등은 과습하기 쉬운 토지의 사례다(사진 3-50, 51).

저습지의 가장 큰 문제는 과습에 의한 토양의 공기 부족이다. 토양공극이 물로 채워짐으로써 뿌리 호흡에 필요한 공기가 부족하여 몇몇 수종을 제외하고는 생장할 수 없는 토지다. 공기 부족에 의한 뿌리의 호흡 불량은 수분과 양분 흡수 불량을 초래하고, 뿌리 생장을 쇠퇴시킴으로써 쇠약, 고사에 이르게 한다.

[사진3-50] 저습지 배수불량 물고임

[사진3-51] 해동기 배수불량 공원 토지

나. 저습지 식재

(1) 성토 식재공법

저습지 식재 성토공법은 과습 피해 예방을 위하여 이식수의 뿌리분 상단이 지표면보다 높게 식재하는 것으로서 올려심기, 높여심기, 고식(高植)이라고도 한다. 강우기에 침수되지 않도록 바닥에 돌이나 자갈을 깔고 배수층을 만들어 물 빠짐을 좋게 하고 뿌리분을 앉혀 지면보다 높게 식재하는 공법이다(사진3-52, 53). 지표면보다 높아 노출된 뿌리분은 외부에서 토양을 반입하거나 주변의 흙을 모아 성토(복토)한다.

◆ 성토 식재공법 공정 요약 ◆

- 매립토 반입 준비 ⇨ 표토 정리(깎아내기) ⇨ 배수층 조성(바닥에 돌, 모래 깔기) ⇨ 차수막 덮기(모래, 돌을 깔았을 때) ⇨ 배수관 놓기(배수판 깔기) ⇨ 바닥 방석토 쌓기(흙봉우리 조성) ⇨ 나무 앉히기 ⇨ 유공관 붙이기 ⇨ 성토(이하 일반 식재와 같다.)

[사진3-52] 도로보다 낮은 인터체인지 고식

[사진3-53] 인터체인지 고식 근경

(2) 성토 식재공법 실무

올려심기는 지대가 낮거나 지하 수위가 높은 곳의 식재이므로 성토(복토)에 필요한 흙은 사질 함량이 높은 외부 반입 토양이 좋다. 대부분의 저습지 토양은 점토(粘土, clay) 함량이 높아 배수가 불량하다. 건조하면 딱딱해지고 조밀한 구조가 되는 토양으로서 주변의 흙을 긁어모아 성토할 경우 뿌리 발달이 나빠 식재 토양으로서는 부적합한 경우가 많다.

저습지에는 그림3-5의 방법으로 식재한다. ㉠ 먼저, 지반정리를 한다. 식재 대상지가 지피식생, 낙엽, 부엽토 등의 지피물이 두껍게 층을 이룰 경우, 제거하여 광물질 토양을 노출시킨다. 지피물을 그대로 두고 성토하면 차수막이 되어 토양 모세관을 차단하고 지반을 불안정하게 한다. 또 분해되거나 유동이 있을 경우 그 위에 식재된 나무는 지피물이 분해될 때 발생하는 가스 피해를 받을 수 있고 기울거나 넘어질 우려가 있다.

지반 정리가 끝나면 ㉡ 배수층을 만든다. 배수층은 바닥에 굵은 돌을 깔고 자갈로 채워

평평하게 하는데, 배수층의 높이는 우기에 상승하는 수위보다 높을수록 좋다. 그러나 너무 높으면 성토되었을 때의 전체 높이가 높아져 주변과의 이질적인 경관이 된다. ㉢ 자갈과 돌을 쌓은 배수층에 올이 성긴 녹화마대, 모기장 등을 덮고 2~3cm 모래를 깔아 흙이 돌과 자갈층을 메우지 않도록 한다. 모래를 깔지 않고 배수층을 평평하게 고른 다음, 그 위에 배수판을 깔면 작업이 편하다(사진3-54). 배수판을 깔지 않을 경우 4~5 방위에 올이 성긴 섬유 제제로 감싼 유공관을 앉힌다. 유공관이 움직이지 않도록 좌우 및 상단에 자갈이나 굵은 모래로 고정한다.

㉣ 바닥 중앙에 30~40cm 높이의 흙을 봉우리처럼 방석토를 깔고 나무를 앉힌다. ㉤ 뿌리분 가장자리 4~5 방위에 유공관을 붙이고 고정시킨 다음, ㉥ 바닥에서부터 뿌리분 상단에 이르기까지 성토한다. 저습지의 올려심기는 관수용 물분을 만들지 않기 때문에 유공관 붙이기가 필수다. 유공관은 지중 가스 배출, 뿌리권 산소 공급, 토양 수분 증발 등의 효과 외에도 건조기에 관수용으로도 유용하다.

올려심기는 봉우리 형태이므로 ㉦ 뿌리분 측면의 성토가 두꺼울수록 활착과 생장에 유리한데, 60~70cm 이상이면 생장에 큰 무리가 없다. 매립 성토는 뿌리분 바닥에서 시작하여 전체적으로 완만한 곡선을 이루도록 한다. 부피가 클수록 완만한 경사를 이루게 되고 건조 피해가 적으며 시각적으로도 자연스럽다. 성토 부피가 적으면 토심이 얕고 급경사를 이루어 생장하면서 굵은 뿌리가 표토 가까이 노출되는 경향이 많아진다. 밖으로 노출된 뿌리는 직사광선에 마르거나 예초 작업 등에 의한 기계적 손상으로 부후의 원인이 된다.

올려심기의 ㉧ 성토용 흙은 사질 함량이 많은 토양이나 개량토가 필요하다. 개량토는 토양 물리성에 따라 다르지만, 통상 모래와 흙 1 : 1 또는 모래와 흙 그리고 농업용 상토, 이탄토·부엽토비료 등을 1(모래) : 2(흙) : 1(개량제) 또는 개량제와 흙을 1 : 1의 비율로 혼합하면 무난하다.

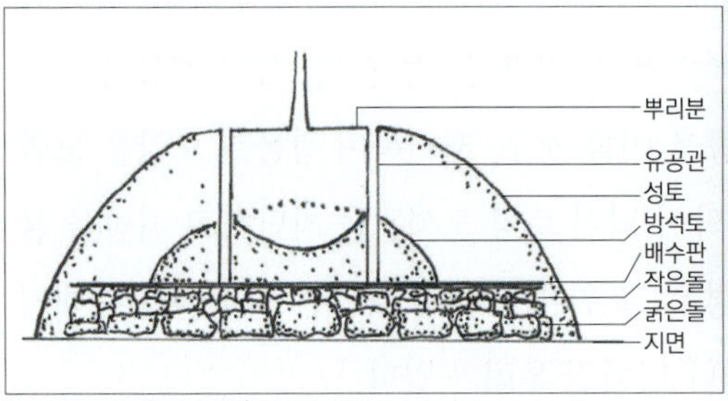

[그림3-5] 저습지 성토식재 측면도

[사진3-54] 플라스틱 배수판

5. 암반 식재

가. 암반 식재

(1) 암반 위 식재

경관을 목적으로 수형이 좋은 나무를 암반 위 또는 암석지대의 경사면에 식재하는 사례가 있다. 두 방법 모두 자연의 돌 틈이나 절벽에 뿌리내려 자라는 나무에서 착안된 경관 목적의 식재공법으로서(사진3-57) 뿌리권 발달이 제한되는 광의의 화분 식재와 같다.

암반 위 식재는 뿌리권 확보가 가능한 오목한 곳이나 때로는 장비로 약간의 암반을 깨고 뿌리권 영역을 확보하여 나무를 앉히고 매립하는 식재공법이다(사진3-55, 56). 장비 이용이 불가능하거나 평탄하여 뿌리영역 확보가 어려운 곳에서는 돌이나 방부처리한 목재로 얕은 담을 쌓고 뿌리분을 앉혀서 매립한다. 이 모양이 마치 강가에서 자갈을 모아 둥지를 만들고 알을 낳아 새끼를 기르는 물새집을 닮아 속칭 「물새집 공법」이라고 명명한다(사진3-58).

암반 식재는 수분 공급이 최우선이므로 식재 적합 지역은 다소 오목한 곳으로서 풍화된 모래와 부엽토가 퇴적된 곳이다. 이러한 곳은 이미 억새나 싸리, 때로는 주변의 수목에서 날아온 씨앗이 뿌리를 내려 자라기도 한다(사진3-58, 59, 60). 그러나 오목한 곳은 긴 장마기에는 오히려 일시적인 과습이 초래될 수 있다.

[사진3-55] 암반 위 소나무 식재

[사진3-56] 균열 암반 위 소나무 식재

[사진3-57] 풍화촉진 바위틈 자생 진달래

[사진3-58] 암반 위 자생 리기다소나무

◆ 암반 위 식재공정 요약 ◆

- 식재 위치 선정 ⇨ 뿌리권 확보용 자재 준비(돌, 자갈, 모래, 흙), 유공관(관, 감싸기용 천, 기타), 배수판 ⇨ 개량토 준비 ⇨ 뿌리권 영역 선정과 담쌓기 ⇨ 뿌리 영역 배수층 조성(돌 · 자갈 깔기 → 배수관, 배수판 놓기) ⇨ 나무 앉히기 ⇨ 유공관 붙이기 ⇨ 식재(매립과 성토) ⇨ 지주와 당김줄 설치 ⇨ 멀칭 ⇨ 최종 관수

암반 위 식재는 뿌리 영역이 확보되면 굴취에서 지주 세우기에 이르기까지 평지 식재와 같다. 다만, 암반의 형태에 따라 배수 시설이 필요하고, 보비력(保肥力)과 보습력이 좋은 토양 또는 개량토가 필요하다. ㉠ 개량토는 부산물비료와 사질양토를 1 : 1의 비율 또는 부산물비료와 사질양토 및 농업용 상토를 1 : 2(사질양토) : 1의 비율로 혼합하여 준비한다. ㉡ 식재 구덩이가 될 나무 앉히기 자리는 장래 뿌리 확장 영역을 감안하여 깊고 넓을수록 좋은데, 나무와 뿌리분의 크기에 따른다. 담의 넓이는 통상 뿌리분 가장자리에서 60~90cm 또는 뿌리분 반경의 1.5~2배, 높이는 뿌리분보다 10cm 정도 높게 하여 보습력을 높인다.

대부분의 암반은 약간의 경사가 있어 배수가 크게 문제되지 않는다. 필요에 따라 ㉢ 배수관을 설치할 경우 유공관을 올이 성긴 천으로 감아 바닥에 놓고 분의 무게에 관이 파손되지 않도록 좌우에 돌이나 자갈을 놓는다. 바닥이 오목해 강수기에 과습 우려가 있는 곳은 자갈이나 돌을 깔아 배수층을 만들고 돌 틈에 흙이 매워지지 않도록 녹화마대 또는 망사로 덮는다. 이때 시판되는 배수판(사진3-54)을 이용해도 된다. 자갈이나 돌 틈에 흙이 매워지지 않도록 녹화마대 또는 망사로 덮는다. ㉣ 바닥 가운데에 30~40cm 높이의 방석토를 볼록하게 쌓고 그 위에 나무를 앉힌다. ㉤ 뿌리분 가장자리 3~4 방위에 유공관을 붙여 고정시킨 다음, ⓑ 개량토를 잘 다져가면서 물조임으로 매립한다. 이때 암반이 넓어 여유가 있는 경우 나무를 앉힌 담의 바깥에서부터 성토해도 좋다. 성토는 가능한 한 넓은 영역에서 시작하여 유선형의 봉우리가 되도록 한다.

매립이 끝나면 ⓢ 당김줄을 설치하거나 필요에 따라 삼각지주 설치를 병행한다. 암반 위는 바람이 강하므로 지지대 설치가 필수다. 식재 후 활착한 나무는 지주와 당김줄을 제거하였다가 강풍이 예상될 때 다시 설치하거나 느슨하게 설치해둔다. ⓞ 뿌리 영역 전체를 멀칭하여 발근 촉진 및 건조 피해를 최소화한다. 멀칭은 짚이 재료인 거적이 좋고 겨울에는 비닐 덧씌우기를 해도 된다. ⓩ 멀칭 위와 유공관을 통한 최종 관수를 하고 관의 구멍은 느슨하게 막아둔다.

(2) 암반 경사면 식재

암반의 경사면 식재는 비탈진 암반에 돌이나 방부 처리된 목재로 담을 쌓아 뿌리권을 확보하여 나무를 심는 기법이다(사진3-59, 60). 담을 쌓을 때 암반에 소량의 시멘트를 붙이고 돌을 놓으면 식재 후 담이 무너지는 것을 막을 수 있다. 돌담의 폭은 가급적 넓게 잡고 높이는 뿌리분보다 조금 높게 하여 흙이 유실되지 않도록 한다. 이렇게 조성된 담은 마치 제비집을 닮아서 속칭 「제비집 공법」이라고 부른다. 담을 쌓아 구덩이가 완성되면 암반 위 식재와 같은 방법으로 나무를 앉힌다. 유공관은 뿌리분 가장자리 경사면 상단 방향에 2개, 하단과 좌우에 각각 1개씩 붙이고 매립한다.

[사진3-59] 암반사면 자생 리기다소나무

[사진3-60] 암반사면 자생 벚나무

(3) 암반 식재목 관리

암반은 특성상 바람이 많은 위치에 있어 건조하기 쉬우며 여름에는 높은 복사열, 겨울에는 주간의 온도 상승과 야간의 급격한 냉각으로 나무는 상당한 생리적 스트레스를 받는다. 그러므로 암반의 이식목 관리는 ㉠ 여름의 고열과 겨울의 냉각을 막아 뿌리권의 온도를 일정하게 유지시키는 것이 중요하다. 멀칭을 하고 뿌리 영역을 넓게 잡아 하층식생이 발달할 수 있게 한다. 하층식생은 겨울 냉각기의 뿌리권 동해 예방에 효과가 있다. ㉡ 나무가 바람에 심하게 흔들리지 않도록 지주목이나 당김줄을 설치한다.

암반 식재목의 ㉢ 첫 관수는 식재 7~10일 후 시작하거나 주 1회 또는 10여일마다 멀칭 밑을 점검하여 관수 필요성 여부를 확인한다. 암반의 오목한 곳이나 평평한 곳은 배수가 되지 않는 곳이므로 너무 잦은 관수는 과습을 초래할 수 있으므로 주의한다. 반면, 암반 사면 식재지는 배수가 잘되고 건조하기 쉬우므로 잦은 관수 관리가 필요하다. ㉣ 시비는 이듬해 활착되었을 때의 생육기에 하는데, 뿌리분 가장자리를 따라 30~40cm 간격으로 고형복합비료 1개/1구멍을 시비한다. 과량 시비되지 않도록 유의하되, 가급적 완효성 복합비료를 시용한다. 기타 관리는 일반 식재와 같다.

6. 화분 식재

가. 장식 화분 식재

건물의 현관과 로비, 골프장 티잉 그라운드(teeing ground), 가로변, 광장, 기타 구덩이를 파고 나무를 심을 수 없는 곳에 화분에 나무를 심어 미화, 장식한다(사진3-61, 62). ㉠ 대상목은 관목성이거나 크기가 작은 교목성 수목으로서 꽃·열매·잎이 아름다운 나무이고, 실내에서는 햇빛 요구도가 낮은 내음성 수종을 선택한다. ㉡ 화분 제작 재료는 방부 처리한 통나무, 침목, 판자, 플라스틱, 도기, 판석 등이 이용되고 바닥에 이동용 바퀴를 달기도 한다(사진3-63, 64). ㉢ 틀을 짠 화분 안쪽 벽면에는 매립토가 유실되지 않도록 실리콘(silicone) 등으로 틈을 막거나 망을 붙이고 바닥은 배수와 공기 유통을 위한 구멍을 낸다. 구멍은 플라스틱 망으로 막아 흙이 유실되지 않게 한다.

[사진3-61] 골프코스 티 장식 박스 식재(소나무)

[사진3-62] 광장 장식 화분 식재(서양측백나무)

[사진3-63] 현관 장식 이동식 화분 식재(영산홍)

[사진3-64] 건물 외관 장식 판석화분 식재(단풍나무)

㉣ 매립토는 보비력(保肥力)과 보습력이 좋은 토양 또는 개량토를 준비한다. 개량토는 부산물비료와 사질양토를 1 : 1 또는 사질양토와 농업용 상토를 1 : 1의 비율로 혼합한다. 실내 화분의 경우 매립용 흙은 중량이 가벼운 개량토(상토 : 양토 = 2 : 1)를 사용한다. 이때 상토(床土, bed soil)만으로 매립하기도 한다. ㉤ 상토는 응집력이 약해 뿌리분이 흔들릴 수 있으므로 뿌리분과 화분을 철사로 연결하여 고정시킨다.

㉥ 화분 바닥에 방석토를 쌓는다. 협소한 화분에 식재하는 일이므로 방석토는 뿌리분 하단 경사면을 충분히 감싸는 정도의 높이로 한다. ㉦ 방석토 위에 나무를 앉히고 매립하는데, 뿌리분 상단면이 화분보다 3~5cm 정도 낮아 관수한 물이 넘치지 않고 모래, 자갈 등으로 장식용 멀칭을 할 수 있는 높이를 확보한다.

식재 후의 ㉧ 관수가 밖으로 유출돼도 문제되지 않는 곳에서는 뿌리분 가장자리 3~4곳에 직경 3~5cm 내외의 가는 유공관을 붙여 관수와 공기 유통이 가능하도록 한다. 유공관의 공기 유통은 여름 고온기에는 화분 속 토양의 온도 상승을 막고 뿌리 삶김 현상을 예방한다. 겨울 저온기에는 상단의 구멍을 막아 찬 공기가 화분 속으로 스며들지 않게 한다. 유공관은 화분 바닥에까지 닿지 않고 3/4 깊이까지만 닿도록 한다. 유공관을 바닥에까지 닿지 않게 하는 것은 관수의 유실을 적게 하여 화분 토양의 함수량을 높이기 위함이다. 매립토가 상토인 경우 유공관을 붙이지 않아도 된다. 그 다음 ㉨ 매립토를 채우면서 물조임 식재를 하여 보습력을 높인다. ㉩ 화분보다 낮은 상단면에는 직경이 균일한 굵은 모래 또는 희고 고운 자갈을 깔아 멀칭을 겸한 장식을 한다.

나. 화분 식재목 무육관리

(1) 관수

실외 장식화분은 관수, 고온과 저온이, 실내 장식화분은 관수, 일조량과 통풍 조건이 나무의 건강과 생사를 지배한다. 식물의 수분 흡수는 증산과 관계된다. 유럽적송의 시험 결과 증산은 아침 9시경부터 증가하기 시작하여 10시경에 최대가 되었다가 감소하고, 12시경에 다시 상승한 다음 감소하였다고 한다(Waring & Schlesinger. 1985). 그러므로 관수 또한 흡수량이 많은 시간대가 좋다.

그런데 화분 식재목의 대부분은 사람의 왕래가 잦은 곳에 있으므로 관수는 비활동 시간대인 야간에 이루어지는 경우가 많다. 또한 식물은 부족한 수분을 야간에 보충하므로

(2009, 김) 일몰 1~2시간 전이나 야간에 하고, 때로는 일출 2~3시간 전의 새벽에 관수하는 것이 효과적이다. 이 시간에는 기온이 낮아 증산에 의한 수분 손실이 낮기 때문에 관수 효율이 높다(김, 2011). 관수는 나무의 수분 요구도, 분흙의 종류, 화분의 크기, 기온, 바람, 위치 등에 따라 관수량과 관수 간격이 다르다. 보습력이 높은 상토를 분흙으로 채웠을 경우 생장기에는 1회/10일 간격으로 관수해도 된다. 그러나 관수 횟수와 간격은 정해진 것이 아니라 토양의 건조 정도에 따르는 것이므로 주 1회 관수의 필요성을 체크하여 관리한다.

(2) 에어레이션

화분의 흙은 관수함에 따라 서서히 다져지고 단단하게 굳는 고결(固結) 현상이 생긴다. 고결은 토양 입자가 밀착됨으로써 대공극(大孔隙, macropore)이 모세관공극(毛細管孔隙, capillary pore)으로 발달하여 토양이 단단해지는 현상이다. 대공극은 토양 입자와 입자 사이의 공극이 커서 통기·투수·배수기능과 관계되고, 모세관공극은 공극의 크기가 작아 보습·보비력과 관계된다. 즉, 토양은 대공극이 많을수록 통기와 배수력은 좋으나 건조하기 쉽고 모세공극은 비율이 높을수록 보습·보비력은 좋으나 배수력이 떨어진다.

㉠ 화분 관수는 위치에 따라 다르지만 1회/주 또는 10여 일에 1회 정도 하게 된다. 관수는 토양을 단단하게 한다. 관수에 따른 토양 고결은 대공극 감소에 있다. 즉, 관수함에 따라 토양 공극은 함수 상태가 되고 시간이 지나 공극의 물이 빠지면서 토양 입자가 조금씩 서로 밀착한다. 이 현상은 관수할 때마다 반복되어 공극은 점점 좁아지고 토양 입자는 더욱 밀착하여 단위 면적당 입자 밀도가 높아져 단단해지는 것이다. ⓐ 모세공극 증가로 단단해진 토양은 공극 내의 공기 부족으로 뿌리가 호흡 곤란을 겪는다. 또한 ⓑ 관수를 하더라도 투수 속도가 늦어 관수 시간이 오래 걸린다. ⓒ 모세공극이 발달하였기 때문에 수분 증발 또한 빨라 화분의 흙은 빨리 마른다. 뿐만 아니라 ⓓ 관수로 다져진 화분의 흙은 공극률이 낮아 외기 온도 변화에 민감하다. 여름에는 고온, 겨울에는 저온에 노출됨으로써 뿌리가 온도 장해를 입는다. ⓔ 화분은 건조가 빨라 자주 관수해야 하고, 잦은 관수는 흙을 더욱 단단하게 한다.

㉡ 농업이나 원예용 상토가 매립토인 화분은 크게 문제되지 않는다. 그러나 토양이나 토양 혼합 비율이 높은 개량토를 매립한 화분은 밀착한 토양 입자를 파괴하여 공극률을 높이는 물리성 개선이 필요하다. 화분 흙의 물리성 개선 방법은 1~2회/년 에어레이션이다. 에어레이션(aeration)이란 통기작업(通氣作業)으로서, 다져진 토양에 구멍을 뚫어 대공극을 증가시키는 작업이다. 즉, 토양이 다져지는 현상을 막음으로써 통기와 투수성을 높이는

작업이다. ⓐ 관수로 단단하게 굳은 화분의 표토는 호미로 쪼아 모세공극을 파괴하여 표토에서의 수분 증발을 억제한다. ⓑ 철사나 송곳, 괭이나 곡괭이, 작은 지렛대로 10~20cm 이상 깊게 찔러 구멍을 낸다. 구멍은 화분 속 깊이 산소를 공급하고 토양 내 가스를 제거함으로써 뿌리의 생육 조건을 개선한다.

(3) 고온과 월동관리

화분 식재목은 뿌리권이 제한된 용기에 식재된 나무로서 노지의 나무보다 물과 양분 부족을 더 많이 겪고 고온과 저온에 더 민감하다. 부족하기 쉬운 물과 양분은 공급할 수 있으나 부적합한 대기의 고온과 저온은 인위적으로 관리하기 어렵다. 수목의 내동성은 뿌리가 가장 약하지만, 지중의 뿌리는 토양의 격리와 단열 효과 때문에 지상부보다 피해가 적다(김, 2009). 그러나 화분의 나무는 외부 환경에 노출된 상태이므로 토양의 단열과 격리 효과가 낮다. 뿐만 아니라, 관수로 다져진 화분의 흙은 대공극률이 낮아 외기 온도변화에 민감하다. 여름에는 고온, 겨울에는 저온에 노출됨으로써 뿌리가 온도장해를 입는다. 실제로 대부분의 화분 식재목이 생장기보다는 겨울을 넘기면서 고사하는 사례가 많은데, 그 이유가 바로 겨울 저온과 건조 때문이다.

저온기의 장식 화분 식재목은 ㉠ 비닐, 부직포 등으로 화분 감싸기, 온실로 이동 등의 방법으로 월동시키고, ㉡ 고온기에는 해가림을 한다. ㉢ 여름 고온기에 직사광선과 복사 고열에 시달리는 아스팔트, 시멘트, 타일, 화강석 등의 바닥에 놓인 화분은 바닥의 복사열을 식히는 시린징이나 ㉣ 나무를 적시는 가벼운 살수를 한다. 시린징(syringing)이란 물을 미스트(mist)형으로 분무하여 토양의 표면 온도를 낮추고 잎, 줄기, 가지의 온도 상승을 억제하는 것이다(김 외, 2006). 물에 적셔진 식물체는 기화열에 냉각되고, 잎에서는 증산 억제 효과가 있다.

(4) 병해충관리

실내 화분은 일조량 부족과 통풍 불량으로 나무가 연약하기 쉬울 뿐만 아니라 깍지벌레, 진딧물 등의 흡즙성 해충(吸汁性害蟲) 발생이 잦다. ㉠ 흡즙해충 피해 증상은 ⓐ 잎맥을 따라 엽육(葉肉, mesophyll)이 바늘 자국처럼 황백색으로 퇴색하면서 단풍이 들듯 변색되고 ⓑ 낙엽된다. 또 ⓒ 잎을 만지면 끈적이는 느낌이 있고, ⓓ 밝은 곳에서나 확대경으로 보면 잎 뒷면과 새순에서 가해 중인 해충, 배설물, 탈피각 등을 볼 수 있다.

화분 식재의 ㉡ 흡즙해충 관리는 ⓐ 흡수이행형 토양처리 살충제(진딧물약, 깍지벌레약)를 화분에 뿌리고 관수하면 흡수 이행되어 깨끗이 방제된다. ⓑ 수관부에 저배율 희석 살충제를 뿌린다. 두 방법 모두 약량이 많으면 잎이 시들고 엽소(葉燒)가 일어나며, 심하면 나무가 죽을 수 있으므로 소량, 저배율 반복 시약이 안전하다. ⓒ 방제약 처리가 어려운 장소에서는 물에 희석한 식초를 탈지면에 묻혀 자주 잎을 닦아주면 방제된다. 이 역시 농도 장해가 있으므로 주의한다.

(5) 시비

화분 식재목은 양분 공급 등 뿌리권 토양의 환경 개선을 위하여 1~2년에 1회 정도의 분갈이를 한다. 분갈이는 새로운 토양으로 화분의 흙을 교체함으로써 양분 공급은 물론 적정 공극의 토양을 제공하는 것이다. 그런데 분갈이는 작업이 어렵고 약간의 기술을 요하므로 자주 할 수 없다. 이러한 때 토양의 물리성 개선을 위한 에어레이션과 화학성 개선을 위한 시비를 하는데, 비료는 주로 화학비료를 시용(施用)한다.

㉠ 화학비료는 작업이 편하고 비효가 빠르다. 질소 함량이 낮은 비료를 시용하며, 시비량은 화분과 나무의 크기에 따라 다른데, 통상 화분의 면적을 기준으로 한다. 먼저 충분히 관수한 다음, 질소 13~15% 입상비료를 5~10g/m^{2}씩 2~3회/년 화분 표토에 뿌리고 가볍게 관수한다. 수목을 비롯한 모든 다년생 식물의 시비는 생장이 활발히 진행되는 기간에 이용될 수 있도록 한다(김, 2009). 봄에 잎보다 꽃이 먼저 피는 나무는 꽃눈 형성기(7~8월) 이전의 6~7월과 새싹이 돋기 4~6주 전의 이른 봄이 적기이다. 즉, 에너지 소모가 많은 꽃눈과 잎눈 형성기, 꽃이 피는 시기, 새싹이 돋는 시기, 열매를 맺는 시기에 이용될 수 있도록 사전 시비를 한다.

㉡ 부산물비료 시비는 화분의 토양 환경 개선을 위해 바람직한 방법이지만, 냄새나 벌레가 생길 수 있어 권장하지 않는다. 다만 화분에 나무를 심을 때 흙과 혼합하여 사용한다. 그러나 보습력 증진 등의 목적으로 이미 식재된 나무에 시비할 경우, 흙 : 부산물비료 = 1(토양) : 0.5 비율로 혼합하여 매립한다. 매립은 화분의 흙을 일부 걷어 내거나 꽃삽으로 구덩이를 파고 넣는다. 완숙된 비료를 사용해야 하며, 염분농도가 높은 축·수산부산물이나 음식 폐기물이 원료인 비료는 사용하지 않는다.

7. 아스팔트 콘크리트 바닥 식재

가. 아스팔트 바닥 식재

(1) 의의

옥외 주차장이나 광장의 아스팔트 콘크리트(asphalt concrete) 일명, 아스콘(ascon) 또는 콘크리트(concrete) 포설지역에 나무를 심는 방법은 크게 2가지다. ㉠ 바닥 위에 화분을 앉히듯 담을 쌓아 식재하는 바닥면 지상 식재(사진3-65, 66)와 아스콘 바닥을 깨고 구덩이를 파서 식재하는 바닥면 구덩이 식재가 있다(사진3-67). ㉡ 바닥면 지상 식재는 보비력(保肥力)과 보습력이 좋은 성토용 개량토가 필요하고, 바닥면 구덩이 식재는 개량토 외에 포장을 깨는 작업이 필요하다. ㉢ 바닥면 구덩이 식재는 뿌리분이 토양과 접한다는 장점이 있다. 그러므로 양분과 수분 공급에는 유리하지만, 포장을 깨야 하고 토성에 따라서는 배수가 불량할 수 있다.

두 방법 모두 ㉣ 나무를 앉히기 전에 주요 가시권 방향으로 아름다운 수형이 자리 잡도록 선정하는 것이 중요하다. 그 외에 굴취, 운송, 식재, 양생 등의 작업은 일반 이식목과 같다. 다만 ㉤ 아스콘 바닥에서 발산되는 고열과 냉각에 대비한 관리, 멀칭, 관수 등 집중 관리가 필요하다.

(2) 아스콘 바닥면 지상 식재

◆ 아스콘(콘크리트) 바닥면 지상 식재공정 요약 ◆

- 식재 위치 · 영역 설정 ⇨ 개량 매립토 준비 ⇨ 식재영역 외곽 담장 초석 놓기 ⇨ 유공 배수관 놓기(필요시) ⇨ 바닥 1차 돌 깔기 ⇨ 바닥 2차 돌(자갈) 깔기 ⇨ 차단 망사 깔기(배수판 깔기) ⇨ 기본토, 방석토 깔기(30~40cm) ⇨ 나무 앉히기 ⇨ 담장 쌓기 ⇨ 유공관 세우기(4~5 방위) ⇨ 매립 ⇨ 지주 세우기(당김줄 설치) ⇨ 멀칭 ⇨ 최종 관수

아스팔트 콘크리트(아스콘) 바닥면 지상 식재는 바닥에 화분처럼 돌담이나 방부목 담을

쌓아 식재하는 공법이다(그림3-6). ㉠ 바닥에 원형 또는 뿌리분의 형태에 따라 식재영역을 표시한다. 담의 직경은 클수록 좋으나 통상 뿌리분 반경의 1.5~2.0배 또는 그보다 조금 더 크게 잡는다. ㉡ 큰 돌을 1줄로 외곽 담장의 초석을 놓는다. 담은 그 자체가 또 하나의 경관 요소이므로 바닥에는 굵은 돌을, 위로 올라갈수록 작은 돌을 균형되게 배열하여 건축학적으로는 물론, 미학적인 구조로 쌓는다(사진3-65, 66). ㉢ 담의 높이는 관수와 멀칭 공간 확보를 위하여 뿌리분보다 5~10cm 더 높게 쌓는다. ㉣ 초석 안쪽 바닥에는 돌을 고르게 깔아 배수력을 높인다. ㉤ 돌 사이에는 자갈을 깔아 성긴 틈을 메우고, ㉥ 그 위에 차단막(올이 성긴 부직포 또는 녹화마대 등) 또는 배수판을 깔아 흙이 돌과 자갈 사이를 메우지 않도록 한다. ㉦ 담장과 바닥에 깐 돌 사이사이에 틈이 있어 별도의 배수관 설치는 필요 없지만, 설치해야 할 경우 망사 또는 올이 성긴 천으로 감싼 유공관을 바닥의 3~5 방위에 방사상으로 깔아 담장 바깥선까지 뺀다.

[사진3-65] 시멘트 바닥면 지상 식재

[사진3-66] 방부처리 목 바닥면 지상 식재

저습지에서의 올려심기 공법처럼 ㉧ 차단막(배수판) 위에 20~30cm 두께의 기본토(개량토)와 방석토를 깐다. 방석토는 구덩이 중앙에 30~40cm 또는 뿌리분의 크기와 중량에 따라 그 이상으로 쌓고 나무를 앉힌다. 방석토는 나무의 무게로 자연스럽게 분을 감싸서 바닥과 뿌리분 경사면 사이의 공극(孔隙, air pocket)을 메운다. ㉨ 뿌리분 가장자리 4~5 방위에 유공관을 붙인 다음, ㉩ 개량토를 매립한다. 매립은 말목이나 기타 도구로 구덩이의 1/3~1/2 부위까지 다져조임을 한다. 처음부터 물조임 식재를 하면 경사면의 흙이 흐트러지고 흙의 미립자가 돌과 자갈의 틈을 메워 배수가 불량해진다. 그 이후부터는 담장보다 5~10cm 낮은 높이로 물조임 식재를 한다.

㉪ 매립이 끝나면 지주 또는 당김줄을 설치한다. 시멘트 바닥면 지상 식재는 건조에 약하므로 멀칭이 필수다. 멀칭은 뿌리분 상단 가장자리부터 돌아가면서 2벌 덮기를 하고 그 안

쪽을 향해 1/2~1/3씩 중복되게 원형으로 돌아가면서 피복한 다음, 최종 관수를 한다.

아스콘 바닥면 지상 식재를 할 때 바닥의 일부를 깨거나 뿌리분 높이 1/3~1/2 깊이까지만 깨고 이식목의 뿌리분과 토양이 서로 연결되도록 식재하기도 한다(사진3-67). 구덩이 바닥에는 자갈이나 모래를 깔아 배수를 돕고 그 위에 개량토를 깔아 나무를 앉히고 성토하여 식재한다. 이 공법은 뿌리분이 기존 토양과 연결됨으로써 생육환경 개선 효과는 있다. 그러나 주변의 물이 유입될 수 있으며, 토양에 따라서는 배수가 불량할 수 있다.

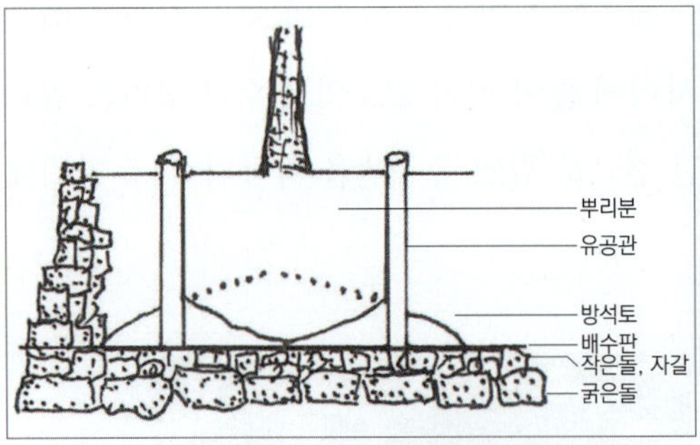

[그림3-6] 시멘트 바닥 식재 모식도

[사진3-67] 시멘트 바닥 구덩이 식재(소나무)

(3) 아스콘 바닥 구덩이 식재

① 토양환경 점검

광장이나 옥외 주차장, 기타 도로변의 아스콘(아스팔트 콘크리트) 또는 시멘트로 포장된 곳에 구덩이를 파고 나무를 심을 때 우선적으로 고려해야 할 4가지 조건이 있다. 첫째, 아스콘에 덮인 토양의 오염 가능성 여부 점검이다(Feucht & Butler, 1988). 화학물질 오염, 건설 폐자재 매립 등의 여부를 조사하고 개선한 다음 식재해야 한다(사진3-68, 69). 아무리 올바른 방법으로 식재하였더라도 오염된 토양에서는 나무가 살아갈 수 없다.

두 번째는 충분한 면적의 뿌리권 영역 확보이다. 시멘트 또는 아스콘 포장은 일정 두께로 정리된 바닥에 10cm 내외 두께로 피복한 시설물로서, 강수가 스며들지 못하거나 공기유통이 어려운 불투수층 지면이다(사진3-72). 물의 유입은 오로지 뿌리분을 앉힌 영역의 강수(降水) 또는 인공 관수뿐이다. 이 때문에 식재 구덩이는 충분한 면적의 뿌리 생장 공간이 확보되어야 한다.

뿌리권 영역 확보의 중요성은 투수성 불량 토양에서 흔히 나타난다. 답압·배수불량 지역, 포장 도로, 기타 불투수층 지역의 나무는 성장함에 따라 굵은 뿌리가 지표 가까이 노출되

[사진3-68] 뿌리권에 매립된 건설 폐자재

[사진3-69] 뿌리권에 매립된 콘크리트 조각

는 것을 볼 수 있다. 특히 점토(clay)나 미사(silt) 함량이 높은 경사지, 답압 토양은 짧은 시간 동안의 강우는 충분히 스며들지 못하고 지표면만 적시고 유실된다. 점토질 토양은 소공극이 발달하여 보습력은 높지만 배수가 불량해 뿌리는 부족한 공기를 찾아 지상으로 노출된다(사진3-70). 가로수를 보면 뿌리가 지표 가까이 발달해 시멘트나 아스콘 바닥이 금이 가고(사진3-71, 73) 들어 올려 지기도 해 통행인의 안전에까지 문제가 된다. 최근에는 환경 친화적인 보도블록과 바닥재가 개발되어 강수와 공기 유통이 가능해 다행스러운 일이긴 하다.

[사진3-70] 배수불량(이끼), 공기부족(뿌리 노출)

[사진3-71] 가로수 뿌리생장, 도로 손상

[그림3-72] 불투수성 아스콘 주차장 바닥 ⇨

[사진3-73] 뿌리 지표 발달, 바닥 균열

세 번째, 지형이 낮아 강우 시에 주변의 물이 구덩이로의 유입 가능성 여부 검토다. 폭우나 장마기에 빗물이 구덩이에 유입되면 뿌리가 침수되어 나무가 고사할 수 있기 때문이다. 폭우에 잠긴 강변의 나무가 고사하듯이 구덩이에 유입된 물에 뿌리가 수일간 침수되면 고사한다. 이 때문에 시멘트 바닥 구덩이 식재는 일반 식재보다 5~10cm 높여 심기를 하고 3~4방위에 유공관 매립이 필수다.

네 번째, 아스콘이나 시멘트 바닥에서 발산되는 고온의 복사열에 의한 근원부 수피의 손상 방지책이다. 줄기감기를 하여 수피 보호, 멀칭을 하여 지면 온도변화 완화, 유공관 매립으로 관수 및 공기유통 조건 확보, 바닥면 고열 억제를 위한 관수 시스템 시린징(syringing) 도입 등이 필요하다.

② 아스콘 바닥 구덩이 식재 공법

◆ 아스콘 바닥 구덩이 식재공정 요약 ◆

- 식재 위치 · 영역 설정 ⇨ 구덩이 파기 ⇨ 개량 매립토 준비 ⇨ 기본토, 방석토 깔기(30~40cm) ⇨ 나무 앉히기 ⇨ 유공관 세우기(4~5 방위) ⇨ 매립 ⇨ 물분 조성 ⇨ 지주 세우기(당김줄 설치) ⇨ 멀칭 ⇨ 멀칭 위 관수

아스팔트 콘크리트 바닥 구덩이 식재는 바닥재를 깨고 구덩이를 만들어 나무를 앉히는 식재 방법으로서(사진3-73~81), 구덩이가 넓을수록 생장에 유리하다. 먼저, ㉠ 수형이 아름다운 방향이 주요 경관 위치가 되도록 끈이나 리본을 달아 표시하였다가 그대로 앉힌다. 구덩이 안에서 이리저리 방향 선정을 하면서 분을 움직이면 뿌리분이나 줄기가 손상될 수 있다. ㉡ 구덩이 넓이는 분의 반경보다 1.5~2.0배 이상 폭으로 한다. 그러나 분의 영역을 크게 잡으면 지상 공간 활용도가 떨어진다는 이유로 통상 분의 반경 1.5배 또는 분의 가장자리에서 40~50cm 내외 폭으로 잡는 것이 현실이다. 깊이는 지표면보다 10~15cm 정도 높게 하여 우기에 주변의 표면수가 구덩이로 유입되는 양을 최소화한다. ㉢ 바닥에는 30~40cm 또는 그 이상 높이의 방석토를 깔고, 나무를 앉힌다.

㉣ 아스콘 또는 시멘트 바닥 구덩이 식재는 지중관수, 공기 유통을 위한 유공관 매립이 필수다. 뿌리분 측면 3~4 방위 또는 4~5 방위에 유공관을 붙이고 ㉤ 개량토 매립을 한다. 개량토는 부산물비료와 사질양토를 1 : 1 또는 부산물비료, 사질양토와 농업용 상토를 1 : 2(토양) : 1의 비율로 혼합하여 준비한다. 매립이 끝나면 ㉥ 지주를 설치한다. 당김줄은 통행인의 안전을 위해 설치하지 않는다. ㉦ 뿌리권에는 외부 유입 물질 차단을 위한 경

계석 또는 물분을 설치하고 ⑥ 멀칭한다.

[74] 구덩이 파기 ⇨

[75] 매립토 개량 ⇨

[76] 구덩이 바닥 정리 ⇨

[77] 방석토 깔기(30~40cm) ⇨

[78] 나무 앉히기 ⇨

[79] 매립(지면보다 높게) ⇨

[80] 지주 세우기, 지중관수 ⇨

[81] 개량토 덮기 ⇨

[82] 멀칭, 관수

[사진 3-74~82] 아스콘 바닥 구덩이 식재 공정도

나. 아스콘 바닥 식재목 관리

(1) 유공관, 관수와 멀칭

뿌리분이 노출되는 아스콘(아스팔트 콘크리트), 콘크리트 바닥면 식재는 화분 식재와 같아서 고온·저온·건조 스트레스가 크다. 아스콘을 깨고 구덩이를 파서 식재한 나무 또한 뿌리 확장 영역이 좁고 불투수층으로 덮여 산소·수분·양분 부족을 겪는다. 공기와 강수가 유입되는 친환경 보도 블록이나 바닥재라 할지라도 여름의 고열과 겨울의 저온 스트레

스는 상존한다.

아스팔트 콘크리트 포설지역의 식재와 관리의 필수 작업은 ㉠ 관수와 공기유통 목적의 유공관 설치와 ㉡ 보습력 증대, 복사열 차단 목적의 멀칭이다. 관수는 멀칭 밑의 보습 상태에 따라 유공관을 통한 지중관수와 지표관수를 겸하고, 여름 고온기의 바닥 복사열 차단은 바닥면 살수를 한다.

(2) 병해충관리

포장된 곳에 식재된 나무는 쇠약한 상태로 자라는 경우가 많아 나무좀류 등의 천공성 해충이나 진딧물, 응애, 깍지벌레 등의 흡즙성 해충 피해가 잦다. ㉠ 흡즙해충 피해 증상은 잎에 혹이 형성되거나 기형이 되고, 끈끈하거나 번들거리기도 하며, 배설물에 잎과 가지가 검게 오염된다(사진3-84). 흡즙성 해충은 잎, 가지, 줄기의 외부에 서식하면서 수액을 약탈하므로 살충제, 살비제를 살포하면 방제가 된다.

방제는 진딧물·응애·깍지벌레 약을 수관 살포하는데, 약제마다 희석 농도가 다르므로 표기된 농도로 희석하거나 그보다 약하게 희석하여 2~3회 살포한다. 활착한 나무는 뿌리권에 진딧물약을 시비하듯 시약하는데, 이미다클로프리드입제(코니도)를 기준하여 2~3g/m²을 뿌리분 가장자리에 2~3회 흩뿌리기를 하고 관수하면 흡수 이행되어 방제된다. 이 방법은 나무좀 방제에도 효과가 있다.

그런데 나무좀 등의 천공성 해충은 구멍을 뚫고 들어가 가해하므로 발생하면 방제가 어렵고, 피해가 심각하여 주기적인 예찰과 조기 방제가 최선이다. ㉡ 나무좀류의 공격을 받은 나무는 줄기 또는 가지감기를 한 녹화마대가 수액 유출로 반점처럼 얼룩이 진다(사진3-83). 방제는 얼룩진 부위의 감기 재료를 제거하고 표준희석배율보다 500~600배 이상 약하게 희석한 살충제를 주사기로 피해 구멍에 주입한다. 희석 농도가 높거나 주입 물량이 많으면 나무가 황화, 고사할 수 있으므로 주의한다. 나무좀류 등의 2차성 해충 예방은 식재 당시 줄기 및 가지에 신문지 감기를 하거나 녹화마대 감기 → 살충제 살포 → 녹화마대 감기 → 비닐(비닐랩) 감기를 하면 효과가 있다. 신문지는 인쇄 잉크 냄새에 해충 가해 기피 효과를 노린 것이고, 비닐은 약효 지속을 위한 것이다. 나무가 활착하면 비닐은 제거하고 직사광선 피해가 우려될 경우 천연소재 재료는 그대로 둔다.

[그림3-83] 오리나무좀 가해(수액유출) 얼룩

[사진3-84] 하층목 잎에 떨어진 진딧물 배설물

제 4 장

양생관리와 부작용 치료

1. 양생관리
2. 줄기 감기
3. 멀칭
4. 지주목과 당김줄 부작용
5. 관수 부작용
6. 잡초 관리 부작용

1. 양생관리

가. 양생관리 개요

(1) 의의와 종류

양생관리(養生管理)란 식재한 나무가 활착하고 병해충 공격에 내성(耐性, tolerance)을 가지며, 토양과 기후환경에 적응하여 건강한 생장을 하면서 식재 목적을 발휘하도록 무육하는 작업이다. 양생관리에는 병·해충과 잡초 관리, 시비, 상처와 부후(腐朽) 치료, 줄기와 가지 감기, 지주목이나 당김줄 설치, 관수와 배수, 멀칭, 가지 정리 등의 작업이 있다(표4-1).

이러한 작업은 이식목 활착과 생장에 반드시 필요하지만, 작업 과정이나 결과에 따라서는 나무에 기계적 손상이나 생리적 장해를 일으키기도 한다. 이처럼 양생관리 과정에서 발생되는 문제들을 양생관리 후유증 또는 부작용이라 하며, 때로는 심각하여 관리하지 않으면 쇠약은 물론, 고사에 이르게 한다.

[표4-1] 이식목 양생관리 세부 작업공정

항목	작업 내용
줄기 · 가지 감기	• 준비물 - 신문지(필요시, 대체 자재), 녹화 · 황토마대(택1), 비닐랩(필요시), 청 테이프(신문지 감기 고정용), 살균제, 살충제, 방부제(도포제, 필요시) • 대상, 작업 - 줄기, 10~15cm 이상 굵기의 가지. 구덩이에 앉히기 전 실시 - 녹화마대 1/2~1/3 겹쳐 감기(오버랩). 필요시 살균 · 살충제 살포(신문지 감기를 할 경우 생략), 비닐랩 감기(필요시)
멀칭	• 준비물 - 짚이 재료인 거적, 왕겨, 낙엽, 톱밥, 칩(chip), 수피(bark), 솔잎, 잔디 · 억새 · 갈대 예초물, 부직포, 비닐(폴리에틸렌 필름, 폴리염화비닐 필름 등), 고정용 핀, 고정용 끈 등 - 지중관수용 호스, 관수 차량 • 멀칭(피복) - 거적 멀칭은 뿌리분 가장자리 2벌 덮기, 안쪽으로 1/2~1/3씩 오버랩 덮기, 멀칭 고정 • 멀칭 재료 다짐과 보습용 관수 - 멀칭 위 관수(멀칭 재료 안정화, 멀칭 후 뿌리권 함수 상태 증진 및 유지)

항목	작업 내용
지주목 당김줄 설치	• 준비물 - 지주, 당김줄(바, 철선 등), 패킹 용 자재(부직포, 고무판 등 두꺼운 자재) 고정용 말목 또는 쇠고리, 철사, 망치, 칼, 톱, 가위, 끈, 철선 절단 공구) • 설치 - 나무 크기에 따라 적정 종류의 지주 선정 - 당김줄은 길이 조정이 가능한 와이어 또는 바(줄), 나무를 구덩이에 앉히고 나서 설치하기 어려운 큰 나무는 구덩이에 앉히기 전 줄기에 연결하였다가 매립 후 당겨서 설치 - 설치 1~2년 경과 또는 활착목은 제거
관수	• 준비물 - 호스 또는 지중관수용 호스, 유공 튜브, 스프링클러 또는 워터백, 관수차량 • 2차 관수 - 물분이 나지인 경우 표토에 실금이 갔을 때(토성, 방위, 일조량, 경사도 등에 따라 차이가 있음.) - 평지에서는 식재 후 통상 7~10일 첫 관수(현장 판단 관수)

2. 줄기 감기

가. 줄기 감기 효과

이식목이나 쇠약목의 수피 보호를 위하여 줄기 감기를 한다. 줄기 감기는 ㉠ 수분 증발을 억제하고, ㉡ 직사광선으로부터 수피를 보호하여 열해와 피소를 예방한다. ㉢ 저온기에는 한해(동해, 상해, 상렬)를 예방하고(표4-2), ㉣ 천공성 해충 공격을 억제하는 등 이식목에는 활착을, 쇠약목은 수세 회복에 유리한 작용을 한다.

줄기 감기에는 가지 감기가 포함되며, ㉠ 가지 절단면이나 줄기의 상처는 깨끗이 잘 다듬고 방부 처리를 한 다음 작업한다. 상처나 부후 부위가 치료되지 않고 감춰지는 상태의 감기가 되지 않아야 한다. ㉡ 감기는 지제부(地際部, soil surface)에서 가지가 분지한 아래 부위, 때로는 그 이상 부위까지 한다. ㉢ 10~15cm 이상의 굵은 가지도 줄기에서 1m 이상 거리까지 감아주면 천공성 해충 피해 예방과 수피보호 효과가 있다. ㉣ 이식목의 줄기 감기는 나무를 구덩이에 앉히기 전 눕혀진 상태에서 작업하는 것이 편하고, 굴취 현장에서 감기를 한 경우 식재 구덩이에 도착하고 나서 감은 재료의 손상 여부를 확인하고 보수한 다음 식재한다.

㉤ 감기 재료는 녹화마대, 황토마대, 신문지, 비닐 랩, 황토, 새끼, 짚 등이 있는데, 주로 녹화마대와 황토마대를 사용한다. 굴취와 운반 과정에서 상처가 생긴 경우의 황토 바르기 또는 황토마대 감기는 상처부위에 황토가 닿지 않도록 한다. 직접 닿으면 유상조직(癒傷組織, callus, callus tissue) 형성에 방해될 수 있다.

이식목의 ㉥ 감기 재료는 2년 정도 유지하며 나무가 활착하였을 때 제거한다. 즉, 봄에 이식한 나무는 그해 겨울과 이듬해 겨울을 넘기고 제거한다. 그 이상이 되면 재료의 내구성이 떨어져 미관을 해치고, 감기 재료가 월동 곤충의 서식처가 될 수 있다. 그 외에도 감기를 한 줄기에 상처가 있는 경우 스며든 빗물이 마르지 않고 오래 남아 부후 위험성이 높아진다. 다만 직사광선이나 저온에 노출됨으로써 온도장해 우려가 있는 쇠약수는 2~3년 유지, 보수한다. 줄기와 가지 감기 대상과 효과는 표4-2와 같다.

[표4-2] 줄기감기 대상과 효과

줄기감기 대상	줄기감기 효과
• 수피가 얇고 매끄러운 나무 • 밀식된 곳에서 굴취한 나무 • 지하고가 높은 나무 • 어린 나무, 쇠약한 나무 • 직사광선에 노출되는 굵은 가지(직경 10~15cm 이상) • 재질이 단단한 나무	• 직사광선 차단 - 수피 건조 · 열해 · 피소 예방 • 수분증발 억제 - 수피 건조 · 열해 · 피소 예방 • 보온 - 상렬 예방
• 천공성 해충 피해가 우려되는 나무	• 나무좀 등의 2차성 해충 공격 예방

나. 목적별 줄기 감기

(1) 직사광선 차단과 보온

① 녹화·황토마대 감기

㉠ 녹화·황토마대 줄기 감기는 복사열이 강한 근원부에 2~3벌 감기를 하고, 위쪽으로 올라가면서 감기 재료가 1/2~1/3씩 겹치도록 감는다(사진4-1, 2). 위에서 아래로 감기를 하면 감기의 겹치는 부위가 역방향이 되어 우기에 빗물의 흐름이 다소 순조롭지 못하다. 녹화마대는 올이 성기게 짜인 제품이어서 1벌 감기로는 직사광선 차단 또는 보온 효과가 미약하므로 중복 감기를 한다.

[사진4-1] 근원부 녹화마대 2벌 감기 ⇨

[사진4-2] 녹화마대 오버랩 감기 근경

㉡ 황토마대는 재질이 고운 섬유 원단에 황토를 처리한 자재로서 줄기보호 효과는 녹화마대보다 높다(사진4-3, 4). 그러나 처리된 황토가 비바람에 떨어진 경우 보수가 필요하

다. 나무가 활착하기까지는 2~3년이 소요되는데, 생장기 1년을 경과하면 황토가 빗물에 유실될 수 있으므로 황토마대 감기 또한 녹화마대처럼 1/2~1/3씩 오버랩 되도록 중복 감기를 한다. 줄기에 감기를 하고 스프레이로 물을 뿌려가면서 문질러 매끈하게 고정화 시키는데 작업이 다소 번거롭다.

[사진4-3] 줄기, 가지 황토마대 감기(단풍나무) ⇨

[사진4-4] 황토마대 감기 근경

② 비닐 감기

비닐은 보온성이 높아 주야간의 온도 차이가 큰 이른 봄이나 동절기의 줄기와 가지 보온 효과가 크다. 수피가 얇은 나무, 고목, 불량지에 식재한 나무는 활착 기간 동안 녹화마대를 감고 그 위에 비닐(랩) 감기를 하면 효과가 있다(사진4-5).

그러나 비닐은 ㉠ 통풍이 안 되고 보온·보습 기능이 높아 고온기에는 수체(樹體) 온도를 상승시키며, ㉡ 상처가 있을 경우 부후(腐朽, decay) 위험성을 높인다(사진4-6). 그러므로 비닐 감기는 보온, 수피 건조 예방을 위한 목적 외에는 감기 재료로 쓰지 않는 것이 좋다. 비닐을 감았더라도 고온 다습기에는 제거한다.

[사진4-5] 녹화마대+비닐랩 감기(소나무)

[사진4-6] 비닐랩 미제거 시 발생한 이끼

(2) 천공성 해충 예방

① 신문지 감기, 살충제 살포

이식목이 고사하는 가장 큰 원인의 하나가 천공성 해충 나무좀 피해다. 나무좀은 쇠약한 나무를 공격하는 2차성 해충으로서, 쇠약 상태의 이식목이 공격 대상이다. 나무좀 피해를 예방하는 방법의 하나가 줄기 감기이다. 줄기 감기에는 신문지 감기, 신문지와 녹화마대 감기 병행, 황토마대 감기 등의 방법이 있다. 과거에는 짚 감싸기, 새끼 감기, 황토 바르기와 새끼 감기 병행 등으로 줄기 감기를 하였다. 그러나 인력과 시간 소요가 많아 거의 하지 않는 작업들이다.

㉠ 신문지 감기는 ⓐ 보온과 일광 차단 효과가 높을 뿐만 아니라 ⓑ 신문지의 잉크 냄새는 천공성 해충의 공격 기피 효과가 크다. 신문지 감기의 최대 장점은 살충제 대체재라는 것과 농약살포와는 달리 인체에 악영향을 미치지 않는다는 점이다. ⓒ 1~2장의 신문지로 감는데, 단단히 잘 감으면 한 절기는 충분히 넘길 수 있다. 그러나 ⓓ 좀 더 긴 내구성을 위해서는 감은 신문지 위에 녹화마대 감기를 병행한다(사진4-7). 최근에 들어서는 구독률이 떨어져 폐 신문지 구하기가 어려운 실정이어서 대체 재료 개발이 필요하다. 예를 들어, 살충제 또는 기타 기피제 처리 녹화마대가 개발, 도입되면 예방 효과가 클 것이다.

㉡ 해충 방제용 줄기 감기는 ⓐ 줄기에 살충제를 살포한 다음, 녹화마대 2~3벌 감기를 하거나 녹화마대 감기 → 살충제 살포 → 녹화마대 또는 비닐랩 감기를 하면 약효가 오래 지속되고 효과도 높다. 감기는 근원부에는 2~3벌 감기, 위로 올라가면서 1/2~1/3씩 중복 감기를 한다. ⓑ 비닐 덧 감기는 약효를 오래 지속시키지만, 봄~여름에는 제거하는 것이 좋다. 녹화마대나 신문지 감기를 하지 않고 비닐 감기만을 할 경우, 천공성 해충이 비닐을 뚫고 공격하기 때문에 예방 효과가 없다.

② 짚·새끼 감기, 황토 바르기

짚 감싸기(사진4-8), 새끼 감기(사진4-9), 새끼 감기와 황토 바르기 병행(사진4-10)의 방법도 ㉠ 이식목의 천공성 해충 공격 예방 효과가 크다. 특히 ㉡ 보온, 급격한 온도 변화 차단, 피소와 수분 수탈 방지 등의 효과가 있어 고목을 이식한 경우 새끼 감기와 황토 바르기를 병행하면 활착에 큰 도움이 된다.

짚 감싸기와 새끼 감기는 ㉢ 난대성 수종의 월동을 겸한 줄기 감기가 된다. 짚 감싸기는 짚을 길이대로 줄기에 붙이고 새끼로 묶어 고정하는 방법이고, 새끼 감기는 굵기가 있어 촘촘히 1벌만 돌아가면서 감아도 충분하다. 그런데 ⓓ 3방법 모두 인력과 비용, 작업 시간 소요가 많다.

[사진4-7] 신문지+녹화마대 줄기 감기

[사진4-8] 월동용 줄기 짚 감기

[사진4-9] 줄기 새끼 감기

[사진4-10] 줄기 황토 바르기 + 새끼 감기

3. 멀칭

가. 멀칭 기능과 효과

이식목이나 쇠약목의 뿌리권 보온과 보습, 토양환경 활성화 등의 목적으로 지면을 피복하는 것을 멀칭(被覆, mulching)이라고 한다. 식재 작업에서의 멀칭은 물분의 관수가 잦아들고 나서 하는데, ㉠ 뿌리권 토양의 보습과 ㉡ 지온을 상승, 유지함으로써 발근을 촉진하는 효과가 있다(사진4-11, 12). 특히 강우가 적고 건조한 봄철의 멀칭은 이식목의 생사를 좌우하는데, 그 기능과 효과는 표4-3과 같다.

[표4-3] 멀칭 기능(목적)과 효과

기 능	효과
토양수분 유지	토양수분 증발을 억제한다.
강우 흡수력 상승	토양이 다져지지 않아 뿌리권에 빗물이 잘 스며든다.
토양 침식 방지	빗방울이 땅에 직접 떨어지는 것을 막아 토양 침식을 방지한다.
보비력 향상	비료 유실 억제, 보습 등으로 양분 공급 조건이 향상된다.
토양 물리성 개선	멀칭 밑 토양의 경화를 막는다.
지온 조절	저온기 지온 상승, 고온기 지온 상승 억제, 급격한 지온 상승과 냉각을 억제한다(발근 촉진).
지면 복사열 차단	근원부 피소 예방, 수체 온도 상승을 억제한다.
토양생물 활성화	토양 동물 · 곤충 · 미생물의 활성도를 높인다.
활착 증진	이식수, 쇠약수의 뿌리 발생을 촉진하여 활력이 증진된다.
토양 오염 · 병원균 전반 차단	빗방울에 튀는 근원부 토립 오염을 막아 토양전염성 병 전반을 차단한다.
잡초발생 억제	뿌리권의 잡초 발생을 억제한다.

[사진4-11] 무수히 발생한 멀칭 밑 잔뿌리

[사진4-12] 멀칭 밑의 뿌리 발달 근경

멀칭은 ㉢ 토양침식 방지 효과가 크다. 토양침식(土壤浸蝕, soil erosion)은 강우와 바람에 토양이 유실되는 현상으로서, 강우에 의한 토양침식을 수식(水蝕, water erosion), 바람에 의한 토양침식을 풍식(風蝕, wind erosion)이라고 한다. 강우에 의한 토양침식은 빗방울이 땅에 직접 떨어질 때 그 중력으로 토양입자가 물방울과 함께 튀면서 흩어져 아래로 유실된다. 가장 굵은 빗방울의 직경은 7mm나 되고 중량은 0.2g으로서 12~13m/sec의 속도로 지상에 떨어진다(손, 1981). 멀칭으로 지면을 피복하면 빗방울이 땅에 직접 떨어지지 않고 멀칭 재료에 떨어지는 완충 작용으로 침식이 방지되는 것이다(김, 2009). 특히 집중 호우처럼 단시간에 많은 비가 내리면 흙은 빠르게 하류로 유실되는데, 멀칭은 이러한 침식을 막아준다.

멀칭의 침식 방지 효과는 경사도, 토성, 견밀도, 강우량, 강우 횟수, 강우 강도에 따라 다르지만, 조사한 바에 의하면 경화되지 않은 나지의 경우 한 계절에 5~6cm 이상의 침식 방지 효과가 있었다(사진4-13, 14). 잔디와 같은 지피식물 또한 토양침식 방지 효과가 크다. 잔디는 잎의 밀도가 높고 지면을 완전히 덮고 있어 빗방울이 땅에 직접 떨어지지 않는다. 이 때문에 잔디로 피복된 토지는 토립 이탈이 적고, 유속을 약화시켜 토양 입자가 떠내려가지 않고 남아 침식이 방지된다(사진4-15).

멀칭은 ㉣ 토양 경화 현상을 방지한다(사진4-16). 우리말에 "비 온 뒤에 땅이 굳는다"라는 말처럼 토양공극은 강우 시에는 최대 함수 상태가 된다. 비가 그치면 공극수(空隙水, 間隙水, pore water)가 빠지면서 토양입자가 서로 가까이 밀집하게 되어 공극이 줄어들고 압축됨으로써 단단해진다. 공극이 적어 단단해진 토양은 물과 공기 부족, 미생물 불활성화, 무기양분 흡수 불량 등으로 이어져 뿌리 발생과 생장이 억제된다.

[사진4-13] 멀칭권 토양침식 방지 효과

[사진4-14] 멀칭권 토양침식 방지 효과(6cm) 근경

[사진4-15] 비 멀칭 근권 토양침식

[사진4-16] 비 멀칭 근권 토양경화

나. 멀칭 재료와 방법

(1) 멀칭 재료

멀칭 재료에는 볏짚, 거적, 왕겨, 톱밥, 칩(chip), 수피(bark), 코코넛 바크(피트), 낙엽(솔잎), 잔디·억새·갈대 예초물, 부직포, 비닐(폴리에틸렌 필름, 폴리염화비닐 필름) 등이 있다. 대부분의 멀칭은 ㉠ 짚을 엮어 만든 거적을 이용하는데, 관목류의 방풍·방한용으로도 사용할 수 있고, 보온·보습력이 뛰어나 발근 촉진 효과가 높다. 자연 소재인 짚은 2~3년을 경과하면 분해되어 주변 식생으로 덮이는 친환경 소재이다(사진4-17, 18, 19). ㉡ 최근에는 코코넛 바크가 수입되어 멀칭 재료로 이용되고 있다(사진4-29).

공원 녹지 또는 골프장에 식재된 나무는 ㉢ 섬유질(纖維質, fiber)이 많은 한국잔디(*Zoysia japonica*), 10~15cm 길이로 자른 억새와 갈대 예초물 등을 멀칭 재료로 이용해도 좋다(사진4-21). 반면 ㉣ 수분 함량이 많은 벤트그래스(Bentgrass)나 캔터키 블루그래스(Kantucky blugrass) 등의 한지형 잔디 예초물은 발효되지 않은 상태로 피복하면

[사진4-17] 거적 멀칭(3월) ⇨

[사진4-18] 주변 식생 침입(익년 11월)

[사진4-19] 주변 식생(한국잔디) 침입(9월)

[사진4-20] 왕겨 멀칭

분해 과정에서 발산되는 열과 가스 장해로 잎이 황화하고 심하면 나무를 고사시킬 수 있다. 특히 우기에는 부패하여 악취를 풍기는 등 피복 재료로는 부적합하다. 그러나 다비관리되는 벤트그래스나 캔터키 블루그래스는 모래 또는 흙을 1 : 0.5(모래, 흙)로 혼합하여 사용하면 시비를 겸한 멀칭 재료가 되기도 한다(사진4-22). 이때 멀칭의 양이 많아 심식 결과가 되지 않도록 주의한다.

[사진4-21] 한국잔디 예초물 멀칭

[사진4-22] 척박지 벤트그래스 예초물 멀칭

ⓜ 왕겨는 보온력이 뛰어나 화초류 월동용 멀칭 재료로 유용하다. 다만, 가벼워서 젖은 상태가 아니면 흩어지는 경향이 있어 주변을 어지럽힐 수 있다(사진4-20). ⓗ 낙엽은 바람에 날리므로 관수하여 다져주거나 녹화마대 등으로 덮는다(사진4-23). ⓢ 톱밥, 칩(chip), 수피(bark), 솔잎 등의 소재는 분해가 늦고 수지(樹脂, resin) 함량이 높아(사진4-24, 25, 26, 27, 28) 장기간 야적 상태에 있었거나 화학처리를 한 제품을 사용하도록 한다.

[사진4-23] 낙엽 멀칭+녹화마대 덮기

[사진4-24] 솔잎 멀칭

[사진4-25] 수피(bark) 멀칭

[사진4-26] 수피 멀칭 밑 뿌리 발생

[사진4-27] 우드칩 멀칭

[사진4-28] 착색 우드 칩

현장에서는 ⓞ 모래나 돌을 깔아 멀칭 효과를 기대하는 사례가 있다(사진4-30, 31, 32). 지표면의 모래는 토양 모세관을 차단하고 돌은 피복과 그늘을 만들어 수분 증발이 억제되는 효과가 있다. 그러나 고온기에 직사광선을 받을 경우 지온을 높여 뿌리에 악영향을 줄 수 있고, 동절기 야간에는 온도 저하로 지표 가까이에 발생한 뿌리가 동해를 받을 수 있다. 특히 돌은 물을 잡아주는 경향이 있어 겨울에는 토양 동결의 원인이 된다.

[사진4-29] 코코넛 바크(칩) 멀칭

[사진4-30] 모래 멀칭

[사진4-31] 자갈 + 돌 멀칭

[사진4-32] 모래 + 자갈 멀칭 뿌리 발생

ⓩ 비닐 제품의 멀칭은 보온력이 높아 단기적으로는 발근에 유리하다(사진4-33). 그러나 대기와의 공기유통을 차단하고 토양생물 활성화를 억제한다. 강수가 유입되지 않으면 지중의 염류 상승으로 뿌리가 장해를 입는다. 대기로의 지중 가스 배출을 방해하고 외기 온도가 상승하면 비닐 밑의 온도가 상승하여 뿌리가 삶김 현상을 겪는 등 고온장해를 입는다. 그러므로 비닐 멀칭은 보온 목적 외에는 사용하지 않는 것이 좋으며, 고온기와 나무가 활착한 다음에는 제거한다. ⓧ 근간에는 검은색 부직포를 멀칭 재료로 사용하고 있다. 비닐과는 달리 뿌리권 토양에 빗물과 공기가 유통되고 검은색은 햇빛 투과를 막아 잡초 발생을 억제한다. 또한 뿌리권의 온도를 상승시켜 발근 촉진 효과가 있으며 설치가 간편한 장점이 있다(사진4-34).

인 자		내풍성
수고		키가 큰 나무일수록 바람에 약하다.
수관	가지 형태	가지가 굵고 짧은 나무는 바람에 강하다.
	면적	수관폭이 넓을수록 바람맞이 면적이 커 내풍성이 약하다.
	밀도	울밀한 수관일수록 바람 통과량이 적어 넘어짐, 부러짐, 휨이 많다.
	균형성	비대칭 수관일수록 무게 중심이 치우쳐 바람에 약하다.
	위치 (지하고)	수관이 나무 상단에 붙어 지하고가 높은 나무일수록 무게 중심이 높아 바람에 약하다. 가지가 줄기 아래까지 붙어 지하고가 낮은 나무일수록 무게 중심이 아래에 있어 도복 위험이 낮다.
잎	크기	좁은 잎이 넓은 잎보다 내풍성(찢어짐, 탈엽 등)이 강하다. 넓은 잎은 바람을 받는 면적이 커서 상처를 많이 받는다.
	두께	두꺼운 잎(사철나무, 영산홍 등)은 얇은 잎(플라타너스, 칠엽수 등)보다 내풍성(찢어짐, 탈엽 등)이 강하다.

※ 지하고(枝下高, clear-length) : 지표에서 첫 굵은 가지(역지)까지의 높이, 지표에서 수관 하부까지의 높이

※ 역지(力枝, largest spreading branch) : 가장 굵은 가지

(2) 지주목 종류

지주목은 나무의 크기에 따라 설치하는 종류가 다르다. 어린 나무에는 곁붙이기(사진4-35, 36) 또는 양각지주, 사람의 통행이 잦은 가로수에는 양각 또는 사각지주(사진4-37, 38), 큰 나무에는 삼각지주 또는 당김줄을 설치한다(사진4-39, 40). 가지가 처지거나 비스듬히 자란 나무에는 받침형 지주를 세우고(사진4-41), 무리지어 심은 나무에는 연결식 지주(사진4-42) 또는 당김줄에 삼각지주를 병행하기도 한다(사진4-40).

[사진4-35] 어린나무 곁붙이기 지주

[사진4-36] 경사지 어린나무 고정 지주

[사진4-37] 어린나무 양각 지주

[사진4-38] 도로변(가로수) 4각 지주

[사진4-39] 큰 나무 3각 지주

[사진4-40] 당김줄과 3각 지주 병행 설치 교목

[사진4-41] 고목의 처진 줄기 받침형 지주

[사진4-42] 군식지 연결식 지주

(3) 당김줄

이식목의 당김줄은 ㉠ 수고가 높은 나무에 설치하는데, 나무를 식재 구덩이에 앉히기 전 눕혀진 상태에서 미리 줄기에 연결해 둔다. ㉡ 설치 부위는 수고 60~70% 지점이 알맞고, 다소 느슨하게 묶어 줄기를 조이지 않도록 한다. ㉢ 줄을 조이고 느슨하게 풀 수 있는 조절 나사가 있어야 하고(사진4-43), ㉣ 설치 각도는 45°가 알맞다(P. P. Pirone, 1988). ㉤

통행에 방되지 않는 곳에서만 설치하고 줄에 인식표를 달아 눈에 잘 띄도록 한다.

당김줄은 ㉥ 나무마다 각각 설치하고 말목을 박아 줄의 끝을 땅에 고정하는 것이 원칙이다. 때때로 현장에서는 여러 이식목들을 서로 연결하는 당김줄을 설치하여 지지, 고정하기도 한다(사진4-44). 그러나 이렇게 연결하면 비를 동반한 바람에 매우 취약하다. 강우에 토양이 함수(含水)상태가 되면 뿌리와의 결속력이 떨어지고 수관부가 빗물에 무거워져 쉽게 넘어지기 때문이다. ㉦ 현장의 사정상 이식목 간의 연결을 피할 수 없다면 반드시 3각 지주 설치를 병행해야 하고, 중간 중간에 고정 말목을 박아 안정성을 높여야 한다.

[사진4-43] 당김줄 조임, 풀기 조절 나사

[사진4-44] 도복 위험성 높은 연결식 당김줄

나. 지주목과 당김줄 부작용 치료

(1) 지주목과 당김줄 부작용

지주목과 당김줄은 나무를 고정시키는 것이 목적이지만, 너무 단단히 고정하여 흔들림이 전혀 없도록 하는 것은 아니다. 오히려 작고 자연스러운 흔들림은 필요하다. 너무 단단히 고정된 나무는 강한 뿌리를 가지지 못하고(J. R. Frucht & J. D. Butler, 1988) 연결 부위 줄기가 약해진다.

지주목과 당김줄은 관리하지 않으면 나무에 피해를 준다. ㉠ 지주목은 줄기와의 연결 부위에 완충용 자재를 덧대지 않거나 얇을 경우, 바람이 불 때마다 흔들리면서 수피를 압박하고 박피(剝皮)되어 줄기에 상처가 생긴다(사진4-45, 46, 47). 손상부위 조직은 발육 정지, 이상 발육, 부후 등의 피해가 생기고 잘못 묶은 고정용 철사나 고무바는 나무가 자람에 따라 묶은 부위를 조이고 파고들어 조직이 괴사한다(사진4-48, 50).

[사진4-45] 함몰, 지주 연결 부위 압박(전나무)

[사진4-46] 지주 연결 부위 박피 손상(목련)

[사진4-47] 목질부 손상, 받침대 미패킹 줄기(향나무)

[사진4-48] 조임, 지주 연결 부위를 파고든 철사

[사진4-49] 당김줄 피해 고사 진행(소나무) ⇨

[사진4-50] 당김줄 조임 부위 근경

ⓛ 당김줄 피해는 지주목 피해보다 더 심각하다. ⓐ 나무가 직경 생장을 함에 따라 결속 부위를 조이고 파고들어 생장 조직 형성층(形成層, cambium), 상하 물질 전이조직 체관부(體官部, phloem)와 물관부(管部, xylem)가 손상된다. 손상부위 조직은 비대생장을 하지 못하고 양분과 수분 이동이 불량하거나 차단된다. ⓑ 때로는 손상부위에서 수액(송진)이 유출되고(사진4-51, 53, 54), 쇠약하여 천공성 해충이 유인된다.

ⓒ 이 상태가 2~3년 지속되면 잎의 광합성 불량은 물론 생성된 양분이 줄기와 뿌리로의

전이 또한 순조롭지 못하고 결속부위 상단에 정체한다. 그 결과 결속부위 상단이 비대하고 하단은 가늘어진다(사진4-52, 53, 54). 이 현상은 과실의 결실과 품질 향상을 위한 환상박피(環狀剝皮, girdling) 효과처럼 기형의 줄기가 된다. 그럼에도 나무가 죽지 않고 쇠약 상태에서 살아가는 것은 물관부를 통해 물과 무기양분이 잎으로 전이되고, 광합성에 이용되기 때문이다. ⓓ 이러한 나무는 뿌리 생장이 서서히 불량해지고 수관부가 황화하면서 쇠약하는데, 조기에 발견하여 관리하지 않으면 결국은 고사하고 만다(사진4-49, 60).

[사진4-51] 당김줄 조임 상처 송진 유출

[사진4-52] 당김줄 조임 상부 비대생장

[사진4-53] 당김줄 조임 송진 유출(스트로브잣나무)

[사진4-54] 상부 비대, 하부 생장정지 근경

(2) 지주목과 당김줄 부작용 예방과 치료

지주목과 당김줄 부작용(피해) 치료는 근본적으로 예방에 있다. 이미 손상된 피해는 특별한 치료 방법이 없을 정도이며, 오랜 시간에 걸쳐 나무 스스로의 상처 치유에 의존할 수밖에 없다.

① 패킹, 고무 호스와 스펀지

㉠ 지주목이나 당김줄을 나무에 묶을 때 줄기와의 연결 부위에 두꺼운 부직포를 덧대고 철판 또는 고무판, 판자 등으로 패킹(packing)을 한다(사진4-55, 56). 그렇지 않으면 나

무가 흔들릴 때마다 마찰과 조임으로 손상을 입는다. 현장에서는 판자 또는 여러 개의 졸대를 연결하여 이용하기도 하는데, 이 또한 줄기와의 접촉부위에는 부드러운 완충재(부직포, 고무판)를 덧대야 한다.

ⓛ 당김줄을 고무 호스(hose)에 끼우거나 스펀지를 덧대어 줄기를 고정해서는 안 된다. 고무 호스나 스펀지는 아무리 두꺼워도 수축력이 커서 완충재로서의 역할이 미약하여 묶은 부위를 강하게 조이게 된다(사진4-57, 58, 59). 밧줄 또한 완충제를 반드시 덧대고 묶어야 나무를 파고들지 않는다.

[사진4-55] 지주 연결부위 두꺼운 재료 패킹

[사진4-56] 받침형 지주, 단단한 고무판 패킹

[사진4-57] 불량 완충제, 수축성 고무호스

[사진4-58] 수축성 고무호스 줄기 조임 흔적

[사진4-59] 불량 완충제, 수축성 스펀지

[사진4-60] 당김줄 피해 황화, 쇠약(소나무)

② 지주목, 당김줄 부작용 치료

당김줄 피해목은 잎이 서서히 황화하면서 작아지고 밀도가 떨어진다. 소나무의 경우 수관부 황화는 물론, 잎이 가늘고 짧아지면서 윤기를 잃는다(사진4-49, 60). ㉠ 지주목이나 당김줄은 식재 이듬해까지만 유지하고 나무가 활착한 다음에는 반드시 제거한다. ㉡ 바람맞이에 식재되어 도복 우려가 있는 나무, 활착 여부가 판단되지 않았거나 활착이 불량해 지주와 당김줄을 유지해야 하는 나무는 매년 생장기 계절마다 묶은 부위를 풀어 위치 변경을 해서 다시 묶어준다(사진4-61, 62).

[사진4-61] 줄기를 파고든 고무호스 당김줄

[사진4-62] 완충제 없는 당김줄, 이동 설치

㉢ 부후하기 쉬운 활엽수류는 조여서 상처가 생긴 부위가 썩지 않도록 방부 처리를 한다. 소나무류 등 송진이 많은 나무는 방부 처리를 하지 않아도 된다. 송진이 유출되어 스스로 치유되기 때문이다. 송진이 나오지 않은 부위는 방부 처리를 한다.

㉣ 당김줄 피해로 황화, 쇠약한 나무는 당김줄을 제거하고, 고형복합비료를 시비한다. ⓐ 시비는 평지의 경우 나무에서 60~120cm 이격한 뿌리권 또는 근계평균분포영역(제6장 2 가 참조)을 돌아가면서 30~60cm 간격의 구멍을 20~30cm 깊이로 뚫고 고형복합비료 1개/1구멍씩 2줄로 역 3각형이 되게 시비한다. ⓑ 시비량은 2줄 시비에 소요되는 비료의 양이다. 통상적으로 교목을 기준하여 나무에서 80cm 이격하여 30~40cm 간격으로 2줄 원형으로 돌아가면서 시비할 경우 35개/1나무를 초과하지 않는 것이 적정하였다. 쇠약수의 과량 시비는 나무를 고사시킬 수 있다. 그러므로 4월 초순과 7월경 연 2회 시비하되, 첫 회 시비는 시비량을 줄이는 것이 좋다. ⓒ 경사지에서는 경사면 상단에 전체 비료량의 2/3가 시비되도록 한다. 보다 적극적인 치료는 뿌리권 시술이다(제6장 2, 3 참조).

5. 관수 부작용

가. 이식목 관수

(1) 지표관수

식재 당시 최종 관수 이후의 2차 관수는 물분의 토양이 건조하였을 때가 적기인데, 이식목 생사의 70~80%를 좌우한다. ㉠ 관수 시기는 토양 물리성, 방위와 경사도, 일조량, 바람 등에 따라 다르지만, 평지에서는 식재 후 통상 7~10일을 경과하면 땅이 마른다. 멀칭을 하지 않은 나지(裸地) 상태의 물분은 표토에 실금이 가는 때가 2차 관수 적기이다(사진4-63). 멀칭을 한 나무는 멀칭 밑을 조사하여 건조 여부를 확인하고 관수하되, 가급적 지중관수를 한다(사진4-64).

[사진4-63] 2차 관수적기 물분 표토 균열

[사진4-64] 멀칭 위 지중관수

관수는 ㉡ 1회에 뿌리권 토양의 30~50cm 깊이까지 완전히 젖도록 충분한 양으로 관수한다. 표토만 적시는 관수로는 충분한 관수가 되지 못한다. 그렇다고 해서 너무 자주, 많은 양의 관수를 하는 것은 토양의 산소 결핍을 초래하고 부후균(腐朽菌) 감염을 조장한다. 특히 이식목은 뿌리 절단면이 많아 관수가 잦으면 절단면의 부패 원인이 된다.

기존 수목에서의 잦은 지표관수는 뿌리가 지표 가까이 발달하는 원인이 된다. 뿌리가 지표 가까이 발달하면 건조기에는 표토와 함께 잔뿌리가 마르고, 동절기에는 동해 우려가 높다. 또 지표관수는 증발되기 쉽고 토성에 따라서는 충분히 관수하지 않으면 뿌리에까지 수분이 닫지 않는다. 심지어 뿌리권 보습을 위해 멀칭을 한 경우 멀칭 밑의 수분을 찾아 무수한 잔뿌리가 발생하는 것을 볼 수 있다(사진4-11, 12, 26, 32). 식물의 뿌리는 이처럼 물, 공기, 영양분을 찾아 발달하는 뿌리의 향수성(向水性 : 물이 있는 방향으로 발생하는 뿌리의 성질)과 향비성(向肥性 : 시비된 방향으로 뿌리가 발생하는 성질)이 있으므로 가급적 지중관수를 권장하는 것이다.

(2) 지중관수

이식목 관수는 물이 뿌리분 바닥까지 주입되도록 지중관수를 한다. 관수가 뿌리분 바닥에까지 스며들기 위해서는 땅속 깊이 주입해야 하는데, 딱딱하게 굳은 땅을 뚫기란 쉽지 않다. 이 때문에 ㉠ 이식목은 구덩이에 나무를 앉히고 나서 뿌리분 가장자리 3~5 방위에 유공관을 붙이고 매립하여 관수에 이용한다(사진4-65).

유공관은 뿌리분 바닥에까지 닿아 있으므로 관수하면 자연스럽게 지중관수가 된다. 관수가 끝나면 유공관 입구를 구멍이 있는 마개로 막아 공기는 유통하되, 이물질은 들어가지 않도록 한다. 식재할 때 ㉡ 유공관을 매립하지 않는 수목에는 호스(hose)에 쇠 파이프(pipe)나 알루미늄 관을 이어 땅에 박고 수압을 높여 지중관수를 한다(사진4-66).

[사진4-65] 유공관 지중관수

[사진4-66] 물분 지중관수

나. 건조기 관수

(1) 스프링클러 관수와 부작용 치료

이미 활착하여 수년간 살아온 나무의 건조기 관수는 지중관수와 지표관수를 한다. 지중관수는 식재 당시 설치한 유공관 관수 또는 호스를 뿌리권 토양에 박아 관수하는 방법이고, 지표관수는 워터백(water bag), 유공 튜브(tube), 스프링클러(sprinkler) 등을 이용하여 개체목 또는 식재지역 전역의 지표면에 관수하는 방법이다.

① 스프링클러 관수

스프링클러 관수는 일정 면적 내의 전체 나무를 대상으로 관수하는 지표관수로서, 넓은 면적에 군식된 수목의 수분 공급에 효과적이다(사진4-67). ㉠ 충분한 양의 관수가 이루어지면 일정 면적 내의 토지 전체가 함수(含水) 상태에 달하므로 토양의 함수 기간이 길어 건조 피해가 적다. ㉡ 관수 시간과 관수량 조정이 가능한 자동 시스템을 도입하면 관수 노력이 적게 들고 관수 효과가 상승하는 방법으로서, 넓은 공원이나 골프코스 내 수목 관수에 적합하다. 스프링클러 관수는 ㉢ 키가 낮은 수목의 경우 수관부 관수를 겸할 수 있어 잎의 온도 상승을 막고, 수분증발 억제 효과가 있다. 그러나 ㉠ 관수된 깊이를 확인하여 지표면 살수에 그치지 않도록 해야 하며, ㉡ 다른 관수 방법에 비하여 물 소비량이 많고 ㉢ 장시간이 소요된다는 단점이 있다.

소형, 속칭 미니 스프링클러(mini sprinkler)를 이용한 지표관수 방법이 있다(사진4-68). ㉠ 관수 영역이 국한되는 좁은 면적을 대상으로 관수하거나 ㉡ 관수 대상목에 집중 관수하는 방법이다. ㉢ 가뭄기에 이식목이나 건조가 심한 나무, 기타 관수가 필요한 나무의 뿌리권에 설치하여 직접 관수함으로써 ㉣ 물의 소비가 적고 ㉤ 관수 효과가 높은 방법이다.

[사진4-67] 스프링클러 지표 전면 관수

[사진4-68] 미니 스프링클러 개체목 지표관수

② 스프링클러 관수 부작용

스프링클러 관수는 이동식과 고정식 관수 시스템이 있다. 이동식은 급수원에 긴 호스를 연결하여 관수가 필요한 장소로 이동하면서 관수하는 시스템(system)이고, 고정식은 잔디밭 관수처럼 한 장소에 고정 설치된 스프링클러의 관수 시스템이다. 잔디밭의 고정식 관수 시스템은 관수 시기와 시간, 관수량 등이 잔디 생육에 특성화된 관수 방법이다. 이러한 관수 시스템은 수목의 생리·생태적 특성과는 달라서 관수 영역 내의 나무에 피해를 준다. 원인은 잔디밭 건조 방지를 위한 주기적인 관수가 수목에는 과잉·저온·고압력 관수가 되기 때문이다(사진4-69).

주기적이고 잦은 관수는 ㉠ 뿌리권 토양을 과습하게 함으로써 뿌리호흡 불량, 수분과 무기양분 흡수 불량, 토양 미생물 불활성 등이 일어나고 ㉡ 광합성 저해로 이어진다. 과잉 또는 잦은 관수의 여부는 줄기가 젖어있거나 그늘진 곳에서는 이끼가 발생한 것으로도 확인이 가능하다(사진4-70, 72). 이러한 곳에는 지표면에도 이끼(moss) 또는 녹조류(綠藻類, green algae)가 발생한다.

주기적이고 잦은 관수는 ㉢ 토양과 수체(樹體) 온도를 낮춘다. 관수가 잎, 가지, 줄기를 타고 흐르면서 수체의 온도와 지온이 낮아져 지상부와 뿌리의 생리적 활성도가 떨어진다. 수목의 뿌리 활동은 40˚F(4.4˚C)에서 시작되며(Pirone, 1988) 25~30˚C에서 가장 활발한데, 주기적이고 잦은 관수는 뿌리의 적정 활성 온도에서 벗어난 저온 관수가 된다. 저온

[사진4-69] 스프링클러 관수 피해 황화(소나무)

[사진4-70] 스프링클러 관수, 이끼 발생

[사진4-71] 스프링클러 관수 피해 가지 고사 ⇨

[사진4-72] 과잉 관수, 이끼 착생 줄기

[사진4-73] 스프링클러 주기적 고압관수 ⇨

[사진4-74] 고압관수 탈엽, 황화(매화나무)

[사진4-75] 스프링클러 주기적 관수(소나무) ⇨

[사진4-76] 고압, 주기적 관수 고사(소나무)

[사진4-77] 스프링클러 고압관수 수피 손상(소나무)

[사진4-78] 스프링클러 관수방향 잎 황화(메타세쿼이아)

관수의 생리적 교란 증상은 수관부에서 나타난다. ⓐ 잎이 황화하고, ⓑ 낙엽에 따른 엽밀도 저하, ⓒ 잔가지에서 굵은 가지 고사로 확산된다(사진4-71, 73, 74). 특히 ⓓ 수체 및 토양온도 저하가 광합성과 새 뿌리 발생 불량, 활착 불량으로 이어져 고사에 이르게 한다(사진4-75, 76).

㉣ 수관부나 줄기에 주기적으로 관수되면 지속적으로 가해지는 수압에 기계적인 손상을 입는다. 강한 수압에 ⓐ 박피(剝皮)될 뿐만 아니라(사진4-77) ⓑ 체관부와 형성층 조

직의 손상 또는 ⓒ 생리적 장해가 유발된다. 수관부는 잎이 황화하고(사진4-78) 찢어지며조기에 낙엽하면서 ⓓ 잔가지가 꺾이고 고사하여 ⓔ 수관밀도가 떨어진다(사진4-74). 배수가 좋은 경사지일지라도 저온·높은 수압의 주기적인 관수는 나무를 고사시킨다(사진4-71, 76).

③ 스프링클러 관수 부작용 치료

스프링클러 관수에 따른 부작용(피해) 예방과 치료는 ㉠ 나무를 식재하기 전에 스프링클러를 작동하여 관수 영역을 확인하고 영역 범위를 벗어난 곳에 심는 것이다. ㉡ 관수가 바람에 날려 나무에 닿아도 피해가 발생하므로 상풍(常風) 방향의 식재는 관수 영역을 벗어나도록 한다. ㉢ 이미 관수 영역 내에 식재된 나무는 관수 각도, 거리, 높이, 수압을 조정하여 물이 닿지 않거나 그 양과 횟수를 줄인다.

㉣ 고압관수가 줄기를 타격하는 경우(사진4-77) 타격 부위에 두꺼운 나무판이나 졸대 또는 대나무를 촘촘히 엮어 줄기에 묶어준다. 이때 줄기를 묶는 줄이 나무를 조이지 않도록 유의하고 자주 점검하여 조임이나 기타 장해 여부를 확인한다. ㉤ 줄기를 타고 내려온 물이 뿌리권의 지온을 낮추지 않도록 미닐 멀칭을 하거나 얕은 도랑을 만들어 배수되도록 한다.

관수에 따른 수세 약화는 수체 및 토양 온도 저하, 과습, 수압 등의 요인 외에도 토양의 무기양분 용탈에 의해서도 초래된다. ㉥ 수세 약화 치료는 시비하여 수세를 강화하는 것이다. 시비는 ⓐ 유기질비료보다는 화학비료가 효과적이다. 유기질비료는 보습력이 높아 관수가 잦을 경우 뿌리권에 과습을 초래할 수 있다. ⓑ 질소, 인산과 철분 비료(Fe-EDTA) 등을 ⓒ 뿌리권 진제를 대싱으로 4월부터 7월까지 3~4회 시비힌다.

그런데 8~9월에 기온이 높을 경우 잦은 관수와 시비가 생장의 호조건으로 작용하여 늦자람이나 웃자람을 유발할 수 있으므로, 7월 이후 시비는 가급적 삼가는 것이 좋다. 웃자란 가지는 조직의 목질화가 미흡하여 월동기 동해를 받을 수 있기 때문이다.

(2) 유공 튜브 관수와 부작용 치료

① 유공 튜브 관수

유공 튜브(tube) 관수는 관수 공급 밸브(valve)와 연결된 비닐 또는 플라스틱 튜브에 일정 간격으로 뚫린 직경 0.5~1.0mm의 작은 구멍에서 소량의 물이 관수되도록 한 방식이다. 주로 잔디밭에 도입되는 관수 방법으로서 ㉠ 답압되어 물이 스며들기 어려운 곳, ㉡ 마운드(mound) 지역으로서 관수가 유실되기 쉬운 곳에서 유용한 방법이다.

유공 튜브 관수는 토성에 따라 차이는 있으나, ㉢ 1일 2~3시간 정도의 관수가 좋고 ㉣ 야간에 흡수될 수 있도록 오후 5~6시경에 시작한다. 자주, 장시간 관수하면 과습 우려가 있고 토양 무기양분의 용탈로 양분 부족을 겪을 수 있다. 스프링클러 관수와 마찬가지로 수원과의 거리가 멀면 적용이 어렵기 때문에 ㉤ 관수용 튜브를 연결할 수 있는 가까운 거리에 물 공급원이 있어야 한다.

유공 튜브 관수에는 분수형과 점적관수 방식이 있다. ㉠ 분수형은 튜브의 작은 구멍에서 강한 수압의 물이 분사되어 분수처럼 대상 식물 전체에 관수되는 방식이다(사진4-79). ⓐ 뿌리뿐만 아니라 잎에서도 흡수되며, ⓑ 고온기에는 체온을 저하시키는 효과가 있다. 그러나 ⓒ 점적관수보다 물의 소비가 많은 편이고 ⓓ 분수되는 물이 통행에 다소 불편을 줄 수 있다.

[사진4-79] 유공 튜브 분수형 관수

[사진4-80] 유공 튜브 점적관수와 공급 밸브

㉡ 점적관수(點滴灌水, drip-watering)는 작은 구멍에서 소량의 물이 조금씩 방울져서 서서히 흘러 관수되는 방법이다(사진4-80). ⓐ 수목의 경우 열식(列植)된 산울타리, 가식장, 긴 화단의 식재목 관수에 유용한 방법이다(사진4-81, 84). ⓑ 적은 양의 물이 장시간에 서서히 관수됨으로써 물의 낭비가 적고, 균일하게 관수되어 뿌리권 토양이 충분한 함수 상태에 이르는 장점이 있다. 특히 ⓒ 건조기의 점토성이 높은 토양에서 효과가 좋다. 점토성 토양은 가뭄이 지속되면 견밀도(堅密度, consistance)가 높아져 관수해도 뿌리권에까지 스며들지 못하고 지표에서 유실되는 양이 많다. 이러한 토양의 유공 튜브 점적관수는 물을 뿌리권에까지 스며들게 한다.

② 유공 튜브 관수 부작용 치료

유공 튜브 관수는 위치 변경을 하지 않을 경우 소량일지라도 동일 위치에서 장시간 관수 됨으로써 ㉠ 관수부위 뿌리가 과습하여 호흡 불량과 수분 흡수 불량으로 습윤위조(濕潤萎凋, wet wilt) 현상을 겪게 된다(제5장 2 나 참조). ㉡ 지속적인 장시간 관수는 무기양분(질소, 철, 망간, 아연 등)을 용탈시켜 수목은 질소와 미량원소 부족으로 잎의 녹색도가 떨어진다(사진4-81, 82). ㉢ 용탈과 흡수 불량에 의한 잎의 황화 현상은 배수가 불량한 미사질 토양과 점토질 토양, 유기물이 적고 보비력이 약한 모래 토양에서 잘 일어난다.

배수 불량에 의한 잎의 황화 현상은 비료 요구도가 높은 한지형 잔디밭에서 흔히 볼 수 있다(사진4-83). 특히 경사면 하단의 물이 정체되는 곳, 배수구 주변의 잔디는 관수 또는 장마기에 일시적인 침수 상태가 됨으로써 뿌리 기능이 약해져 일어나는 현상이다.

유공 튜브 ㉣ 관수 부작용에 의한 황화 증상은 잎맥에서 먼 엽육(葉肉, leaf body, mesophyll)이 퇴색하고 잎맥은 녹색을 유지하는데(사진4-82), 동일 식재지에서도 개체목에 따라 다르다(사진4-81). 이는 국지적인 뿌리권 토양의 물리성과 지형적 차이, 식재 깊이가 다르기 때문이다. 특히 뿌리 분포권이 좁은 영산홍, 산철쭉 등의 관목류는 뿌리가 멀리까지 뻗는 교목류에 비하여 국지적인 토양 조건의 영향이 크다.

[사진4-81] 점적관수, 양분용탈 황화(산철쭉)

[사진4-82] 양분용탈 황화 현상 근경

㉤ 잎의 황화 치료는 ⓐ 명거나 암거시설 등으로 배수력을 개선하고(사진4-83), ⓑ 스프링클러 피해목에서처럼 시비하여 부족한 양분을 공급한다. 시비량은 시기와 결핍 증상에 따라 다르지만, 질소 13~15% 입상비료 100~120g/m^2을 2~3회 시비한다. 킬레이트철(EDTA-Fe) 토양 시비 또는 1,000배 액을 3~4회 엽면시비하여 치료한다.

[사진4-83] 과습 잔디밭 양분용탈 황화, 명거배수

[사진4-84] 유공 튜브 관수 대상 생울타리

(3) 워터백 관수와 부작용 치료

① 워터백 관수

워터백(water bag) 관수는 비닐 주머니에 물을 채워서 조금씩 서서히 흘려 뿌리권에 관수되도록 하는 방법이다. 관수 공급원에서 먼 곳의 이식목이나 건조기에 활착이 불량한 나무에 관수하는 개체목 관수 방법으로서 소비되는 물의 양만큼 자루에 채운다.

물주머니는 바닥형과 걸이형이 있는데, 바닥형은 뿌리권 바닥에 워터백을 놓고 백 바닥의 바늘구멍에서 물이 흘러 관수되는 방식이다(사진4-85). 걸이(hanger)형 워터백은 수액 주사처럼 나무에 매달아 연결된 호스에 관수 물량 조절 레버(lever)가 있고, 주입구를 뿌리권 땅에 꽂아 관수되게 한다(사진4-86).

[사진4-85] 바닥형 워터팩

[사진4-86] 걸이형 워터팩

② 워터백 관수 부작용과 치료

워터백 관수는 소량의 물이 장시간에 걸쳐 관수되기 때문에 뿌리권 토양이 충분한 함수 상태가 되고, 유실량이 적은 장점이 있다. 그러나 ㉠ 자루의 물이 모두 관수되면 다시 물을 채우고 ㉡ 관수 위치를 변경해야 한다. 소량이 관수되지만 워터백 속의 물이 모두 관수될 때까지 동일 위치에서 지속적으로 관수되기 때문에 답압된 토양, 점토질 토양에서는 국소 과습 현상이 발생한다. 즉 습윤위조 현상(제5장 2 나 참조)이 생겨 관수 방향 수관의 잎이 시들고 심하면 붉게 말라죽는다. 그 원인은 토양공극이 물로 채워짐으로써 과습에 의한 산소 부족으로 뿌리의 호흡과 흡수 기능 불량 때문이다.

워터백 관수 부작용 예방과 치료는 ㉠ 자루의 물이 1/2로 줄어들거나 물을 채울 때마다 관주 위치를 변경하는 것이다. ㉡ 부작용이 발생한 나무는 뿌리권에 고형복합비료를 토양 관주한다. 방법은 관수 위치에 질소 13% 고형복합비료 1/2~1개를 우선 시비한 다음 뿌리권 전역을 대상으로 시비한다. 관수 위치 시비는 소량 시비가 필수다. 뿌리권 전역 시비는 나무에서 60~120cm 이격하여 20~30cm 깊이의 구멍을 나무를 중심으로 원형으로 돌아가면서 30~60cm 간격으로 뚫고 고형복합비료 1개/1구멍씩 시비한다. 관목은 나무의 크기에 따라 다르지만, 개체목은 지제부에서 15~50cm 이격하여 10~30cm 간격으로 시비한다(표6-1 참조). ㉢ 유공튜브 관수 부작용 치료 시비에서처럼 엽면시비를 한다.

6. 잡초 관리 부작용

가. 예초 작업 부작용

(1) 근원부 손상

근원부에 잡초 또는 잔디가 무성하면 천공성 해충 하늘소류의 서식 장소가 되고, 통풍 불량으로 작은 상처에도 부후 위험이 높아진다. 이 때문에 일정 거리까지의 잡초나 잔디를 인력으로 뽑거나 예초, 제초제 처리 등의 방법으로 관리하는데, 이 과정에서 생기는 근원부의 상처, 약해 등을 예초 관리 부작용이라고 한다.

예초 관리 부작용의 근원부 상처는 주로 예초기 칼날에 의한 피해다(사진4-87). 식재 과정에서도 근원부에 상처가 생기지만 대부분이 박피(剝皮, barking, peeling) 피해다. 그런데 예초기 피해는 예리한 칼날이 목부조직에까지 파고들어 상처가 깊다(사진4-88). 목질부까지의 깊은 상처는 체관부(phloem)와 형성층(cambium) 파괴는 물론, 물관부(xylem)의 일부에까지 손상을 입힌다. ㉠ 체관부 손상은 잎에서 합성한 포도당($C_6H_{12}O_6$)이 뿌리로의 전이가 방해되고, 형성층 손상은 정상적인 부피생장을 할 수 없다. 물관부 손상은 뿌리에서 흡수한 물과 무기 이온이 지상부로의 전이가 차단된다. ㉡ 이러한 근원부의 기저상처는 부후균(腐朽菌, wood decay fungi)의 감염 통로가 되어 상처 주변 줄기 조직이 썩고(사진4-89) 큰 공동으로 발전할 수 있다. ㉢ 피해목은 수관부가 황화하면서 잔가지가 말라 죽고(사진4-90) 뿌리가 썩어 쇠약하면서 수명이 단축된다.

[사진4-87] 예초기 피해 근원부 상처, 은행나무

[사진4-88] 예초기 피해 근원부 손상

[사진4-89] 예초기 피해 근원부 손상, 부후 ⇨

[사진4-90] 근원부 손상 줄기 고사, 주목

(2) 예초 작업 부작용 예방과 치료

① 근원부 보호대 설치

예초기 칼날에 의한 근원부 손상은 플라스틱 관이나 섬유 매트 보호대 설치, 근원부 잔디 제거, 예초 인력 교육 등으로 예방한다. 근원부 보호대는 ㉠ 플라스틱 관을 15~20cm 길이로 잘라 반원형의 1/2로 쪼개어서 근원부를 감싸도록 끼운다. 플라스틱 관의 직경은 근원부 직경보다 3~5cm 더 큰 것을 사용한다(사진4-91). 나무가 직경생장을 하더라도 플라스틱 관의 절단부가 벌어져 생장에는 지장이 없다.

㉡ 섬유 매트(mat) 또한 플라스틱 관과 비슷한 폭으로 잘라 근원부에 두르고 철사나 끈으로 고정한다(사진4-92). 이때 다소 느슨하게 감아 줄기를 조이는 형태의 감싸기가 되지 않도록 한다. 플라스틱 관이나 섬유 매트는 설치와 제거에 시간과 노동력이 필요하고, 미관상 자연스럽지 못한 단점이 있다.

[사진4-91] 근원부 플라스틱 관 보호대

[사진4-92] 근원부 매트 보호대

② 인력 제초와 교육

예초기 칼날이 근원부에 닿지 않도록 낫, 삽 등의 도구로 일정 거리까지의 잔디와 잡초를 제거하는 방법이다. 작업량이 적거나 인력이 풍부할 때 적용할 수 있는 방법이다. ㉠ 지제부에서 10~15cm 이격한 거리까지의 잔디와 잡초를 삽으로 떠내어(사진4-93) 나무 주변에서 무성하게 자라지 못하게 한다. ⓐ 제거 작업은 생장기 동안 1~2회 정도 하고 ⓑ 제거 반경은 20cm를 초과하지 않도록 한다. 제거 반경이 넓으면 지제부가 나지 상태로 노출됨으로써 복사열 피해와 한해가 우려되며, 경사지에서는 침식이 일어난다. ⓒ 너무 깊게 떠서 나무 뿌리가 손상되지 않도록 한다.

㉡ 낫 예초는 나무 주변의 무성한 잡초를 제거하는 풀베기 작업으로서 ⓐ 묘목이나 치수(稚樹, young growth)처럼(임, 1966) 수고가 낮아서 잡초와 구별하지 못하고 함께 제거되는 경우를 제외하고는 큰 부작용이 없다. ⓑ 삽으로 제거하는 작업과 마찬가지로 인력 소모가 크다. ⓒ 시간이 오래 걸려 타 작업에 영향이 있고 예산 소요가 많다.

㉢ 근원부 보호의 가장 큰 효과는 제초 인력의 사전 교육이다(사진4-94). ⓐ 예초기에 의한 근원부 상처의 심각성을 현장 사례로 시각적 교육을 하고 ⓑ 작업 전 매회 주지시켜 근원부 손상을 예방한다.

[사진4-93] 근원부 주변 잔디 제거

[사진4-94] 예초인력 교육(휴식시간 예초기 정렬)

③ 적정 제초제 사용

근원부 잔디 제거를 위한 제초제 처리는 적정한 처리 거리와 약량, 희석 배율이 중요하다. ㉠ 이미 활착하여 살고 있는 나무에 잡초가 무성한 경우 ⓐ 먼저, 나무에서 10~15cm 이격한 거리까지의 잔디 및 잡초를 제거한다(사진4-93). ⓑ 그 다음 제거된 가장자리를 따라 경엽 처리제를 구멍이 작은 저압력 노즐로 분무한다. 이때 주의해야 할 것은 제초제 사용 약량과 분무의 범위인데, 잔디만을 고사시키는 양으로 살포하고 주변으로 분사되지 않도록 분무하는 숙련된 기술이 필요하다. ⓒ 처리는 큰 나무만을 대상으로 한다. 큰 나무는 어린 나무에 비해 줄기 가까이에 잔뿌리가 없어 제초제 피해 우려가 상대적으로 적다. ⓛ 이식한 지 얼마 되지 않는 나무는 지제부 또는 뿌리권 토양이 노출된 상태이므로 그 선을 따라 앞의 방법으로 제초한다.

나. 약해

(1) 제초제 피해

제초제 사용에 따른 약해는 사용한 제초제에 의하여 식물체가 받는 독작용이다. 즉, 잡초 방제를 위하여 처리한 제초제가 인접 수목에 주는 약해다. 피해는 비산 접촉되거나 뿌리로 흡수 이행됨으로써 뿌리, 줄기, 가지, 잎이나 새순에 나타난다. 조직에 흡수된 제초제가 광합성·호흡작용·단백질 합성·핵산 합성·생장과 발육 등을 저해하여(구 외, 2010) 잎, 가지, 줄기, 뿌리 등에 외부적 이상 증상으로 나타난다.

피해의 외부적 이상 증상은 식물의 종류와 발육 단계, 제초제의 종류에 따라 다르다. ㉠ 접촉성 피해 증상은 접촉된 부위가 반점, 황화 등의 변색이나 적갈색으로 변하고 심하면 붉게 말라 고사한다. ㉡ 흡수이행 피해 증상은 변색(황화), 기형(꼬임, 뒤틀림, 굽음, 꺾임, 비대), 단엽, 단지증 등의 형태 변화가 있다. 피해목은 쇠약하면서 붉게 마르거나 회색으로 말라 고사한다. 예를 들어, ⓐ 경엽처리제 페녹시(phenoxy)계 제초제는 호르몬형 제초제로서 흡수 이행되면 경엽이 뒤틀린다. 종류에는 2, 4-D, MCPP(Mecoprop) 등이 있고 광엽잡초 살초 효과가 크다. ⓑ 토양처리 및 경엽처리제 벤조산(benzoic acid)계 제초제 또한 페녹시계와 유사한 기작과 피해 증상을 나타낸다. 종류에는 디캄바(Dicamba, 반벨) 등이 있다. 이들 모두 토양 중에서 이동성이 크고 뿌리에 흡수되면 약해가 높은 제초제로서(구 외, 2010) 하단으로 이동, 용탈되기 쉬운 경사지에서는 특히 주의해야 한다.

(2) 제초제 피해 증상

① 변색과 엽소 – 반점, 황화, 엽소

㉠ 접촉성 피해는 ⓐ 잡초 방제를 위하여 살포한 제초제가 인접목의 잎, 어린줄기, 가지에 비산되어 접촉 부위가 황화, 반점 등으로 변색되고 마르면서 타는 엽소(葉燒, leaf burn)가 일어난다. ⓑ 잎에 방울져 튀었을 때는 방울방울마다 작은 점으로 황화, 퇴색하고, ⓒ 비산된 물량이 많은 경우 잎의 끝이나 가장자리가 황화하고 탄다(사진4-95, 96). 이것은 잎이 아래로 처지고 표면의 매끄러운 큐티클(cuticle) 층 때문에 약액이 아래쪽으로 흘러서 고이고 농축되어 나타나는 현상이다.

ⓓ 제초제가 표면 전체에 비산되었을 경우, 초기에는 잎맥 주변이 녹색을 유지하고 잎맥에서 먼 가장자리와 엽육(葉肉, mesophyll, leaf body)이 황화, 엽소하다가 결국은 잎 전체로 확산된다(사진4-97, 98).

[사진4-95] 접촉 피해(반점, 괴사, 고용나무)

[사진4-96] 접촉 피해(반점, 잎 끝 엽소, 매화나무)

[사진4-97] 접촉 피해 확산과정

[사진4-98] 접촉 피해 확산 과정(가장자리 엽소, 라일락)

㉡ 제초제가 뿌리로부터 흡수 이행되었을 때는 잎의 변색과 고사가 접촉성 피해 증상과는 달리 ⓐ 기부의 주맥에서 시작되어 측맥을 따라 확산된다. ⓑ 잎맥과 주변의 엽육이 붉게 타면서 잎 끝과 가장자리로 진행된다(사진4-99). 흡수 이행된 제초제 성분이 주맥을 타고 잎 전체로 확산되기 때문에 잎맥과 그 주변 조직이 먼저 손상되는 것이다. ⓒ 동일 개체목에서도 뿌리의 흡수 방향에 따라 피해를 받는 가지가 있고 건전한 가지가 있다(사진4-100).

[사진4-99] 흡수 이행 피해과정(느티나무)

[사진4-100] 제초제 흡수 뿌리방향 가지 고사

② 기형 - 꼬임, 뒤틀림, 굽음, 꺾임

꼬임, 뒤틀림, 굽음, 꺾임 등의 기형은 주로 호르몬형 제초제가 흡수 이행되었을 때 나타나는 피해 특징이다. ㉠ 생장 과정의 활엽수 잎은 찻잔처럼 가장자리가 말려서 오그라들고(사진4-101), 새순(shoot)은 뒤틀리듯 꼬이고 굽거나 비대한다(사진4-102, 103). 호르몬형 제초제가 흡수 이행되기 전에 이미 목질화가 된 성숙한 잎이나 순은 뒤틀리거나 기형이 되지 않고 말림, 탈색, 황적화하면서 시들어 고사한다(사진4-104).

[사진4-101] 흡수 이행(기형, 오그라듦), 뽕나무

[사진4-102] 흡수 이행(꼬임, 뒤틀림), 망초

[사진4-103] 흡수 이행(뒤틀림), 개나리

[사진4-104] 흡수 이행(말림, 업소), 벚나무

ⓛ 침엽수류는 호르몬형 제초제가 흡수 이행되었을 때 ⓐ 생장 과정의 잎은 곱슬머리 결처럼 헝클어지듯 꼬부라지고(사진4-105, 106) 때로는 ⓑ 꺾이기도 한다(사진4-107, 108). ⓒ 꺾인 부위는 다소 뒤틀리면서 처지고, ⓓ 꺾임 바깥부위 조직은 늘어나고 바람에 흔들림으로써 손상되어 갈색으로 변한다.

[사진4-105] 흡수 이행(꼬임, 뒤틀림), 생육기 소나무

[사진4-106] 흡수 이행(꼬임, 뒤틀림), 휴면기 소나무

[사진4-107] 흡수 이행(꺾임, 뒤틀림), 소나무

[사진4-108] 흡수 이행(꺾임, 뒤틀림), 스트로브잣나무

ⓒ 제초제가 흡수 이행되었을 때 세장한 소나무류 잎의 꺾임 증상은 생장기의 웃자람이 있을 때에도 유사한 증상이 나타난다. 그런데 ⓐ 제초제 피해의 꺾임은 뒤틀림이 있지만, ⓑ 웃자란 잎은 뒤틀림 없이 기부가 뚜렷하게 황록색을 띠면서 아래로 처진다(사진4-109, 110). 생육기에 비가 잦거나 장마가 있으면 생장점의 기부가 빠르게 자라 연한 녹색을 띠고(사진4-109), 조직이 목질화되지 않아 연하고 부드러워 무게중심이 무거운 끝쪽으로 처지고 꺾이는 것이다(사진4-110). ⓒ 빗물을 머금어 무거워진 속생 잎의 꺾인 부위는 시간이 지나면서 바람에 흔들려 손상을 입게 되고, 그 부위가 갈변하여 제초제 피해와 유사한 증상으로 나타나기도 한다.

[사진4-109] 도장 잎 기부 색깔, 소나무

[사진4-110] 도장 잎 기부 색깔과 처짐, 스트로브잣나무

ⓓ 잎의 웃자람 현상은 길고 무거운 잎, 부드러운 잎, 속성한 잎, 수분과 영양 조건이 좋은 토지에 자라는 소나무, 잣나무, 스트로브잣나무 등에서 자주 나타난다. ⓔ 피해 증상을 검진하기 전에 잡초 방제 지역인가의 광역조사, 나무 밑 하층식생(잡초)의 생육 상태 조사가 우선되어야 오진 우려가 적다. 특히 하층의 잡초는 피해 초기에는 수목과 유사한 증상을 나타낸다. 그러나 기간이 지나면 회복되기도 하고, 또 고사하여 분해된 경우 발견이 어려운 사례가 많으므로 주의깊고 정밀한 진단을 해야 오진을 면할 수 있다.

③ 신초 비대·단엽·단지증

㉠ 신초의 비대생장, 단엽·단지증은 주로 페녹시계·벤조산계·우레아계의 호르몬형 제초제가 흡수 이행되었을 때 나타나는 증상이다. 길이와 부피생장 과정의 새순은 ⓐ 뒤틀리면서 꼬부라지듯 비대생장을 한다(사진1-113, 114). 때로는 ⓑ 단지증(短枝症)이 나타나며(사진 1-115), ⓒ 새잎은 길이생장을 멈춰 짧다(사진4-111, 112).

단지증은 소나무, 잣나무, 스트로브잣나무 등 침엽수류가 호르몬형 제초제를 흡수 이행하였을 때 나타나는 전형적인 피해다. 피해는 직접적으로 흡수되었을 때에 나타나지만, 전년 가을에 처리한 제초제가 흡수되었거나 토양에 잔류하다가 봄의 생육기에 흡수되었을 때에도 나타난다.

단지증은 가지의 마디가 짧고 잎이 뭉쳐있는 모양이 마치 총생한 것처럼 보이는 증상으로서 원인은 여러 가지다(사진4-115). 생장기에 강우가 잦을 경우 일시적인 과습 상태가 되는 배수 불량지, 경사지 하단이 경계석이나 시멘트 구조물 등에 차단되어 물이 정체되는 곳의 이식목에서도 때때로 나타난다(사진4-116).

[사진4-111] 흡수 이행(뒤틀린 단엽, 소나무)

[사진4-112] 흡수 이행(뒤틀린 단엽 근경, 소나무)

[사진4-113] 흡수 이행(신초 비대), 소나무 ⇨

[사진4-114] 흡수 이행, 신초 비대 소나무 고사

[사진4-115] 흡수 이행(단지증), 소나무

[사진4-116] 식재지 불량(단지증), 스트로브잣나무

④ 신초 휨(굽음), 뒤틀림, 웃자람

신초(新梢, new shoot)의 휨(굽음), 뒤틀림은 호르몬형 제초제의 흡수 이행 피해이거나 웃자람 증상이다. ㉠ 생장기의 새순이 호르몬형 제초제가 흡수 이행되었을 때 뒤틀리면서 꼬부라지고 심하면 고사한다(사진4-117, 118). ㉡ 소나무, 잣나무, 스트로브잣나무 새순의 경우 웃자랐을 때에도 굽거나 휘기도 한다. 웃자란 신초는 꼬이듯 뒤틀리지 않고 굽거나 처지기만 한다(사진4-121, 122). 이에 반하여 제초제 피해 신초(新梢, shoot)의 구부

러짐(굽거나 휨)은 뒤틀리면서 꼬부라진다(사진4-119, 120). 두 사례 모두 시간이 지나면서 직립생장을 하게 되지만 곧은 줄기 또는 가지가 되지는 않는다.

그런데 ㉢ 상풍(常風) 방향의 길게 웃자란 신초는 바람의 흔들림으로 제초제 피해처럼 꼬이듯 뒤틀리는 경우가 있어 진단에 주의하여야 한다. ㉣ 영양 상태가 좋은 나무는 새순 생장기 5~6월에 강우가 잦으면 새순이 길게 자라는데, 목질화가 되지 않아 직립하지 못하고 처진다. 강우기가 길면 처진 신초가 햇빛을 찾아 선단부위가 수직으로 자라게 되고, 이에 따라 굽은 형상이 된다(사진4-121, 122). 시간이 지나 서서히 목질화가 되면서 굽은 신초는 조금씩 직선에 가깝게 자란다.

[사진4-117] 흡수 이행(꼬부라짐), 개나리

[사진4-118] 흡수 이행(꼬부라짐, 고사), 보리수

[사진4-119] 흡수 이행(신초 뒤틀림), 소나무

[사진4-120] 흡수 이행(뒤틀림 근경), 소나무

[사진4-121] 도장신초 수직생장, 소나무

[사진4-122] 하부 도장신초 수직생장, 소나무

다. 제초제 부작용 치료

(1) 제초제 감수성

모든 제초제는 적정 농도의 희석 배율과 물량을 살포하더라도 살초력이 있어 초본류와 목본류 모두 피해를 받는다. 제초제에 대한 수목의 감수성은 토양의 물리성과 수분, 지형, 경사, 지피물 피복도, 뿌리의 분포 깊이와 확장 정도 등에 따라 다르다.

동일한 농도와 물량의 제초제에 노출되었을 때 일반적으로 ㉠ 모래가 많은 토양일수록 피해가 크다. 대공극이 발달한 모래 토양은 배수력이 커서 강우나 관수가 빠르게 이동, 확산되기 때문에 피해 속도가 빠르고 피해율이 높다. ㉡ 과습지 또한 제초제 피해 진행이 빠르고 피해도가 높다. 과습지의 빠른 피해 진행은 물질 확산 속도가 높은 물의 특성 때문이다. 토양공극 사이에 채워진 물이 제초제의 확산 속도를 높임으로써 피해 진행이 빠르고 피해도가 높다. 뿐만 아니라, 과습한 토양은 미생물 활력 불량, 뿌리 호흡과 흡수력 불량 등으로 나무가 쇠약한 상태로서 제초제에 대한 내성이 약해서 피해 진행이 빠르고 크다.

㉢ 경사지 수목은 평지에서보다 제초제 피해가 많다. 경사지는 하단으로의 수분 이동이 용이하기 때문이다. 수목의 뿌리는 경사면의 상단보다 하단에 더 많이 분포하고 강우 또는 관수에 녹아든 제초제가 뿌리 분포가 많은 경사지 하단으로 흐르기 때문이다. 그 외에도 경사지는 침식에 의하여 뿌리가 지표 가까이 분포하거나 노출된 경우가 많아서 토양의 격리 효과가 낮아 제초제와 접촉 기회가 더 높기 때문이다.

㉣ 잔디, 잡초, 소 관목류 등의 지피식생 밀도가 낮거나 나지 상태의 토양은 제초제 피해가 크다. 이는 살포한 제초제가 지피물에 차단, 완화되지 못하고 직접 접촉 또는 흡수되기 때문이다. ㉤ 전정 초기, 기타 원인으로 쇠약한 나무는 내성이 약해 제초제 피해가 더 크다.

(2) 제초제 피해도

제초제에 의한 수목의 고사는 주로 호르몬형 제제가 흡수 이행됨으로써 발생한다. ㉠ 호르몬형 제초제는 식물생장 호르몬의 생리적 기작을 응용한 제품으로서 피해 치료가 매우 어렵다. 비산 피해는 비산된 부위에 국한되지만, ㉡ 흡수 이행 피해는 물질전이 조직이 파괴됨으로써 개체목 전체가 영향을 받고, 피해도에 따라 2주 내에 고사하거나 회복되더라도 피해 후유증이 2~3년 이상 지속된다.

㉢ 피해도는 잎·가지·줄기의 피해 증상 정도로써 추정, 진단하는데 진단자의 많은 경험

이 필요하다. ⓐ 잎의 황화·엽소·낙엽의 정도, ⓑ 새순의 변형(휨, 뒤틀림, 꺾임 정도), ⓒ 잔가지 고사, ⓓ 가지와 줄기의 내수피 색깔과 ⓔ 고사 정도 등을 종합적으로 체크하여 경도, 약도, 심도, 극심, 고사의 피해로 판정하고, 그 결과에 따라 뿌리권 시술 여부를 정한다(표4-6). ㉣ 피해 회복을 위한 특별한 치료 방법은 거의 없는 실정이지만, 피해 정도에 따라 관수와 배수, 멀칭, 가지치기, 뿌리권 시술 등의 방법으로 수세를 회복시킬 수 있다.

[표 4-6] 제초제 피해 5단계

피해도	피해 단계
경도	• 잎 끝 황화, 일부 수관부의 미약한 황화 • 이상 증상이 있으나 장해 정도가 낮아 자력 회생 가능한 단계
약도	• 수관부 전체 황화. 시듦 • 시약 스트레스가 있어 관수 관리가 필요하며, 자력 회생 가능한 단계
심도	• 단풍 · 낙엽 · 엽소 현상, 신초 뒤틀림. 일부 겨울눈 고사 • 시약 스트레스가 커 뿌리권 시술 등의 적극적인 관리를 해야 회생 가능한 단계 • 관리하지 않으면 고사 위험성이 높은 피해 단계
극심	• 낙엽 · 엽소 현상, 신초 뒤틀림. 겨울눈 고사 • 회생 치료기술 요구도가 높고 회복이 다소 어렵거나 장기간이 소요되는 단계 • 전문가의 판단 및 치료 작업이 필요한 단계
고사	• 붉게 또는 회백색으로 말라 외관상으로도 고사가 판단되는 단계

(3) 제초제 피해 예방

① 올바른 제조세 사용

잡초 관리를 위하여 사용한 제초제 피해는 제초제 종류, 희석 배율, 살포 물량, 살포 시기 등의 오·남용에서 비롯된다. 제초제 오용과 남용을 막기 위해서는 초종별·시기별 적정 제초제 선정, 시약 영역 준수, 비산과 흡수 이행 차단, 표준농도 희석과 적정 물량 살포, 작업 인력 교육 등으로 가능하다.

㉠ 제초제는 모든 잡초에 살초력이 있지만, 초종에 따라 살초 효과가 달라서 방제 대상 초종별 적정 제초제 선정이 중요하다. 광엽 잡초에 효과가 높은 제초제를 바랭이 등의 좁은 잎 잡초에 살포한다면 살초 효과가 낮을 뿐만 아니라, 살포 준비와 살포 시간, 인력과 약물 소비 등으로 오용과 남용의 결과가 초래된다. 또한 제초제 살포로 인해 다른 작업을 할 수 없거나 지연됨으로써 겪는 경제적 손실도 있다. ㉡ 제초제는 유약기(幼若期)일수록

약효가 높으므로 초종별 발생 초기에 ㉢ 적정 농도와 물량으로 살포한다. 표준 농도로의 희석과 물량 살포로써 최대 방제 효과를 얻는 경제 원칙을 실행할 수 있다.

㉣ 약액의 비산 피해는 수압이 높거나 바람이 있을 때 발생한다. 그러므로 수목이 인접한 곳에서는 바람이 없는 날, 낮은 수압으로 시약한다. 바람과 수압이 강할수록 인접한 나무에 비산될 우려가 높다. ㉤ 제초제의 흡수 차단은 지피물에 의한 차단과 살포시기 조정으로 가능하다. 잔디의 경엽(莖葉, stem and leaf)과 대취층(thatch layer), 낙엽 등의 지피물은 토양으로의 제초제 이동을 지연 또는 차단한다. 예를 들어, 경엽처리제는 잡초의 잎과 줄기에만 처리되는 물량을 살포한다. 작업 과정에서 물량이 다소 많이 살포되더라도 대취층과 낙엽층에 차단되는 물량이라면 피해가 없을 것이다. ㉥ 살포시기 조정은 약효가 충분히 발휘되는 기간 동안 강우가 없을 것으로 예보될 때 살포한다. 약효 발휘와 약성 휘발 기간은 사용 물량에 따라 기간의 장단이 있고, 약제의 성분, 일조량과 바람 등의 환경에 영향을 받으므로 제품별 사용 방법을 준수하여 작업한다.

② 시약 영역 준수

제초제는 시약 영역 준수가 중요하다. ㉠ 방제 대상 식물과 수목이 함께 생장하는 공간에서의 제초제 살포는 나무뿌리 분포 영역 밖에서 이루어져야 한다. 즉, 제초제 살포 영역은 정해진 것이 아니라 수목의 뿌리가 어떻게 분포하는가에 달려 있다. 시약 거리가 충분하다고 여겨진 곳일지라도 그곳에 뿌리가 분포한다면 흡수 이행될 수 있기 때문이다. 그러므로 피해가 예상되지 않는 가장 근거리가 바로 제초제 살포 영역이 된다.

㉡ 방제 대상 식물과 수목이 근거리에서 생장하는 토지의 경우, 제초제 시약은 나무마다 가지 끝자락의 수직 지면 바깥이 시약 영역이다. 이때 돌출한 가지를 감안하여 근계평균분포영역(제6장 2 가 참조)을 설정하고, 그 바깥 영역이 시약 영역이다. ⓐ 교목류는 최소 2m 이상, 관목은 1m 이상, 철쭉이나 영산홍 등의 소관목은 최소 50~60cm 이상의 거리를 이격하여 시약하는 것이 비교적 안전한 거리다. ⓑ 물론 뿌리는 수관폭의 가장자리를 벗어난 영역에까지 발달하는 것을 고려한다면 근계평균분포영역보다 더 이격된 거리일수록 나무는 안전할 것이다.

③ 작업기술 축적

제초제 살포는 숙련된 기술 인력이 작업해야 한다. ㉠ 방제 대상 초종별·성장 시기별 적정 제초제 선정, 숙련된 표준농도 희석과 물량 살포 등의 기술 인력이 필요하다. ㉡ 살포

영역 확산·확대 억제 등이 실행되도록 철저한 작업 인력 교육이 필요하다. ㉢ 그 외에도 대상 식물에 대한 균일한 살포, 비산 방지를 위한 적정한 날씨 선택, 살포 인력의 작업 시간 준수 등이 우선되는 작업 개념이 있어야 한다.

(4) 제초제 피해 치료

① 개요

제초제 피해목은 피해 정도에 따라 관수(수분 공급), 시비(영양 공급) 및 멀칭(미생물 활성화, 보온), 뿌리권 시술(총체적 관리) 등으로 수세를 회복시킨다. ㉠ 경~약도의 피해목은 관수만으로도 수세 회복이 가능하다. 관수는 3~5일마다 주기적으로 하여 뿌리권이 충분한 함수 상태가 되도록 하여 토양 내 잔류 제초제 성분을 희석시키고 뿌리권 밖으로 배출되도록 한다. 이때의 관수는 뿌리권에 정체되어 과습하지 않아야 한다.

㉡ 심도와 그 이상의 피해목은 ⓐ 뿌리권 토양개량을 위한 부산물비료 시비, ⓑ 멀칭 등의 보다 적극적인 뿌리권 시술이나 ⓒ 가지치기 등의 작업이 필요하다. 부산물비료는 양분 공급과 보습력 유지, 토양미생물 활성화 등의 토양 개량을 위한 것으로서 완전 발효된 비료여야 한다. 멀칭은 뿌리권의 균일한 보온·보습으로 발근을 촉진하고, 가지치기는 T/R률 유지와 맹아 발생을 자극하기 위함이다.

② 뿌리권 치료시술

㉠ 시술 대상

- **느티나무** : 관리 도로에서 2.5m 이격한 경사면에 식재된 흉고 직경 20cm의 수세 양호한 나무다.
- **수세** : 건강했던 나무가 갑작스럽게 수관부 황화, 잎이 갈변하고 엽소(葉燒)하여 낙엽되었다. 황화 증상은 ⓐ 수관 상부에서 시작하여 하부로 확산되었다(사진4-123). ⓑ 1~2개의 굵은 가지가 마르고 직경 5mm 이하의 잔가지는 내피가 갈색으로 말라 고사하였다. ⓒ 관리하지 않을 경우 나무 전체가 고사할 것으로 진단되었다.

㉡ 뿌리권 치료시술 작업 공정

- **원인조사** : ⓐ 잎의 황화 및 엽소 증상이 제초제 피해와 유사하여 ⓑ 수목관리 일지를 확인하고 ⓒ 최초 피해 증상 발현 시기와 대조하였다. ⓓ 그 결과 피해 발견 3~4일 전

법면 잡초 방제를 위하여 호르몬형 제초제(디캄바액제 – 반벨)가 살포된 것을 확인하였다. ⓔ 피해 증상 또한 잡초 방제 살포 제초제가 흡수 이행된 부작용으로 진단되었다. 진단 결과에 의거 수세 회복을 위한 뿌리권 시술을 결정하였다.

- **시술 영역 설정** : 수관폭 수직 지면을 잔뿌리가 노출되는 깊이까지의 지피식생 및 표토를 제거하였다.
- **물분 조성 및 관수** : ⓐ 나무에서 1.5m 이격된 경사면 상단 뿌리권에 폭 25~30cm, 깊이 25cm의 반원형 구획 물분(도랑)을 조성하였다. ⓑ 2일간 2시간마다 물분에 6~7회/1일 반복 관수하였다(평지 또는 배수 불량지에서는 뿌리권이 과습하지 않도록 주의 및 관수 횟수 감소).
- **개량토 포설** : 모래와 부산물비료 = 1 : 2 비율(모래 20kg/7포+부산물비료 20kg/14포)의 개량토를 뿌리권에 6~7cm 두께로 포설하였다(평지 : 3~5cm 두께).
- **멀칭** : 짚이 소재인 거적으로 멀칭을 하여 보온, 보습력을 높이고 살수하여 개량토의 건조 방지 및 보습력을 높였다.
- **수형 정리** : 고사지 제거, 전체 수관부의 가지 끝 쳐내기, 수관부 10%의 가지솎기를 하였다.
- **시술 후 관리** : 시술영역 경사면 상단에 폭 25~30cm, 깊이 25cm 물분을 조성하여 주2회 토양 함수 상태를 점검하고 수관부 살수를 병행하여 관수하였다. 익년 5월 20일 뿌리권 전역에 질소 함량 15% 고형복합비료를 30cm 간격으로 57개를 시비하였다.

[123] 수관부 황화(6월 27일) ⇨

[124] 뿌리권 시술(7월 11일) ⇨

[125] 잎 · 잔가지 고사(7월 25일) ⇨

[126] 새잎 발생(8월 8일) ⇨

[127] 녹색도 상승(8월 23일) ⇨

[128] 새순발생 양호(익년 5월 9일)

[사진 4-123~128] 제초제 피해 진행 및 수세 회복 과정도

ⓒ 시술결과

- **수세회복** : ⓐ 7월 11일 뿌리권 시술(사진4-124, 125). ⓑ 시술 30여일 경과 2차 점검(8월 08일)부터 수세 회복이 서서히 진행되었다(사진4-126). ⓒ 3차 점검(8월 22일) 결과 녹색도 상승. 전체 수관부 잔가지에서도 새잎이 발생하였다(사진4-127). ⓓ 4차 점검(익년 5월 1일) 결과 쇠약 상태는 지속되었으나 새 가지 발생. 회복이 진행되었다(사진4-128). ⓔ 5차 점검(익년 8월 1일) 결과 수세 90%를 회복하였다.

③ 수관부 정리 - 가지치기

수목의 길이생장은 가지와 줄기에 붙은 눈(芽, bud)이 발달함으로써 이루어지는데, 눈이 1년에 1회 발아 성장하는 고정생장(固定生長, fixed growth) 수종과 1년에 2~3회싹이 나와 자라는 자유생장(自由生長, free growth) 수종이 있다. ㉠ 고정생장 수종의 봄철 신초(新梢, shoot, new shoot)는 이미 전년도에 형성된 동아(冬芽, winter bud)가 자란 가지이고, 당년에 형성된 눈은 이듬해 봄에 신초로 자란다. 침엽수류의 많은 수종들은 봄에 1회 새싹이 나오는 고정생장을 한다.

반면 ㉡ 자유생장을 하는 많은 활엽수류는 봄과 여름에 걸쳐 2회 이상 싹이 나온다. 즉, 전년도에 형성된 동아가 이듬해 봄에 자라서 신초가 되고, 다시 가지 끝이나 잎자루와 가지 사이의 분열조직에서 새로운 눈이 형성되고 싹이 터서 길이 생장을 한다(사진4-129). 대부분의 활엽수류와 몇몇 침엽수류는 맹아력이 있어 가지나 줄기의 중간을 자르면 그 자극으로 잠아(潛芽, dormant bud, latent bud)가 발아하는 성질이 있다(사진4-130). 이러한 특성을 이용하여 절간목 식재를 하고(제3장 1 가 참조), 신초 발생 유도와 수세 회복을 위한 가지치기를 한다.

㉢ 약한 심도의 살균·살충·제초제 피해를 받았을 때(표4-6) 나타나는 잎의 시듦, 황화

[사진4-129] 회화나무 자유생장(7월 25일)

[사진4-130] 주목 자유생장(9월 24일)

현상은 ⓐ 신속하게 뿌리권에 충분한 관수를 하고 ⓑ 가지 끝을 잘라주면 새싹이 나와 회생하기도 한다. 고사는 잔가지부터 줄기 방향으로 진행되기 때문에 잔가지가 죽었더라도 중간 이하 또는 줄기와 가까운 부위의 가지는 생존한 경우가 많다. 수관부의 피해 강도에 따라 다르지만, 15~20% 내외의 수관부를 솎아내고 끝을 쳐내면 새순이 나와 회생하기도 한다.

ⓔ 심도(深度)의 피해로 새순이 나오지 않거나 고사가 진행되는 나무는 초기에 강한 가지치기를 하면 신초 발생 유도 효과가 있다. ⓐ 먼저, 굵은 줄기 → 굵은 가지 → 가지의 수피를 깎아 생사 여부를 확인한다. ⓑ 내수피의 녹색 여부, 수액 등을 체크하고 가지의 중간 또는 굵은 가지의 중간을 잘라버리고 ⓒ 뿌리권 관수를 한다. 이때 뿌리권을 시술하면 빠른 회복을 기대할 수 있다.

④ 회생 가지치기 작업 공정

㉠ 시술 대상

- **이팝나무** : 경사지에 식재된 20여 주의 이팝나무로서 근원부 직경은 15~20cm 정도다.
- **수세** : 6월 중순이 지나도 출엽하지 않고 잔가지가 마르면서 고사가 진행되고 있었다(사진4-131). 굵은 가지의 잠아에서 연약하고 작은 새잎이 1~2장 개엽하였다.

㉡ 회생 가지치기 작업 공정

- **원인 조사** : ⓐ 문제 발생 전년도, 당년 관리 내역을 문진한 결과 ⓑ 전년도 가을에 경사지 상단의 칡 제거를 위하여 경엽처리한 페녹시계 호르몬 형 제초제 살포를 확인하였다. ⓒ 칡 제거를 위하여 살포한 제초제가 월동기를 거치면서 강수에 토양으로 침투해 이듬해 봄까지 경사지 하단으로 이동한 것으로 판단되었다. ⓓ 이동한 제초제가 경사면 하단의 이팝나무에 흡수 이행되어 피해가 일어난 것으로 진단하였다.
  ⓔ 굵은 가지와 줄기의 수피를 깎아 확인한 결과, 내 수피(코르크 형성층과 그 안쪽의 수피)가 녹색과 흰색으로 나타나 생존을 확인하였다. ⓕ 진단 결과에 의거 수관 정리, 즉 회생 가지치기를 결정하였다.
- **강 전정** : 새순 발생 유도를 위해 굵은 가지를 기준하여 전체 길이의 2/3를 잘라내는 강한 가지치기를 하였다.

ⓒ 결과

• **수세 회복** : ⓐ 가지치기 10여 일 후부터 새잎이 나기 시작하였고 2개월 후에는 무성한 수관을 형성하였다(사진4-132). 이와 같이 강한 가지치기를 하면 새순 발생을 유도할 수 있다. 그러나 ⓑ 피해 발견이 늦어 상당한 조직 손상이 일어난 경우는 회생할 수 없으므로 조기 예찰과 즉각적인 회복 작업이 필요하다.

[사진4-131] 제초제 피해 비개엽 이팝나무(6월 14일) ⇨

[사진4-132] 강 전정, 개엽 이팝나무 수관(9월 6일)

제 5 장
쇠약수 진단과 치료

1. 쇠약수 진단
2. 잎 진단
3. 가지와 줄기 진단
4. 뿌리 진단

1. 쇠약수 진단

가. 쇠약 · 고사 환경 요인

수목이 쇠약, 고사하는 원인에는 자연적 요인과 인위적 요인이 있다. 자연적 요인은 기상, 토양, 생물 등이고 인위적 요인은 인간의 행위 또는 그 결과로 유발되는 환경오염이나 관리 부작용이다(표5-1). 수목의 건강 검진은 쇠약과 고사의 자연적 요인과 인위적인 요인을 점검, 진단하고 치료 방안을 모색, 처방하는 것이다.

일반적으로 ㉠ 인간의 간섭으로 유발되는 수목의 쇠약과 고사는 ⓐ 작업의 엄격한 기준 설정과 실행, ⓑ 수목의 생리·생태적 특성에 대한 지식, ⓒ 이것을 바탕으로 한 적정 관리를 함으로써 예방과 치료가 가능하다. 그러나 ㉡ 자연적 요인에 의한 쇠약과 고사는 예방과 치료가 쉽지 않다. 피해 또한 심각한 경우가 많아서 ⓐ 피해 유발 요인 예측, ⓑ 요인에 대한 지식과 분석이 필요하고, ⓒ 이를 근거한 적정 예측 관리가 있어야만 피해를 예방하고 최소화할 수 있다.

이식수가 활착하지 못하고 쇠약, 고사하는 원인의 진단은 굴취에서부터 운반, 식재, 양생관리에 이르기까지 많은 원인들이 체크되어야 한다. 식재와 양생관리 기술도 중요하지만, 굴취와 운반 과정에서의 문제가 이식목의 생사 결정에 더 큰 요인으로 작용할 수 있다. ㉠ 굴취 과정에서의 문제는 뿌리분의 크기와 파손이다(사진5-1). ⓐ 너무 작은 분, 즉 뿌리분을 작게 잡아서 많은 뿌리가 잘려나가거나 ⓑ 뿌리분의 파손, 금이 간 경우에도 활착에 심각한 영향을 받는다. ⓒ 모래성분이 많아 분이 형성되지 않고 흐트러져도 잔뿌리가 잘리고 말라서 활착이 불량하다. ⓓ 뿌리분 크기에 비하여 너무 많은 가지를 잘라내고 식재한 경우에도 활착이 어렵다.

㉡ 운반과정의 문제는 ⓐ 구덩이 밖으로 빼낸 굴취목이 바로 운송, 식재되지 않고 방치되어 뿌리분이 햇빛에 노출된 경우에도 분(盆)이 말라 활착이 어렵다(사진5-2). ⓑ 운송차량이 나무를 덮지 않고 운송하여 뿌리분이 마르고 잎이 시들어 떨어진 경우, ⓒ 속도 조절을 하지 않아 뿌리분이 파손(금이 가거나 깨진 경우)된 경우에도 이식 스트레스가 커서 활착이 어렵다. 이와 같이 진단자는 여러 작업 과정에서 수반되는 원인들을 추적해가면서 점검해야 정확한 진단이 가능하고 올바른 대책을 수립할 수 있다.

[표 5-1] 수목 생장 및 활착 불량 환경 요인

환경요인		장해인자
자연적 요인	기상 요인	온도(고온, 저온), 바람(강풍, 건풍, 한풍, 염풍), 강수(폭우, 폭설, 가뭄, 장마, 침수, 우박, 안개, 서리), 일광(과 부족), 복사열(반사열), 낙뢰, 화산 폭발(가스, 화산재)
	토지 요인	물리성(공극 과 부족 : 과습, 건조), 화학성(영양 부족, pH 부적합), 지형, 방위, 고도
	생물 요인	해충, 동물(대 · 소형동물), 선충, 병원성 미생물(세균류-bacteria, 바이러스-virus, 조류-algae, 원생동물류-protozoa, 곰팡이류-fungi, 효모균-yeast), 종자식물(피복, 조임, 기생, 생육 공간경쟁)
인위적 요인	환경 요인	대기오염(가스, 분진), 토양오염(중금속, 가스, 유류, 농약), 수질오염(농약, 비료, 중금속, 유류)
	관리 요인	농약(오용, 과용, 남용), 제설 · 적설(염화칼슘, 염화나트륨), 비료(과용, 남용, 오용), 답압, 심식, 복토(성토), 절토, 전정(과잉), 식재 · 양생관리 불량

[사진5-1] 파손부위 은폐(새끼), 고사 이식목

[사진5-2] 지상노출, 뿌리분 건조(5월)

나. 쇠약수 진단

(1) 관리자 문진

수목은 외부 환경 요인의 간섭을 받으면 생리적 교란이 일어나고 나무 스스로의 저항력, 즉 내성(耐性, resistance, tolerance)이 발휘되어 손상이 감소하고 치유되기도 한다. 그러나 내성의 한계를 넘어서는 간섭은 잎, 가지, 줄기, 뿌리의 색깔과 형태적 변화, 즉 외부 증상이 나타난다. 외부 증상은 내부의 생리적 교란이 상당히 진행된 결과이므로, 성공적인 치유를 위해서는 가급적 조기에 발견하고, 정확한 피해 원인과 진행 정도 진단이 필요하다. 피해 발견이 늦으면 치료 시기를 놓치고, 오진하면 잘못된 방법으로 치료하게 되므로 나무를 회생시킬 기회를 잃고 만다.

쇠약 또는 고사의 원인 규명은 ㉠ 1차적으로 외부 증상으로 판단하지만, ㉡ 관리자로부터 관리 이력, 증상의 발현 시기와 유형 등에 대한 문진(問診)을 함께 해야 한다. ㉢ 문진을 통해 얻은 정보와 주변 생육환경 등이 피해 증상과의 연관성 여부 및 그 정도를 체크하고 분석함으로써(표5-2) 정확한 진단과 올바른 처방이 가능하다.

[표 5-2] 쇠약수 검진 항목

검진 항목	조사 내용
외부 증상	피해 발생부위(잎, 가지, 줄기, 뿌리) 증상, 피해 특징
피해 시기	피해 증상 최초 발견 시기, 피해 진행 속도, 피해 심도
수종 특성	검진 대상 수종의 생리 · 생태적 특성, 수세, 수령
식재 부작용	식재 시기, 식재 적부성(적지적수, 심식 여부 등), 식재 경과 년수
관리 내역	시비, 시약, 관수, 전정, 기타 관리의 적정성 여부
환경 간섭	피해 발생 직전 또는 1~2주 전의 기상 · 생물적 요인(병 · 해충, 동 · 식물), 입지환경(토양 물리 · 화학성, 과습, 건조, 일조량, 기타 기상조건 등) 등의 이상 유무와 관련성 및 그 정도

(2) 육안진단

① 의의

사람의 건강이 얼굴에 나타나듯 수목의 건강은 잎에 나타난다. 잎은 생산 기관인 동시에 소비 기관이기도 하여 양분과 수분 결핍, 동·식물이나 인간의 간섭, 기타 모든 환경 요인의 간섭에 대한 후유증이 직접적으로 나타나는 외부 기관이다. 그러므로 ㉠ 잎을 관찰하면 나무의 건강 정도를 추론할 수 있으며, 이 행위가 바로 육안진단 과정의 하나다. 즉, 외부적 증상의 특징을 육안으로 체크하여 그 원인과 회복 방안을 처방하는 것이 육안진단이다.

㉡ 그렇다고 해서 잎의 증상만으로 쇠약의 원인으로 진단해서는 안 된다. 예를 들어, 잎의 녹색도가 떨어진 나무를 영양 결핍에 의한 황화라고 진단하지 못하는 과정을 보자. ⓐ 잎의 증상이 철분(Fe)이나 망간(Mn) 결핍증처럼 황화하여 토양을 분석한 결과, 철분이나 망간의 함유량은 정상이었다. 그렇다면 황화 원인이 무엇일까?

토양분석이란 뿌리가 분포한 몇몇 곳의 토양을 채취하여 분석한 결과이므로 뿌리권 전역의 결과라고 볼 수 없다. 토양 중의 각 원소를 분석하여 양분의 과부족을 추정하는 것으로서 분석결과가 반드시 유효양분의 양을 나타내는 것이 아니다(2000, 길). 식물의 비료 이용률은 그 식물의 흡수력, 시기, 온도, 토양 조건 등에 따라 다르기 때문이다. ⓑ 영양결핍이 의심되면 토양분석 하나만을 기준하지 않고 잎의 무기양분 분석을 포함하는 것이 올바른 진단이다. 또 ⓒ 잎의 녹색도는 줄기나 가지의 상처, 부후 등으로 양분과 수분전이가 원활하지 못하였을 때, 과도한 직사광선, 병이나 수액을 약탈하는 응애류, 깍지벌레류, 매미충류의 피해, 기타 여러 원인으로 쇠약하였을 때도 퇴색하고 황화한다.

㉢ 그러므로 증상의 유사성에 무게를 두어 어느 하나만의 요인으로 진단하면 나무를 치료할 수 없다. 경험이 많은 관리자라면 토양의 색깔이나 지형만으로도 개략적인 지력, 과습과 건조의 여부 등을 진단할 수 있다. 이를 개선하는 관리로서 수세를 건강하게 유지시킬 수 있을 것이다.

㉣ 진단은 ⓐ 검진 대상 수목의 건강은 어떠하고(생육 상태의 정상 여부 검사), ⓑ 건강상의 문제는 무엇이며(이상 증상 특징 검사), ⓒ 그 원인이 환경인가, 관리적 행위인가 등을 규명하고(원인 규명), ⓓ 최종적으로 회복 방안 모색(관수, 시비, 뿌리권 시술, 외과수술, 기타 관리 등)과 ⓔ 회복 가능성 여부 판단이 육안진단 과정이고 목적이다.

② 검진 항목

수목의 이상 여부 진단은 광역 진단, 국소지역 진단, 개체목 진단 순으로 진행한다. 먼저, ㉠ 멀리서 나무 전체를 살핀다. 문제가 된 수목이 한눈에 들어오는 위치에 서서 전체적인 상태와 외부 증상을 체크한다. 그 다음 ㉡ 주변 지형과 환경을 조사한다. 식재 지형, 방위 등의 조사와 식재지의 토성, 과습·건조 여부 등을 조사하고 수세와의 관련성과 그 정도를 진단한다. ㉢ 개체목 진단은 대상 수종의 생리·생태적 특성과 식재지 환경과의 적부성을 검토 분석한 다음, 잎에서 줄기로 이어시고 최종적으로는 뿌리 진단의 순으로 검진한다(표5-3).

생육환경 적부성 체크가 끝나면 ㉣ 피해 원인을 분석한다. 즉, 피해 증상이 병·해충, 양분이나 수분, 생육 공간, 기상 등의 환경적인 문제인지 아니면, 관리의 적부성 문제인지 등을 점검한다. 예를 들어, 피해 특징을 검진한 결과 원인이 해충일 경우에는 최초 발생 또는 예찰 시기, 예찰 당시의 피해 특징·심도·피해 진행도 등의 생태 조사와 방제 시약 여부를 체크한다. 방제 시약을 했다면 방제약의 종류, 희석 배율, 시약 물량, 시약 시기와 시간 등을 문진하고 그 적부성 분석과 관리 장부를 확인한다. 그래야 단독 원인에 의한 피해인지, 아니면 관리 부적합 피해(약해)가 배가되었는지 등을 규명할 수 있다. 회생을 위한 처방은 단독 원인, 아니면 복합적인 원인인가의 여부에 따라 처방이 다르기 때문이다.

이렇게 조사한 결과로 ㉤ 밝혀진 요인이 피해 증상과의 인과관계 성립 여부를 객관적이고 명확하게 이해되도록 관리자에게 제시해야 한다. 이를 위해서는 진단자의 많은 경험이 필요하고, 미미한 증상도 놓치지 않으려는 자세가 필요하다. 자신이 가진 모든 지식을 동원하여 세심하고 주의 깊은 조사는 물론, 외부로 나타나지 않는 원인까지 밝히려는 노력이 필요하다. 여기에 토양조사 기구, 수목 생리특성 조사 기구 등을 이용하면 보다 객관적 수치의 자료가 뒷받침될 것이다. 그러나 이들 기구와 기기의 조사 자료는 참고 자료이지 전적인 진단 근거 자료로 활용되어서는 안 된다.

[표 5-3] 육안진단 항목과 내용

항목	진단 내용
원거리 수체(樹体) 관찰	• 검진 대상목 전체 조사 진단 - 10m 이상 떨어진 곳에서 진단 대상 나무의 수세 검진(수관 밀도 · 색체 · 고사지 여부와 정도, 수형 등)
생육지와 주변 환경	• 국소지형 특성, 토지 특성 - 방위, 평지 · 경사지 여부와 정도, 과습 · 건조 여부와 정도 등이 쇠약과의 관련성 및 그 정도 조사
생육 환경과 생리 · 생태적 특성과의 적합성	• 내음성, 수분과 양분 요구도 등의 문헌 조사 - 생육 밀도, 음지(그늘), 일조량, 내건성 등의 자료 조사 • 뿌리권 조사 진단 - 뿌리권 영역의 광협과 정도, 심식이나 상식(上植) 여부, 토양 물리 · 화학성, 답압 여부와 정도 등 조사
장해 특징과 원인 조사 진단	• 피해 요인 조사 검진 - 잎 · 가지 · 줄기에 나타난 피해 증상이 자연적 요인(기상, 토지, 동 · 식물, 병 · 해충) 인가, 인위적 요인(관리 부작용, 환경 문제)인가의 원인 조사와 피해의 정도 검진 - 양분 · 수분 · 토성 · 생육환경 · 관리의 적정성, 가지와 줄기의 상태, 상처 여부와 정도 등을 조사 검진
조사 결과의 인과 관계 분석, 규명. 치료책 강구	• 규명된 피해 원인의 객관성, 신뢰성, 전문성 제시로 실무자의 이해 및 관리 방법 처방

③ 피해증상 검진

쇠약의 자연적 요인은 생물 요인을 제외한 기상이나 토양 요인은 사전에 인지할 수 있다. 토양 요인은 사전 토양 조사로써 파악이 가능하고, 기상 요인은 현대 과학의 힘으로 예보되기 때문이다. 예를 들어, 기상 요인으로서의 태풍 피해는 발발 이후 피해가 바로 나타난다. 수일간 지속되는 고온이나 저온 피해는 서서히 나타나며, 관리적인 지식과 경험이 있으면 원인 진단이 가능하다.

관리 작업의 가장 흔한 후유증은 시비와 시약(살충·살균제, 제초제) 피해이다. ㉠ 시비 피해는 시비라는 행위 직후 3~4일, 늦게는 10여일 내에 바로 나타나기 때문에 피해가 작업 후유증임을 추론할 수 있다. ㉡ 해충과 잡초방제 시약 피해는 적정 농도를 초과하였거나 과량 처리했을 때에 발생한다(표5-4). ⓐ 병·해충 피해는 동일 수종에서 동일한 증상으로 나타나지만, ⓑ 시약이나 시비는 처리한 수종 모두에서 동일한 증상의 피해가 발생한다. 특히 제초제 피해는 하층식생, 주변의 동일 수종과 다른 수종의 동일 증상 발현 여부를 조사하여 구분한다. 즉, 제초제는 처리한 지역의 모든 초본류와 목본류에서 동일 증상의 피해가 나타난다. ⓒ 피해는 나무보다 초본류에서 먼저 황화, 시듦, 뒤틀림, 기형, 고사 등의 증상으로 나타난다. 초본류에서 피해가 먼저 나타나는 것은 뿌리 분포권이 좁고 얕아 시약 범위 내에 있어서이다. 반면, 수목의 뿌리는 멀리까지 분포하기 때문에 시약 범위를 벗어나는 뿌리가 있어 흡수 기회가 상대적으로 낮기 때문이다(제4장 6 나 참조).

㉢ 농약의 종류에 따라서 피해 증상이 조금씩 다르지만, 병·해충방제를 위한 시약의 농도장해와 시비의 농도장해 증상은 서로 유사하여 증상만으로는 원인 규명이 어려울 때가 있다. 또 단일 원인이 아니라 2~3개가 복합 작용하여 발생되는 경우가 있어 세심한 진단 자세가 필요하다. 그러나 모든 관리 작업 후유증은 처리한 개체목이나 지역에서만 발생하므로 작업 과정을 역으로 추정하면 원인을 밝힐 수 있다.

[표 5-4] 잎의 제초제 · 살충제 · 건조 · 직사광선 피해 증상

항목		제초제	살충제	건조	광선
녹색도	잎 전체 탈색(황화)	○	○	○	X
	엽연 · 엽육 탈색 또는 엽소	○	○	○	○
	반점, 얼룩	○	○	X	X
형태	시듦	○	○	○	○
	기형, 왜화	○	X	X	X
	길이 짧아짐(침엽), 왜화	○	X	○	X
	위축(오그라듦)	○	○	X	X
	꼬임(뒤틀림), 비대증	○	X	X	X
	꺾임(침엽)	○	△	X	X
	탈엽	○	○	△	X

※ △ : 때때로 나타남. 농약 성분에 따라 증상 발현(예 : 잎 꺾임-기계유유제). ○: 나타남. X: 나타나지 않음.

※ 엽연(葉緣, leaf margin) : 잎 가장자리. 엽소(葉燒, leaf burn) : 잎이 마르고 타는 현상

(3) 육안진단 공정

① 공원 주차장 쇠약 소나무 육안진단

㉠ 진단 대상

• 소나무 : ⓐ 시멘트로 포장된 시민공원 주차장에 원형으로 축조된 화분형 돌담 내에 ⓑ 근원부(지제부) 직경 35cm와 41.5cm 소나무 2주가 생장하고 있다. ⓒ 식재된 상태로 보아 시멘트 바닥을 깨고 구덩이를 파서 뿌리분 상단 30cm 정도까지 묻히도록 나무를 앉혔다. 뿌리권은 폭 3m, 높이 30cm 내외의 돌담으로 조성되었다.

㉡ 쇠약 소나무 육안진단 공정

• 수세 : ⓐ 나무에서 15m 정도 떨어진 곳에서 나무 전체를 점검하였다. ⓑ 2주 모두 쇠약한 상태이나 1주는 심각하여 잔가지 끝의 잎부터 붉게 말랐다. 줄기는 몇 년에 걸쳐 고사지를 잘라낸 흔적이 있었다. ⓒ 전체적으로 수관부 황화가 진행되고 녹색도가 크게 떨어져 있다(사진5-3, 4, 5).
• 식재지 환경 : ⓐ 동~서 방위로 개방되어 하루 종일 강한 직사광선에 노출됨으로써 시멘트 바닥에서의 강한 복사열을 받고 있다. ⓑ 특히 주차장 특성상 차량에서 발산되는 강한 복사열이 나무에 상당한 스트레스 요인으로 진단되었다. 고온, 고열, 건조에 의하여 잎이 타고 메마르는 증상은 주차장 방향 수관부에서 더 심하게 나타났다. ⓒ 엽소현상은 수분 공급이 적은 동절기~봄철에 더 크게 나타나는 것으로 추정된다.

[3] 서향

[4] 정면

[5] 동향

[사진 5-3~5] 방위별 소나무 수관부 건강상태

• 개체목 진단
- 생리 · 생태적 특성 : 소나무는 ⓐ 양수로서 햇빛 요구도가 높은 수종이며 ⓑ 내건성은 높으나 과 건조는 생육불량 요인으로 작용한다.

- **뿌리권** : ⓐ 시멘트로 포장된 바닥은 강우가 스며들지 못하는 수분공급 불량지로서 나무는 4계절 수분 부족을 겪고 있다. 수분 공급은 강우 시 오로지 3m 내외 폭의 돌담안의 토양에 떨어지는 빗물, 줄기를 타고 내려오는 빗물, 잎에서 떨어지는 빗물에 의존한다. 다만, 바닥 시멘트의 균열을 통해 스며드는 빗물이 수분 공급원의 하나이지만, 그 양이 적어 공급원으로서의 기능은 크지 않다. ⓑ 협소한 영역에 2그루가 함께 생장함으로써 양분과 수분 부족, 뿌리의 생장 공간경쟁이 심각할 것으로 추정된다.
- **잎** : ⓐ 솔잎 끝이 적갈색으로 타고 가늘고 짧으며 밀도가 낮다. ⓑ 동일 개체 목에서도 직사광선의 조사가 적은 북향의 수관은 녹색도가 다소 높다. 이 현상은 시멘트 바닥과 차량의 복사열과도 관계된다. 특히 동계 건조기와 봄철 고온 건조기의 차량 복사열은 엽소(葉燒, leaf burn)의 상당한 원인으로 진단된다.
- **가지** : 최근 1~2년 사이에도 5~6개 가지가 잘렸다. 굵은 가지가 잘려진 형태로 보아 수년 전부터 서서히 쇠약하였고 고사한 가지를 잘라낸 것으로 확인되었다.
- **줄기** : ⓐ 근원경 41.5cm의 대경목 줄기에는 크고 작은 상처가 많다(근원부에서 높이 20cm와 50cm 부위, 1m와 1.5m 부위). ⓑ 이는 수분과 양분 전이를 불량하게 하고, 상처 치유에 상당한 에너지 소모가 초래되는 것으로 진단된다.

ⓒ 진단 결과(쇠약 원인) 진단

- **생육환경 불량** : ⓐ 뿌리 생장 공간 부족(양분·수분 경쟁). ⓑ 수분 부족, 강한 일사 등으로 동계황화 현상 발생(수분 공급 부족 → 증산과 호흡에 의한 체내 수분 손실 → 잎 마름 → 잔가지 마름 → 굵은 가지 마름 → 줄기 마름 → 쇠약 지속 → 체내 수분고갈 경계점 초과 → 고사)으로 쇠약에 이르렀다. ⓒ 쇠약 상태에서 1년 내내 강 일광에 시달리고 ⓓ 줄기의 크고 작은 상처는 자가 치료에 상당한 에너지 소모가 있을 것으로 진단된다.

ⓔ 치료시술

- **뿌리영역 확보 및 시비** : 이상의 원인으로 쇠약, 고사가 진행되고 있어 빠른 기간 내에 수세 회복을 위한 관리 작업이 필요하다. 치료는 빠른 기간 내에 ⓐ 뿌리권 영역확보를 위한 돌담 확장, ⓑ 토성 개량 및 양분 공급을 위한 뿌리권 시술(제6장 2, 3 참조). ⓒ 건조기 수분공급을 위한 유공관 매립 등의 작업을 할 경우 수세 회복이 가능할 것으로 진단된다.

② 공원녹지 고사진행 느티나무 육안진단

㉠ 진단 대상

- **느티나무** : 체육공원 내 통행로 옆 가로수로 식재된 근원 직경(지상 20cm 부위) 25cm의 느티나무 1주가 황화하면서 고사가 진행되고 있다(사진5-7). 그 원인을 육안진단하고 수세 회복 방안을 제시하였다.

㉡ 쇠약 느티나무 육안진단 공정

- **수세** : ⓐ 나무에서 10m 떨어진 곳에서 수관부와 줄기 등의 나무 전체를 검진하였다. ⓑ 인접목은 큰 무리 없이 생장하는데 반하여, 검진 대상목은 붉게 마르면서 고사가 진행되고 있다.
- **식재지 특성** : ⓐ 지형은 완만한 경사지로서 뿌리권은 1.5m 폭의 나지(裸地) 상태이고 주변은 모두 보도블록으로 포장되었다. 경사지 상단은 평지로서 30cm 규격의 블록으로 포장되었고 하단은 통행로 경계와 닿았다. ⓑ 통행로 폭은 1.2m이고 작은 블록으로 포장되었으며, 인접 가로수와는 2~3m 간격으로 열식되었다. ⓒ 피해목과 가장 가까운 나무와의 거리는 2m 정도로서 피해목과 동일한 환경이며, 주 통행로와 연결되었다(사진5-6, 8). 즉, 일반 가로수 식재 현실과는 큰 차이가 없이 식재되었다. ⓓ 뿌리권 외곽은 보도 블록이 깔렸으나 세력이 강한 개체목의 경우 충분히 생존 가능한 식재환경으로 조사되었다.
- **식재지 토양** : ⓐ 이용자의 왕래로 인한 공원 특유의 답압된 토지다. 즉, ⓑ 견밀도가 높은 토양으로서 건조할 때에는 돌처럼 딱딱하여 수분침투가 어렵고, 수분 포화 상태일 때는(강수기) 배수가 불량한 조건의 토양이다. 또한 적은 양의 강우는 토양 깊이 스며들지 못하고 표면에서 유실되며 장마기에는 과습한 조건이 된다. ⓒ 이 때문에 가뭄기에도 이끼가 발생해있다(사진5-11).
- 개체목 진단
  - **생리 · 생태적 특성** : 느티나무는 ⓐ 양수로서 성목은 햇빛 요구도가 높은 수종이다. ⓑ 내건성은 보통이나 ⓒ 배수 불량한 점토질 토양에서는 생육이 나쁘다. 사질양토로서 비옥하고 배수가 좋은 토양에서 생장이 좋다.
  - **뿌리권** : 느티나무는 뿌리 확장이 넓은 나무로서 좁은 식재지에서는 보도 블록을 들어 올릴 정도로 넓은 면적의 뿌리권 확보가 필요한 나무다. 진단 대상목의 경우, ⓐ 뿌리권 영역이 극히 좁고 ⓑ 경계석 등이 뿌리 발달 장해 요인으로 작용하고 있다. ⓒ 지제부에는 이식 당시 뿌리분 감기를 한 고무 바가 완전히 제거되지 않아 고무조

[6] 남~서향

[7] 정면

[8] 동향

[9] 환상근 근원부 조임, 근계 불럭

[10] 지표면 뿌리 발달

[11] 지표면 이끼 발생(녹색 부분)

[사진 5-6~11] 방위별 느티나무 식재 환경과 뿌리권 상태

각이 노출되어 있다. ⓓ 인접목은 노출된 뿌리가 없으나 진단 대상목은 상당량의 뿌리가 지표면에 노출되어 발달함으로써(사진5-10) ⓔ 2021년 하반기에서 2022년 5월까지의 이상 고온건조에 나무가 상당한 수분 부족을 겪은 것으로 진단된다.

- **환상근** : ⓐ 토성에 따른 공기 부족으로 뿌리가 지표면 가까이 발달하였고 ⓑ 수세약화 원인의 하나인 환상근(제5장 4 가 (2) 참조)이 근원부를 조이고 있다(사진5-9). ⓒ 2021년 하반기부터 2022년 5월까지의 혹심한 가뭄으로 뿌리가 표토 가까이 분포한 나무는 심각한 수분 부족을 겪은 것으로 진단된다(사진5-10).

• **줄기** : ⓐ 가지가 많이 잘린 것으로 보아 지속적으로 쇠약, 고사해온 것으로 유추되고 ⓑ 1~2개 가지는 부후하여 작은 공동이 생겼다. 그러나 나무를 고사시킬 정도의 손상은 아니었다. ⓒ 표본추출 박피 결과 내수피, 수액 등은 크게 우려되지 않았다. ⓓ 굵은 가지는 잎이 없는 동절기에 열해를 받은 것으로도 진단된다. 즉, 외표피가 얼룩진 것으로 보아 직사광선에 노출됨으로써 고열에 의한 표피 밑 관다발(양분 이동로 체관부, 부피생장 조직 형성층, 물과 무기양분 이동로 물관부) 조직 일부가 손상이 손상된 것으로 추정된다. ⓓ 수관 하부의 일부 가지는 잎이 있어 생존하는 것으로 진단된다.

ⓒ 진단 결과(쇠약 원인)

• **생육환경 불량** : 직접적인 쇠약 원인은 이상고온 건조와 뿌리 지표 발달로 진단되었다.

즉, ⓐ 뿌리권 영역(면적) 부족에 의한 뿌리확장 불량, ⓑ 토양 물리성 불량에 따른 토양공기 부족, ⓒ 지표면 뿌리 발달 및 노출, ⓓ 2021년 하반기에서 2022년 5월까지의 이상 고온건조 등이 나무를 쇠약, 황화, 가지 고사에 이르게 한 것으로 진단되었다. 여기에 ⓔ 환상근의 근원부 조임, ⓕ 답압 등이 쇠약을 배가시켰다. 약간의 수관부 황화 및 엽소현상이 있는 인접목은 뿌리가 노출되지 않았고 환상근도 발생하지 않았으며, 뿌리권 답압 현상도 피해목보다 적었다.

㉣ 치료시술

수세 회복이 다소 어려울 수 있으나, 수관 하부 가지 일부가 생존한 것으로 보아 다음의 방법으로 치료하면 수세를 회복할 것으로 진단된다.

먼저, ⓐ 굵은 가지 일부를 포함하여 자르는 절지, 절두목 관리(제3장 1 가 참조)를 한다. 그 다음 ⓑ 환상근을 자르고(제5장 4 나 참조) ⓒ 노출된 뿌리권에 농업용 상토 또는 코코피트가 주재료인 부산물비료를 3~5cm 복토한다. ⓓ 복토 후 뿌리권 전역에 30~40cm 간격으로 질소 15% 고형복합비료를 25개 내외를 시비하고 ⓔ 멀칭을 하면 빠르게 회복될 것이다.

2. 잎 진단

수목의 쇠약이나 이상 증상은 잎에서 가장 먼저 나타난다. 인간의 건강 정도가 화색으로 나타나듯이 수목의 이상 징후는 잎의 색깔과 형태 변화로 나타난다. ㉠ 잎의 색깔 변화 원인만 하더라도 고온, 건조, 일광, 살충제·제초제·시비 관리 등의 부작용이 있고, 황화, 탈색, 반점, 얼룩, 위조(시듦)와 말림 등의 증상으로 나타난다. ㉡ 잎의 형태 변화에는 엽소(葉燒, leaf burn), 수포(水疱, blister), 이상 발육(혹, 비대, 생장 억제 등) 등의 증상이 있다.

㉢ 관리자는 이러한 각각의 이상 증상에 대한 원인을 규명하고 치료해야 하는데, 그 원인과 변화의 증상이 매우 다양해서 상호 인과 관계의 규명이 쉽지 않다. 많은 경험과 사례를 보고 익혀서 진단의 정확도를 높이고 치료하는 것이 최선의 방법이다.

가. 고온 건조

(1) 수분 부족

고온과 건조에 의한 수분 부족은 잎의 시듦, 말림, 처짐, 황화, 엽소(葉燒 : 말라서 타는 피해) 등의 증상으로 나타난다. 건조에 의한 수분 손실은 피목(皮目, lenticel)에서도 일어나지만 크지 않으며, 주로 잎의 광합성과 호흡 과정에서 기공을 통하여 탈수된다.

잎의 호흡과 광합성 과정에서의 수분 손실을 증산이라고 하며, 뿌리압(根壓, root pressure)과 더불어 토양수분 흡수의 주된 기작이다. 증산작용은 잎의 기공 개폐에 의한다. 기공의 공변세포는 엽록체가 있어 광합성을 하고, 이로 인해 생성된 포도당(글루코스, $C_6H_{12}O_6$)은 세포의 삼투압을 높인다. 높아진 삼투압으로 공변세포 밖의 수분이 흡수되어 팽압이 상승함으로써 잎의 형태가 유지된다.

이때 건조, 고온, 강한 직사광선, 바람 등으로 광합성이 이루어지지 않으면 포도당을 생성할 수 없고 공변세포의 삼투압은 다시 낮아진다. 삼투압이 낮아진 공변세포는 수분이 공급되지 않아 팽압이 낮아짐으로써 잎은 형태를 유지하지 못하고 시들어 처진다(사진 5-12). 즉, 식물은 증산과 공급에 의하여 체내의 수분평형(水分平衡, water balance, moisture equilibrium)을 유지함으로써 체온 상승을 막고, 팽압이 유지되어 시들지 않고 형태를 유지하며 물질대사가 계속되는 것이다. 수분 부족에 의한 잎의 시듦은 영구위조점(永久萎凋點, permanent wilting point)을 넘지 않은 경계에서 물이 공급되면 다시 원상으로 회복된다.

이와 같이 잎 말림과 시듦 현상은 수분 손실에 의한 변형으로서 ㉠ 고온, 건조, 직사광선, 훈풍(건조하고 훈훈한 바람), 뿌리권의 수분 경쟁이 있는 곳에서 일어난다. ㉡ 때로는 두꺼운 낙엽과 부식층이 쌓인 산림에서도 나타난다. 두꺼운 낙엽과 부식층(腐植層, humus layer)은 빗물의 수직 이동을 방해하여 강우량이 적을 때는 물이 뿌리권에까지 도달하지 못함으로써 수분 부족을 겪는다. 또한 잔뿌리는 부식층의 수분을 찾아 발달하고, 강우가 없어 부식층이 건조하면 잔뿌리도 말라 뿌리 기능을 상실함으로써 잎이 시들고 마르는 것이다. 바람·고온·건조기의 잎 말림과 엽소(葉燒, leaf burn, leaf scorch) 증상은 다음과 같다.

◆ 수분 부족 피해 증상 ◆

- 수관 상부의 노출된 잎에서부터 피해가 시작된다(사진5-15).
- 침엽수 잎은 끝부터 황화, 엽소가 일어난다(사진5-13).
- 활엽수 잎은 길이 방향으로 시들고 처진다(사진5-12).
- 활엽수의 황화 및 엽소 현상은 잎맥에서 먼 엽육(葉肉, leaf body, mesophyll)과 가장자리에서 시작된다(사진5-14, 17).
- 잎맥 주변은 녹색이고, 잎맥 사이 엽육은 황화, 갈변하다가 잎 전체가 마른다(사진5-16).
- 잔가지가 죽는 끝마름(先端枯死, top dry, tip dieback)이 생기고, 점차 큰 가지가 고사하면서 전체 수관 밀도와 면적이 감소한다.
- 수분 과부족은 줄기의 직경과 길이생장, 뿌리생장에 영향을 미친다.

잎이 처지거나 접히는 증상은 ㉢ 콩과 식물의 취면운동에서도 볼 수 있다. 빛이나 온도 변화의 자극으로 잎자루 기부조직의 팽압(膨壓, turgor pressure)이 변함으로써 잎이 접히는 현상인데, 취면운동(就眠運動, nyctinasty) 또는 수면운동이라고 한다. 잎이 접히는 현상은 시들지 않고 형태를 그대로 유지하면서 앞면끼리 모아져 뒷면이 노출되는 것이 수분 부족 피해와 다르다. 콩과 식물 싸리나무, 자귀나무 잎은 강한 일광이 있어 기온이 상승한 때(사진5-19), 흐리거나 밤이 되면 잎이 모아지고 아침이 되고 밝아지면 다시 펴져 정상으로 돌아온다(사진5-18).

[사진5-12] 수분 부족 시듦(산철쭉)

[사진5-13] 동계 수분 부족 엽소(스트로브잣나무)

[사진5-14] 고온 건조, 가장자리 엽소(철쭉)

[사진5-15] 고온 건조, 수관부 엽소(산철쭉)

[사진5-16] 수분 부족 가장자리 황화(싸리나무)

[사진5-17] 고온 건조, 엽연 엽소(계수나무)

[사진5-18] 흐린 날 자귀나무 수면운동

[사진5-19] 정오(12시) 싸리나무 수면운동

(2) 수분 부족 치료

잎의 시듦, 황화, 엽소 현상은 고온과 건조, 직사광선을 받은 조직의 온도 상승과 탈수에 의한 세포의 위조, 고사 현상이므로 예방은 부족한 수분을 공급하는 것이다.

① **함수력 증진**

㉠ **토양 물리성 개선** : 척박한 토양은 부산물비료(피트모스–peat moss, 코코피트–coco peat, 부엽토–humus, 이탄토–peat soil가 원재료인 비료, 기타 완전 발효된 농·축·임 부산물비료 등)를 시비하여 토양 물리·화학성을 개선하여 함수력과 지력을 증진시킨다. 부산물비료 시비는 함수력을 증진하는 소공극(모관공극, 모세공극) 량을 증대시켜 토양의 물리성을 개선한다.

㉡ **멀칭** : 뿌리권에 멀칭을 하여 토양수분 증발을 차단한다. 특히, 이식수는 멀칭이 필수다. 상당량의 뿌리가 잘리는 이식수는 수분 흡수력이 낮기 때문에 토양수분 부족은 생존을 좌우하는 직접적인 요인이 된다.

② **낙엽 분해 촉진**

㉠ **천공과 경운** : 답압된 토양, 부식층이 두꺼운 소수성(疏水性, hydrophobic property, hydrophobicity) 토양은 강수의 수직 이동이 불량하여 뿌리의 수분 흡수가 방해된다. 물 분자와 친화력이 없는 소수성 토양은 에어레이션(aeration, 통기작업), 천공이나 경운(갈아엎기)하여 낙엽 분해를 촉진시킨다.

㉡ **부산물비료 시비** : 부산물비료(비료관리법상의 부숙유기질비료, 유기질비료, 미생물비료, 기타 건계분 비료), 소석회 등을 시비하여 미생물 공급 내지 활성화, 토양 산성화 방지 등으로 낙엽 분해를 촉진시킨다.

③ **지중관수**

㉠ **지중관수** : 수분 공급을 위한 관수는 가급적 지중관수를 한다. 이식목은 식재할 때 뿌리분 가장자리에 붙인 유공관에 관수하여 지중관수가 되도록 한다. 1회에 30~50cm 깊이의 뿌리권까지 관수되도록 서서히 충분히 관수한다. 이식수는 7~10일마다 뿌리권 토양의 건조 상태를 확인한다. 토성에 따라 다르지만, 관수가 뿌리권 밖으로 배수

되기 위해서는 4~5일이 걸리므로 너무 잦은 관수는 토양공극을 수분 포화상태로 만들어 산소 부족을 야기한다. 토양공극의 산소 농도가 10% 미만이면 뿌리가 손상되고, 3% 미만이면 뿌리 성장이 중단된다고 한다(Tatter, 1986).

④ 시린징

㉠ **수체 온도 저하** : 수체 온도 저하와 건조 방지 시린징(syringing)을 한다. 시린징이란 엽면관수(葉面灌水)의 한 방법으로서 고온기에 지표와 잎의 온도 저하를 위하여 직경 0.5~10mm의 작은 구멍으로 고압 분무하는 미스트(mist)형 관수 방법이다. 잎에 분무된 물이 증발할 때 기화열에 의한 냉각 효과(김 외, 2006)로 수체 온도 저하와 건조를 막는다.

⑤ 통풍, 증산 억제

㉠ **통등 조건 개선** : 수관밀도 조절, 식재밀도 조절 등으로 통풍 조건을 개선한다. 수분 부족에 의한 시듦이나 엽소는 단순히 식물체 내 수분 부족만이 아니라, 수체 온도 상승에 의해서도 기인된다. 무성한 잎을 솎아주거나 가지치기, 식재밀도 조절 등으로 수분 요구도를 낮추고 통풍을 좋게 하여 수체 온도 상승을 막는다. 증산억제제를 수관살포하면 건조 방지에 도움이 된다.

나. 습윤위조

(1) 습윤위조 요인

물은 생명의 근원으로서 부족하거나 과해서도 안 된다. 식물은 증산과 호흡 과정에서 손실된 물을 뿌리로부터 흡수하지 못하면 체내 수분 불균형에 따른 생리적 교란으로 잎이 시들거나 황화하며, 가지가 마르는 등의 증상이 나타난다. 뿌리가 물을 흡수하는 능력은 토양의 종류(물리성), 건습(乾濕), 깊이에 따라 다르다. 식물의 생육에 알맞은 토양의 용적 조성은 고상(固相, solid phase) 50%(무기물 45%, 유기물 5%), 기상(氣相, gaseous phase) 20~30%(적정 비율 25%), 액상(液相, liquid phase) 20~30%(적정 비율 25%)의 비율로 구성되는데(조 외, 1978), 이를 토양 3상(土壤三相, three phases of soil)이라고 한다. 토양 수분은 액상이 차지하는 비율에 따라 건조한 토양, 적습한 토양, 과습한 토양으로 구분된다.

토양공극(土壤孔隙, soil pore, soil pore space)의 액상 비율이 높아서 과습한 토양은 산소 부족에 따른 뿌리 호흡 불량을 초래한다. 뿌리가 분포하는 토양공극이 물로 채워지면 산소 부족에 의한 호기성 미생물 비활성화, 뿌리의 호흡 불량, 수분과 무기양분 흡수 불량, 광합성 불량으로 이어지고, 체온이 상승하여 잎이 시들고 마르는 현상이 발생한다. 이처럼 뿌리권에 물이 있음에도 흡수하지 못해 일어나는 잎의 시듦 현상을 습윤위조(濕潤萎凋, wet wilt)라고 한다.

습윤위조는 주로 ㉠ 켄터키 블루그래스(Kentucky bluegrass), 벤트그래스(Bentgrass) 등의 내서성(耐暑性, heat resistance, hot tolerance)이 약한 한지형 잔디에서 문제된다. 그 원인은 27~30℃ 이상 고온에서 뿌리의 흡수 기능 약화 때문이다. 즉, 뿌리 기능이 약한 상태의 식물체가 고온 다습 조건에서 흡수력이 약해져 잎에서 손실된 수분을 보충하지 못함으로써 발생하는 피해다. 다습 조건에서 뿌리의 흡수 기능 불량은 잎의 노화 촉진, 성장 조절물질 사이토키닌(cytokinin) 합성 감소 등으로 쉽게 건조 현상을 겪게 한다(김 외, 2006).

습윤위조는 ㉡ 때때로 수목에서도 일어난다, 수목은 뿌리가 멀리까지 뻗어 흔하지는 않지만, 강우 직후 기온이 상승하면 일시적인 습윤위조 현상이 발생된다. 주로 고온기의 강우 직후에 ⓐ 배수가 불량한 점토성 토양, ⓑ 물이 정체되는 분지형 토양, ⓒ 강우로 높아진 수위에 뿌리가 잠긴 수목 등에서 발생한다. 홍수 직후 고온이 지속될 때 침수된 나무가 시들거나 말라죽는 것도 물에 잠긴 뿌리가 호흡할 수 없었기 때문이다. 즉, 침수된 뿌리는 호흡 불량, 수분 흡수 불량으로 이어져, 체내 수분 부족을 겪게 된다. 수분 부족으로 물의 냉각 효과가 상실됨으로써 체온이 상승하고, 세포 내 단백질 변성이 초래되는 등의 생리적 교란으로 잎이 시든다.

그 외에도 ⓓ 낙엽이 두껍게 쌓여 불투수층을 형성하는 곳에서도 발생한다. 두꺼운 낙엽층은 강우 침투가 느리지만, 침투된 물이 증발이나 배수되지 않고 오랫동안 정체되기 때문이다. 낙엽층의 강한 보습력은 강수 이후 과습 상태를 오래 지속시킴으로써 뿌리의 호흡 불량, 수분 흡수 불량을 초래한다. ⓔ 장마기 강우 직후 30℃ 내외의 온도가 2~3일 지속되고 경사지 하단에 옹벽이 있어 지중의 물이 아래로 흐르지 못하고 일시 정체되는 장소에서도 습윤위조 현상이 나타난다. 이러한 곳에는 뿌리 발생도 옹벽 쪽에 집중되어 있는데, 강우에 일시적인 침수 상태가 됨으로써 뿌리가 수분을 흡수할 수 없었기 때문이다.

(2) 습윤위조 증상

수목의 습윤위조는 대기 온도와 직접적인 관계가 있다. ㉠ 강우 직후 27~30℃ 이상의 고온이나 강한 직사광선에 노출된 수관의 상부와 가장자리 가지의 잎에서 나타난다. ㉡ 잎이 길이 방향으로 말려 뒷면이 노출됨으로써 희게 보이고, ㉢ 밑으로 처지는 것이 특징이다(사진5-20, 21). 특히 장마기에는 ㉣ 비가 그친 뒤에도 1~2일, 길게는 2~3일간 위조 현상이 나타나는데, 이는 토양의 배수와 관계되기 때문이다(표5-5). 수분 부족에 의한 일반적인 위조 증상은 ㉤ 동일 개체목일지라도 그늘이 있어 온도가 비교적 낮은 수관 내부의 잎은 시들지 않는다.

[사진5-20] 습윤위조, 국부적인 시듦(느티나무)

[사진5-21] 습윤위조, 수관상부 가장자리 시듦(가죽나무)

[표 5-5] 습윤위조, 바람, 고온, 건조 피해 증상 비교

습윤위조	특징	바람, 고온, 건조
많은 양의 강우 직후 더운 날에 발생한다.	강우, 온도	고온 건조기에 발생한다.
집단에서 1~2 개체목에서만 나타난다.	발생목	일정 지역 주변의 나무 모두에서 나타난다.
특정 지역에서 반복되는 경향이 있다.	발생지	바람맞이 지역에서 발생한다.
배수 불량지, 두꺼운 낙엽 퇴적지의 나무에서 발생한다.	생육지, 토양	건조 토양, 수관이 울밀한 나무, 생육 밀도가 높아 수분 요구도가 높은 지역의 나무에서 발생한다.
수관 상단, 가장자리, 일부 가지의 잎에서 나타나는 경향이 있다.	잎 말림	수관 전체의 잎에서 나타난다.
야간에도 회복되지 않거나 회복률이 낮다.	주 · 야간	바람이 잔잔해지는 야간, 새벽에는 회복되는 경향이 높다.
잎 말림이 1~2일 또는 2~3일 지속되기도 한다.	회복률	낮은 기온, 바람이 그치면 1일 이내에 회복된다.
바람 없는 날에도 잎 말림 증상이 나타난다.	바람	바람에 잎, 잔가지, 고사지가 꺾여 떨어진다.

잎 말림 증상은 바람이 강한 날에도 나타난다. 바람이 불면 대기 습도가 낮아지고, 기공의 일시적인 증산도 높아져 체내의 수분 손실에 의한 세포의 팽압(膨壓, turgor pressure : 세포액 팽창으로 원형질막을 세포벽 쪽으로 밀어내는 압력)이 낮아져 잎이 시들고 말린다. 바람에 의한 위조 증상은 ㉠ 수관 전체에 골고루 나타나는 경향이 있고, ㉡ 하룻밤을 넘기고 바람이 잦아지면 회복된다. 무엇보다도 바람 피해는 ㉢ 잎과 잔가지가 꺾이는 등의 손상을 입고 ㉣ 땅에 떨어지므로 습윤위조와 구분된다(사진5-22, 23).

[사진5-22] 바람맞이 수관부 집단위조(붉나무)

[사진5-23] 바람에 떨어진 잎

(3) 습윤위조 치료

습윤위조의 가장 큰 원인은 뿌리의 활력 저하, 고온, 과습(배수 불량)이다. 과습한 토양의 근본적인 해결은 원활한 배수를 위한 배수구 설치와 토양 개량이다. ㉠ 토양의 배수력 증진을 위해서는 ⓐ 경사지에서는 사면 상단에 측구(側溝, gutter)를 만들어 표면 유입수를 차단하고, 하단에는 배수구를 설치한다. ⓑ 평지의 공원녹지에서는 플라스틱관, 토관, 콘크리트관 등을 이용한 명거(明渠, open ditches) 설치 또는 암거배수(暗渠排水, tile drainage, under drainage)를 하여 뿌리권의 과습 조건을 개선한다. 암거배수를 할 때 관을 묻지 않고 배수 도랑을 파고 돌, 자갈, 모래를 깔아도 된다.

㉡ 토성 개량을 위해서는 모래 토양을 객토하는 등 물리성을 개선하고, 괭이, 삽으로 표토를 쪼아 산소 공급률을 높인다. ㉢ 낙엽이 두껍게 쌓인 곳은 낙엽층을 제거하거나 화학비료·석회 시비, 객토 등으로 분해를 촉진시킨다. ㉣ 울밀한 임분(林分, stand)은 제벌(除伐, cleaning cutting, improvement cutting), 간벌(間伐, thinning), 가지솎기를 해 수관부를 개방함으로써 임내(林內) 광선 투입, 온도 상승을 유도하여 낙엽 분해를 촉진시킨다.

다. 동계황화

(1) 동계황화 원인과 증상

사계절 녹색을 유지하는 상록수의 잎은 동절기에 건조와 직사광선에 노출되면 누렇게 탈색되는데(사진5-24, 25, 26), 이 현상을 동계황화(冬季黃化)라 하고, 그 원인은 다음과 같다.

◆ 동절기 상록수 잎 황화 원인 ◆

- 토양 동결 및 저온에 의한 뿌리의 수분 흡수력 저하
- 가뭄에 의한 토양수분 부족
- 저온에 의한 생리적 현상 변화(엽록소 감소, 잡색체 증가)
- 대기의 고온, 건조, 훈풍에 의한 탈수
- 직사광선에 의한 탈색

㉠ 상록수의 잎은 동절기에 저온과 탈수 현상을 겪는다. 잎에서 손실된 수분은 뿌리에서 공급받아야 하는데, ⓐ 뿌리의 수분 흡수 기능 약화, ⓑ 토양 동결에 의한 수분 흡수 불가 등으로 흡수량보다 손실량이 많으면 나무가 마른다. 특히 토양이 동결된 상태에서 잎과 가지의 수분이 손실될 정도로 대기 온도가 높아지면 조직이 마르는 심각한 부상을 입는다(Pirone, 1988).

㉡ 동계황화는 ⓐ 따뜻한 겨울과 훈훈한 바람이 부는 초봄에 많다. 따뜻한 바람과 기온은 잎과 수체(樹體) 온도를 높여 수분 증발을 높이기 때문이다. ⓑ 황화 현상은 주로 양지의 나무에서 많은데, 겨울철 북향의 소나무가 남향의 소나무보다 짙은 녹색을 띠는 것도 이 때문이다. 양지는 북향보다 일조량이 많아 잎의 탈색 요인이 되고, 남향의 경사지는 북향보다 보습력이 낮아 건조하기 때문이다. 또한 ⓒ 북향의 솔잎은 광합성을 위한 엽록소의 함량이 더 높고, 남향의 잎은 강한 직사광선에서 잎을 보호하기 위하여 안토시안의 함량이 높아지기 때문이다.

이와 같이 상록성 잎의 동계황화 현상은 건조, 일광, 온도 등의 영향 외에도 ㉢ 저온에 따른 생리적 변화의 영향이다. 동절기에 기온이 내려가면서 광합성의 주체인 엽록소(葉綠素, chlorophyll) 함량이 감소하고 황색 계열 크산토필(xanthophyll), 주황색 계열 카로틴(carotene), 적색 계열 안토시안(anthocyan) 색소 함량이 높아져 나타나는 현상이다.

ⓐ 소나무, 사철나무, 산철쭉(반 상록성)의 잎은 카로티노이드 함량이 높아져 황색을 띠면서 월동하고(사진5-24, 25, 26, 28), ⓑ 영산홍 잎은 안토시안 함량이 높아져 붉은색을

띠면서 월동한다(사진5-29). 황엽과 적색의 잎은 봄이 되면 다시 녹색도가 높아지고 왕성한 광합성을 한다. 이러한 현상은 잎의 카로티노이드, 안토시아닌, 엽록소의 농도 차이에 따라 나타나는 색깔이다.

이들 색소는 가을 단풍의 주체이기도 하지만, 동절기에 강한 자외선으로부터 잎을 보호하여 조직의 손상을 막는 역할을 한다. 그러나 따뜻하고 건조한 날씨가 계속되면 카로티노이드와 안토시아닌의 보호 효과가 떨어지고, 온도 상승에 의한 탈수와 강한 직사광선에 화상을 입어 동계황화 또는 겨울 화상을 입는다. 겨울 화상의 특징은 잎맥 사이의 엽육이 적갈색으로 타거나 잎 끝이나 가장자리가 탄다(사진5-30, 31).

수분 손실은 정도에 따라 다르지만, ㉣ 상록수의 동계황화 현상은 토양이 해동되고 강우가 있으면 서서히 회복된다. 경미한 황화는 균일한 황색으로 퇴색되지만, 수분 탈취 정도가 심한 잎은 가장자리가 탄다. 황화가 더 진행되면 ⓐ 상록침엽수는 잎 끝이 황화하거나 적갈색으로 타고(사진5-27), ⓑ 상록활엽수는 잎 끝과 바깥 가장자리를 따라 황화 또는 적갈색으로 탄다(사진5-30). 피해가 더 진전되면 엽육(葉肉, leaf body, mesophyll)이 탄다(사진5-31). ⓒ 수분을 공급받지 못한 겨울눈은 마르고 고사하여, 만지면 쉽게 부스러지거나 말라서 단단하게 굳어 딱딱하다.

[사진5-24] 동계황화 사철나무

[사진5-25] 동계황화 사철나무 잎 근경

[사진5-26] 동계황화 소나무

[사진5-27] 동계황화 솔잎 엽소 현상

[사진5-28] 황록색 월동 잎(11월. 산철쭉)

[사진5-29] 적갈색 월동 잎(2월. 영산홍)

[사진5-30] 엽연 건조, 겨울화상(2월, 사철나무)

[사진5-31] 엽육 겨울화상(2월, 사철나무)

(2) 동계황화 치료

상록수 잎의 동계황화 예방과 치료 방법에는 토양 보습력 증진을 위한 부산물비료 시비, 멀칭, 잎의 증산억제제 처리, 관수(수분 공급), 배수, 방한용 울타리 조성, 나무 밑 적설 방지 등이 있다(표5-6).

[표 5-6] 동계황화 예방과 치료

항목	예방과 치료
멀칭	토양온도 저하와 동결을 막고 수분 증발을 차단하여 토양수분을 유지한다.
부산물비료 시비	지력 증진, 보비 · 보습력을 높여 뿌리권 건조를 막는다.
토성 개량	유기물 공급, 객토, 경운 등으로 토양 물리 · 화학성을 개선한다.
증산억제제 처리	잎, 겨울눈에 얇은 피막을 형성하여 증산을 억제한다.
관수	건조한 날씨가 계속되는 겨울 관수는 수분을 공급 · 유지한다.
배수	과습한 토양은 명 · 암거 시설로 배수 조건을 개선한다.
방품	바람을 막아 동아(冬芽)가 마르거나 동해를 입지 않도록 한다.
적설 방지	제설한 눈을 나무 밑에 쌓거나 제설제가 뿌리권에 유입되지 않도록 한다.

① 멀칭

멀칭은 ㉠ 토양 온도 및 수분보존 효과가 있지만, ㉡ 두꺼운 멀칭은 봄이 되면 광선을 차단하여 해동이 늦고 ㉢ 과습한 토양에서는 동해의 원인이 되기도 한다. 광선을 받지 못한 멀칭 밑의 토양은 동결 상태가 지속되기 때문에 봄이 되면 두꺼운 멀칭은 제거하는 것이 좋다. 그러나 봄철 건조를 막기 위해서는 오히려 멀칭이 필요한 경우가 많으므로 현장의 토지 상태에 따라 멀칭을 제거하거나 유지하는 등의 적절한 관리가 필요하다. ㉣ 멀칭 재료는 짚이나 예초물 등의 자연 소재가 좋다(사진5-32). 최근에는 토양 온도 보존과 잡초 발생 방지 효과가 있는 흑색 부직포, 폴리에틸렌 필름 등이 멀칭 재료로 이용되는데(사진5-33), 이식목의 경우 폴리에틸렌 필름은 활착 기간까지만 보존하고 그 이후에는 제거한다.

[사진5-32] 이식수 뿌리권 거적 멀칭

[사진5-33] 이식수 뿌리권 흑색 부직포 멀칭

② 증산억제제 처리

증산억제제(蒸散抑制劑, antitranspirant)는 ㉠ 잎이나 어린 가지가 수분 증발에 의하여 시드는 것을 막기 위하여 살포하는 약제이다. ㉡ 살포된 약액은 얇은 피막을 형성하여 기공이나 피막을 통한 수분 증발을 억제한다. ⓐ 주로 수목을 이식할 때 많이 이용하며 활착률을 높인다. ⓑ 겨울이면 상습적으로 건조하는 양지의 나무에 증산억제제를 처리하면 효과가 있다. ⓒ 증산억제제는 늦가을이나 초겨울 날씨가 따뜻할 때 수관에 분무한다. ⓓ 특히 고온 건조가 계속돼 겨울눈이 마를 우려가 있는 나무에 효과가 있다.

③ 관수

㉠ 겨울에도 건조한 날씨가 계속되면 관수한다. 관수는 뿌리권에만 하고 지상부는 동결 우려가 있으므로 하지 않는다. 그러나 영상의 날씨가 수일간 이어질 것으로 예보된 경우,

햇빛이 있는 낮에 수관부 살수를 하면 건조 예방 효과가 있다. ㉡ 관수 후 나무를 흔들어 잎에 맺힌 물방울을 털어주면 관수 장해가 예방된다. 햇빛이 강하면 잎에 맺힌 물방울이 볼록렌즈 작용을 하여 잎이 고온 장해, 즉 일소(日燒, sun scald) 피해를 입는다.

④ 기타

배수, 경운 등 토양의 물리적 성질 개선, 방풍, 제설 등의 작업을 한다. ㉠ 과습한 토양에서는 배수 조건을 개선하여 동해를 예방한다. ㉡ 답압(踏壓, stamping) 토양은 경운을 하고 물리성 악화 토양은 유기물 공급, 객토 등으로 개량한다.

㉢ 봄에 일찍 개화하는 산철쭉이나 영산홍 등의 관목류는 꽃눈 보호를 위하여 거적이나 기타 재료로 방풍을 한다(사진5-34). 방풍은 겨울 찬바람을 막아 잎눈(foliar bud)의 동해를 예방한다. ㉣ 가로수는 겨울철 도로 결빙이나 강설 용해를 위해 살포한 염화칼슘($CaCl_2$) 유입을 차단하는 울타리가 필요하다(사진5-34). 염화칼슘에 녹은 눈이나 얼음물이 가로수 뿌리에 흡수되거나 차량 통행에 날려 잎에 닿으면 붉게 마른다. 고속도로 주변 상록성 가로수의 스트로브잣나무에서 흔히 볼 수 있는 현상이다. 또 ㉤ 제설한 눈을 나무 밑에 쌓아서는 안 된다. 쌓인 눈은 지온을 낮추고, 과습을 초래하여 토양 내 산소 부족을 야기한다(사진5-35). 특히 염화칼슘이 뿌려진 눈이 나무 밑에 쌓이면 용해 흡수되어 잎이 붉게 타고, 가지가 말라 나무 전체가 붉게 고사한다.

[사진5-34] 도로변 방풍, 적설차단 울타리

[사진5-35] 동해, 과습 초래 뿌리권 적설

라. 병 · 해충

(1) 식엽해충 피해

① 식엽(상처), 수포와 얼룩

수목을 가해하는 해충에는 잎을 가해하는 식엽 해충, 새순·가지·줄기에서 수액을 약탈하는 흡즙 해충, 구멍을 뚫고 조직을 가해하는 천공 해충으로 대별할 수 있다. 식엽 해충은 잎을 갉아먹는 유형과 외피 밑에 잠입하여 조직을 갉아먹는 유형이 있다. ㉠ 외부에서 잎을 갉아먹는 해충은 식흔이나 해충이 노출되어 쉽게 눈에 띈다(사진5-36, 37, 38, 39).

그러나 ㉡ 표피 밑 잎 속에 잠입하여 가해하는 해충은 은폐 상태에서 가해하기 때문에 피해가 어느 정도 진행된 뒤에 발견되는 경우가 많다. 은폐성 가해충 피해의 특징은 수포, 얼룩, 무늬 등의 증상이다. 은폐성 가해충 굴나방류는 잎의 표면이 수포(水疱, blister)처럼 부풀어 오른다. 잎 뒷면에 산란된 알이 부화하여 표피를 뚫고 들어가 엽육을 갉아먹음으로써 잎의 앞면이 물집처럼 부푼다(사진5-40, 41, 42).

② 잎 말림

잎 말림은 ㉠ 잎말이나방류, 일부 진딧물류와 면충류 등의 피해 증상이다. 피해 잎은 시들지 않고 말리고, 말린 부위에는 가해충, 먹이 찌꺼기나 배설물(frass) 등이 잔존하면서 녹색을 유지한다(사진5-43, 44). 가해가 끝나고 탈출하면 가해 부위는 갈색으로 마른다.

㉡ 때로는 제초제, 살충제 피해 잎에서도 잎 말림 증상이 나타난다. 농약 피해의 잎 말림은 그 속에 벌레나 프레스(frass : 똥, 먹이 찌꺼기)가 없고 변색되는 것이 특징이다. ㉢ 병이나 해충 피해는 주변의 동일 수종에서 동일 증상으로 나타나지만, 농약 피해는 약액이 닿거나 흡수된 주변의 모든 수종에서 동일 또는 유사한 피해 증상이 집단적으로 발생한다. 물론 각종 재해에 대한 개체목과 수종의 내성이 달라서 피해가 없거나 경미하기도 하고, 회복되어 발견되지 않을 수는 있다.

③ 식엽 해충 방제

㉠ 해충 발생은 자연적 요인으로서 발생을 예방하기란 사실상 어려움이 있다. 내충성 품종 육성, 검역을 통한 다른 지방이나 다른 나라에서의 유입을 막고, 수종 다양화로 생태계 안정과 천적 활성화 등이 그 해답이라고 할 수 있다. 그러나 이러한 방안들은 ⓐ 효과가 직

[36] 식엽, 매미나방(소나무)

[37] 식엽, 상처(벚나무)

[38] 식엽, 그물망(금록색잎벌레)

[39] 풍뎅이 식해(장미)

[40] 수포, 굴나방 식엽(라일락)

[41] 수포, 진달래굴나방 식엽

[42] 줄무늬, 굴파리(뜰보리수)

[43] 말림, 잎말이나방(쪽동백) ⇨

[44] 말림, 잎말이나방 배설물

[사진 5-36~44] 주요 식엽해충 피해 유형

접적이지 않아 소홀하기 쉬운 단점이 있으며, ⓑ 또 다른 내성의 종이나 먹이 다양성의 종이 발현되었을 때는 이들에 대한 지식 부족으로 초기의 창궐을 막기 어렵다. ⓒ 그러므로 예방보다는 방제 방법 강구가 현실적이다. 발생 해충에 대한 생활사 파악, 조기 예찰로써 초기 방제 대책 강구와 피해 최소화를 위한 방안 모색이 중요하다.

㉡ 해충 방제는 경작 식물에 피해를 주는 곤충을 구제하거나 밀도를 경감시키는 일이다. 방법에는 ⓐ 살충제를 이용한 화학적 방제, ⓑ 천적이나 미생물을 이용한 생물적 방제, ⓒ 어느 특정 해충에 대한 내성을 갖는 성질이나 품종을 육성하는 유전학적 방제, ⓓ 생육환경 조건 개선으로 해충의 발생 예방과 피해를 경감시키는 생태적 방제(경종적 방제), ⓔ 불임이나 성페로몬(sex pheromone) 이용 방제, ⓕ 각종 기구를 이용한 포살과 유살 등의 기계적 방제(사진5-45, 46), ⓖ 검역을 통한 법적 방제, ⓗ 앞의 모든 방법을 동원한 종합적 방제(Integrated Pest Management : IPM) 등이 있다.

[사진5-45] 트랩(끈끈이) 이용 방제(광릉긴나무좀)

[사진5-46] 태양열 유아등 이용 방제

ⓒ 생물적 방제, 생태적 방제, 종합적 방제 등은 친환경적인 방법이지만 효과가 점진적이고 장기간이 소요되는 방법이다. 이에 반하여 ⓔ 화학적 방제는 해충을 대상으로 농약을 기주식물이나 뿌리권 토양에 처리하여 구제(驅除)하는 직접적인 방법으로서, ⓐ 효과가 빠르고 정확하다. ⓑ 특히 병·해충 밀도가 높아 위험 수준일 때 유용한 방제법이다. 그러나 ⓒ 저항성 병해충 출현, ⓓ 천적류에 대한 영향, ⓔ 살포 후 병·해충 밀도 증가, ⓕ 생물농축현상(生物濃縮現象, bioaccumulation, bioconcentration, biological magnification) 초래, ⓖ 기주식물에 대한 약해, ⓗ 인축에 대한 영향, ⓘ 환경오염 등의 문제가 있어 사용상 주의가 필요하다.

생물농축현상이란 먹이사슬 과정에서 중금속이나 농약에 오염된 제1차 생산자(식물 플랑크톤)에서 상위 소비자 단계로 갈수록 오염 농도가 점점 높게 축적되는 현상이다. 농경지, 과수, 조경수, 산림에 처리한 농약이나 공장폐수 등이 강우에 유실되고 강에서 바다로 유입되어 바다 생물(식물 플랑크톤, 해조류)에 축적된다. 오염, 축적된 식물 플랑크톤이나 해조류를 먹은 동물 플랑크톤 또는 초식성 작은 어류(조개류 포함)는 작은 육식성 어류의 먹이가 된다. 이들은 또 큰 육식성 어류의 먹이가 되면서 중금속 축적 농도가 점점 높아진다.

중금속 오염 농도가 높은 큰 육식성 어류는 최상위 포식자인 상어, 바다사자, 고래, 바닷새의 먹이가 된다. 최상위 포식자는 이러한 먹이사슬(food chain)에 의하여 중금속이나 농약에 직접적으로 노출되지 않았음에도 먹이를 통하여 축적된 고농도 중금속 중독으로 수명을 다하지 못하고 생식력을 잃거나 기형이 되는 등의 중독증이 나타난다.

인류 역사상 생물농축 현상 피해의 대표적인 사례는 1956년에 보고된 일본 규수 구마모토현 미나마타시 바다 오염에 의한 수은 중독증 미나마타병(Minamata disease)이다. 미나마타병은 미나마타시 「신일본 질소비료 공장」에서 바다에 배출한 폐수의 메틸수은에 오염된 어폐류를 먹은 주민들이 수은 중독으로 중추신경이 마비되어 손발이 저리고 경련을 일으키며, 기형과 사망에 이른 대표적인 공해병이다(김 외, 1997). 공해병(公害病, public hazard disease)의 성립은 발생원, 발생원인, 매개상, 피해가 있어야 한다. 미나마타병은 발생원(신일본 질소비료공장) → 원인물질(메틸수은) → 매개상(물 → 동·식물성 플랑크톤 → 물고기, 조개) → 사람(미나마타병)의 과정이 성립되는 생물농축현상으로서 인류 역사상 대표적인 공해병으로 알려져 있다.

ⓜ 농약 또한 독성과 잔류성이 인축과 생태계에 미치는 영향이 크고, 때로는 매우 극단적이어서 올바른 사용이 필요하다. 농약은 살균, 살충, 제초 등을 위한 화학약품으로서 사용대상, 화학성분, 제품형, 독성에 따라 분류한다. 올바른 사용을 위해서 포장 용기의 색깔로도 종류를 구분할 수 있게 규정하고(표5-8, 사진5-47), 오남용을 막기 위한 엄격한 사용기준이 있다.

농약을 이용한 방제는 해충의 가해습성에 따라 수관살포, 수간주입(주사), 뿌리권 토양 시약 등의 방법이 있다(표5-7). ⓐ 수관살포는 주로 잎이나 새순의 외부에서 가해하는 해충

[표 5-7] 가해 습성별 해충 방제

구분	가해 습성	방제 방법
식엽성 해충	외부 가해충	• 수관살포 - 외부에서 잎을 갉아먹는 해충은 수관살포(접촉독 · 식중독 약효) 시약 • 수간주사, 토양처리 - 수간주사 : 줄기의 물관부를 통해 약액 이동 - 토양 처리 : 약 성분이 뿌리에 흡수 이행되어 독성 발효
	잠입 가해충	• 수간주사, 토양처리 - 수간주사 : 잎 속에 잠입 가해하는 해충 대상. 식중독으로 약효 - 토양 처리 : 뿌리궈 토양살포, 토양관주(약성이 흡수 이행되어 약효)
흡즙성 해충	외부 가해충	• 수관살포 - 잎, 가지, 줄기 외부에서 수액을 흡즙하는 해충(접촉독, 식중독으로 약효) • 수간주사, 토양처리 - 약성이 흡수 이행되어 약효, 식엽충 해충의 외부 가해충 해충 약효와 동일
	잠입 가해충	• 토양처리 - 잎(솔잎혹파리) · 잔가지(밤나무흑벌) 속에 잠입하여 흡즙 가해하는 해충은 수간주사, 뿌리권 토양에 살충 · 살비제(응애약)를 살포 또는 관주 - 이 방법은 충영을 형성하여 조직을 갉아먹거나 흡즙하는 해충 방제에 유익
천공성 해충		• 수간주사, 토양처리 - 가지와 줄기의 수피를 뚫고 인피부, 목질부를 가해하는 해충은 수간주사, 뿌리권 토양에 살충 · 살비제를 살포, 관주 • 수간주입 - 침입 구멍에 약액 주입(농도장해 주의)

[사진5-47] 농약 종류별 뚜껑 색깔

[표 5-8] 농약 종류별 포장용기 색깔(농진청 고시)

농약		뚜껑 · 라벨 색깔
살충제		녹색(초록색)
살균제		분홍색
제초제	선택성	황색(노란색)
	비선택성	적색(빨간색)
생장조정제		청색(파란색)
기타(전착제)		흰색(하얀색)

※ 살비제 : 응애류 방제약 ※ 살서제 : 쥐 방제약

[사진5-48] 근계평균분포 영역 설정

[사진5-49] 천공, 살충제 토양처리

을 대상으로 하고 ⓑ 수간주사(수간주입)는 잎, 가지, 줄기 속에서 가해하는 해충을 대상으로 한다. 줄기에 주입된 약액이 물관부를 통해 이동하여 가해하는 해충을 독살(식중독)하는 방법이다.

ⓒ 토양살포 또는 토양관주는 은폐성 가해충과 흡즙 해충을 대상으로 하는 방제법이다. 근계평균분포영역을 설정하여(사진5-48) 지표면이나 고랑을 파고 살포하는 방법이 있고 지렛대, 동력 천공기, 기타 천공 기구로 구멍을 뚫고 시비와 동일한 방법으로 살충제를 토양에 시약한다(사진5-49). 약제는 주로 유실이 적은 입제형을 사용하며, 처리한 약제가 토양 수분에 용해되어 뿌리에 흡수 이행됨으로써 잎, 가지, 줄기에서 수액을 약탈하는 진딧물류, 깍지벌레류, 응애류, 솔잎혹파리 등과 식엽성 해충류, 소나무좀 등의 해충에 독작용을 일으켜 죽게 한다. 사진5-48의 근계평균분포영역 설정은 이해를 돕기 위하여 수관부 그늘을 영역으로 표시하였다.

(2) 흡즙해충 피해

① 반점, 탈색과 오염

흡즙해충(吸汁害蟲, sucking insect pests)은 잎, 새순, 가지, 줄기, 과실의 조직을 갉아 흡즙하거나 바늘처럼 긴 주둥이를 꽂아 수액(樹液, sap)을 약탈하여 수세를 약화시키는 해충이다. ㉠ 흡즙해충에는 초식성 응애류, 초식성 노린재류, 깍지벌레류, 진딧물류, 선녀벌레류, 거품벌레류, 솜벌레류, 매미류, 멸구류, 면충류, 방패벌레류, 나무이류 등이 있다.

㉡ 흡즙해충의 문제는 ⓐ 수액 손실에 있지만, 더 큰 문제는 ⓑ 주둥이를 꽂은 부위의 조직이 괴사하는 것이다. 조직이 괴사하면 이곳을 경유하는 대사물질(代謝物質, metabolites)의 이동이 저해, 차단되어 조직 간의 원활한 물질전이가 이루어지지 않는다. 물질전이의 불량은 양분 부족을 겪게 하고 일정 한계를 넘으면 나무가 쇠약하고 고사한다. 흡즙해충의 가해로 나무가 바로 죽지 않을지라도 ⓒ 쇠약하여 나무좀, 하늘소, 바구미, 비단벌레 등의 2차성 해충 공격 대상이 된다.

㉢ 수액을 약탈하는 흡즙곤충의 대부분은 ⓐ 몸체가 작고 잎 뒷면에 숨어서 먹이활동을 한다. 또 나무 높은 곳의 수피가 얇은 잎, 새순, 가지나 줄기에서 수액을 빨기 때문에 발견이 어렵기도 하다. ⓑ 개개의 몸은 작고 연약하지만 집단으로 무리지어 가해하기 때문에 피해를 받으면 치명적이다. 뿐만 아니라 ⓒ 피해가 상당히 진행된 이후에 가시적 증세가 나타난다. 그러므로 피해 발견이 늦기 일쑤고, ⓓ 발견이 늦을수록 수세 회복이 어려울 뿐만 아니라 회복에 소요되는 기간 또한 길어진다. 회복 기간이 길수록 나무는 각종 환경 간섭을 많이 받게 되고, 이 때문에 고사율은 더 높아진다. 흡즙해충의 특징은 ⓔ 생활사가 짧은 종이 많다. 단기간에 많은 세대수가 번식하므로 피해 또한 짧은 기간에 심각한 상태가 되기 때문에 조기 예찰이 매우 중요하다.

◆ 흡즙해충 피해 예찰 ◆

- 잎에 바늘 자국처럼 탈색된 작은 반점들이 있다(사진5-50, 52, 53).
- 잎에 황갈색~적갈색 반점들이 산재하여 퇴색하였다(사진5-51).
- 잎이 번들거리고 만져보면 끈적인다(사진5-62).
- 잎, 가지, 줄기가 그을음으로 검게 오염되었다(사진5-60, 61).
- 잎 뒷면에 가해충, 알 껍질, 탈피각(껍질)이 있다.
- 흰 종이에 잔가지를 털어 문지르면 갈색 체액이 묻어 나온다(사진5-59).
- 피해목 밑 땅이 젖었거나 끈적거리며 그을음으로 오염되었다(사진5-63).

[사진5-50] 반점, 진달래방패벌레 초기 피해 ⇨

[사진5-51] 탈색, 진달래방패벌레 창궐 잎

[사진5-52] 반점, 미국선녀벌레 가해흔(팽나무)

[사진5-53] 반점, 전나무잎응애 가해흔(소나무)

[사진5-54] 황화, 전나무잎응애 초기 피해 ⇨

[사진5-55] 탈색, 전나무잎응애 창궐(소나무)

[사진5-56] 건조 피해, 그늘 잎 황적화(메타세쿼이아)

[사진5-57] 응애 피해, 기부 탈색(메타세쿼이아)

[사진5-58] 응애 피해, 탈색(전나무)

[사진5-59] 체액, 응애 발생 진단(지면의 80%)

[사진5-60] 그을음, 진딧물 배설물(복숭아나무)

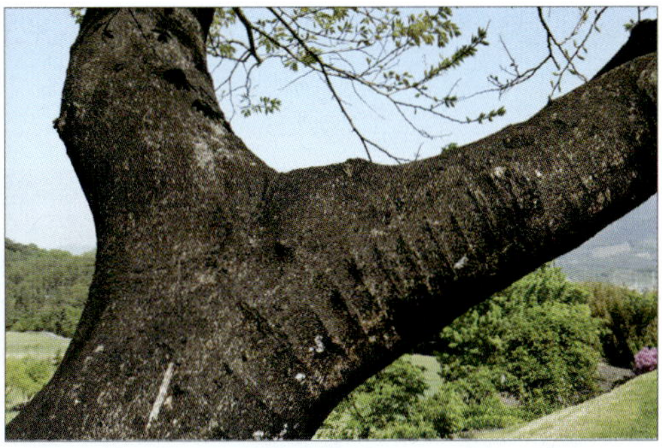

[사진5-61] 그을음, 진딧물 배설물(팽나무)

㉣ 흡즙해충 피해는 ⓐ 잎 뒷면을 자세히 살펴보면 가해충, 탈피각이 있거나, ⓑ 흰 종이 또는 수첩을 대고 피해 가지를 털어서 문지르면 갈색 체액이 묻어 나온다(사진5-59). 체액의 정도가 10×10cm 지면의 30~40%를 차지하면 즉시 방제해야 하고 60%를 넘으면 피해가 심각한 정도이다. ⓒ 배설물이 떨어진 하층식생의 잎은 끈적거리면서 번들거리고(사진5-62) ⓓ 피해 잎, 가지, 줄기가 그을음으로 오염된다(사진5-60, 61). 오염은 끈끈한 배설물에 공기 중의 부유 먼지, 곰팡이 등이 부착하여 그을음 증상으로 나타나는 것이다. 검게 오염된 잎은 광합성이 불량하다. ⓔ 가로수의 경우 배설물이 바닥에 떨어져 끈적이면서 검게 오염되어 지저분하고 미관을 해치며 통행에 불편을 준다(사진5-63).

ⓕ 응애, 깍지벌레, 진딧물 등의 피해 잎은 황화(사진 5-54), 회백색으로 탈색되다가 심하면 먼지에 오염된 것처럼 퇴색한다(사진5-55). ⓖ 확대경으로 보면 바늘구멍처럼 퇴색한 작은 반점들이 산재한다. 반점은 뒷면에서 흡즙 가해한 상처가 표면에 나타난 식흔(食痕, ankertrass)으로서 바늘에 찔린 듯 점점이 퇴색하다가 잎 전체가 탈색된다(사진5-50, 51, 52, 53). ⓗ 피해 경향은 잎 뒷면의 기부에서 시작되어 선단 방향으로 진행된다(사진5-57, 58). 기부는 선단이나 중앙 부위보다 잎맥이 굵고 두드러져 몸을 숨기는데 더

유리하기 때문으로 생각된다. ⓘ 잎이 퇴색한 가지를 흔들면 피해 잎이 우수수 떨어진다.

잎의 ⓜ 변색 원인은 다양하다. 건조 피해, 단풍, 약해, 병해에 의한 탈색도 흡즙해충 피해 증세와 유사하다. ⓐ 늦여름 건조기에 수분 부족을 겪고 직사광선에 노출된 잎은 퇴색하여 시들면서 마른다. 반면, 그늘의 잎은 잎 전체가 서서히 적갈색으로 탈색된다(사진 5-56). ⓑ 잎의 수명이 2년인 주목은 새잎이 나오는 시기에 묵은 잎이 밝게 서서히 황화하면서 골고루 단풍이 든다(사진5-64). 반면 약해를 받은 잎은 급작스럽게 붉게 변하면서 마른다(사진5-65). 소나무류도 가을에 2년생 잎이 단풍이 되는데 병·해충 피해로 오인되기도 한다. 이상과 같이 잎의 황화, 탈색, 반점이나 얼룩의 원인은 다양해서 원인 규명이 용이한 일은 아니다. 많은 경험과 사례를 보고 익히는 것이 진단의 정확도를 높인다.

[사진5-62] 하층식생 · 잎에 떨어진 진딧물, 배설물(때죽나무)

[사진5-63] 보도블록에 떨어진 진딧물 배설물

[사진5-64] 단풍, 주목 2년생 잎

[사진5-65] 살충제 피해 잎 황적화(주목)

② 충영, 기형과 잎 말림

충영해충(蟲癭害蟲, gall insect pests) 또한 흡즙해충의 한 부류로서 조직 속에 잠입하여 혹을 형성하고, 수액을 흡즙하는 해충이다. 충영(蟲癭, gall)은 곤충의 먹이활동, 서식, 산란의 자극으로 식물의 조직이 이상 발육을 하여 형성되는 팽대부이다(사진5-70, 71,

72, 73, 74, 75, 76, 77). 조직의 이상 발육 원인은 명확하지 않지만, 산란이나 먹이활동 과정에서 화학물질이 주입되어 생기는 것으로 추론하고 있다. 혹 속에는 진딧물, 응애, 혹벌, 혹파리 등의 해충이 살면서 조직을 갉아 섭식함으로써 수세가 약화된다.

소나무 잎에 충영을 형성하는 솔잎혹파리는 잎의 기부에 잠입한 유충이 조직을 갉아 흡즙하여 기부가 팽대하고, 길이생장이 정지되면서 고사하여 수세 약화가 초래된다(사진5-70).

[66] 기형, 벚잎혹진딧물 ⇨

[67] 기형, 잎 뒷면 진딧물(벚나무)

[68] 잎 말림, 복숭아혹진딧물(벚)

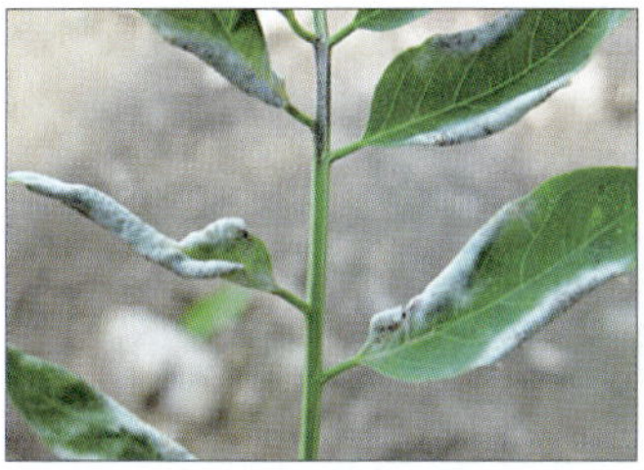

[69] 잎 말림, 아카시잎혹파리

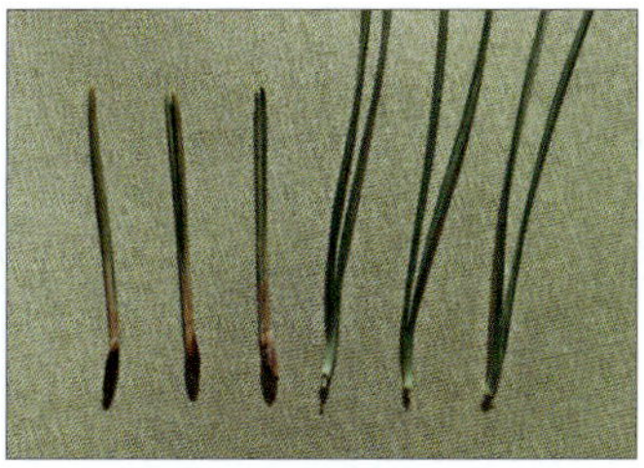

[70] 혹(좌), 솔잎혹파리 피해

[71] 혹, 조록나무잎진딧물

[72] 혹, 붉나무혹응애

[73] 혹, 사사키잎혹진딧물(벚나무)

[74] 혹, 참나무잎혹벌

[75] 혹, 때죽납작진딧물(때죽나무)

[76] 혹, 외줄면충(느티나무)

[77] 혹, 외발톱면충(배나무)

[사진 5-66~77] 잎에 형성된 주요 흡즙해충 피해 총영의 유형

잎의 기형은 주로 잎 뒷면에서 흡즙 가해하는 응애류, 진딧물류, 나무이류의 피해다(사진5-66, 67). 기형은 제초제 흡수 피해와 유사하지만, 기형 부위를 조사하면 가해충이 서식하고 있음이 다르다(사진5-67). ⓒ 잎 말림은 식엽성 나방류 또는 진딧물류 피해들이다. 충영을 형성하는 해충처럼 잎을 말고 그 속에서 갉아먹거나 수액을 흡즙한다(사진5-68, 69).

(3) 흡즙해충 방제 전략

① 적기 방제

모든 해충 방제에서처럼 흡즙성 해충의 효과적인 방제는 적기 방제이다. ㉠ 방제 대상 해충의 생활사(生活史, life history)를 파악하고 최대 발생 밀도 직전의 1~2회 시약으로 가장 많은 양을 살충할 수 있는 시기가 바로 방제 적기다. 이 시기의 방제가 최소 비용으로 최대 방제 효과를 얻을 수 있는 적기 방제이다.

그런데 ㉡ 도시 가로수 또는 공원수의 경우 최대 발생 밀도 직전의 시기까지 기다리는 동안 배설물이나 경관상의 문제로 이용자의 불편을 초래할 수 있고, ㉢ 최대 발생 시기 예측 또한 어렵다. ㉣ 이러한 이유로 발생 초기, 밀도가 낮은 초기에 박멸함으로써 대발생을 사전 차단하는 방안이 고려된다. 즉, 발생 초기에 박멸함으로써 대발생을 차단하는 방제가 도시 조경수의 방제 적기가 될 수 있다. 그런데 ㉤ 살충제 살포 당시 알 기간이어서 살충되지 않았거나 생존 개체가 있을 경우, 수일 후 부화, 번식으로 창궐할 수 있기 때문에 생활사에 근거하여 적정 간격으로 2회 이상의 방제를 권고하는 것이다.

② 유충기 방제

해충 방제 적기는 유충기다. 유충기는 아직 어려서 유약한 시기인데, ㉠ 어린 해충은 농약에 대한 저항력이 약해 동일 희석 농도와 살포량에도 약효가 높다. 그런데 적기 방제에서처럼 ㉡ 약제 살포 기간 이후에 번식한 개체는 방제되지 않았으므로 이 또한 2회 이상의 방제 시약이 필요하다. ㉢ 유충기는 도피력이 낮아 약제를 살포할 때 회피하지 못하는 개체가 많아 살충력이 높다. 반면 풍뎅이처럼 도피력이 높은 성충은 많은 개체들이 다른 나무로 날아가 시약을 회피하는 것을 볼 수 있다.

③ 다목적 방제

㉠ 각각의 해충마다 방제 계획을 세울 것이 아니라, 발생 해충의 종류와 생활사를 파악하

고 1~2회 시약으로 수관부의 모든 해충을 방제하는 이른바 다목적 방제를 한다. 즉, 수액을 약탈하는 흡즙해충이나 식엽해충의 대부분은 새순이 나오고 새잎이 자라는 5~6월 또는 6~7월이 유·약충기다. 이 시기는 먹이활동이 가장 왕성하게 일어나는 기간이고 또 유약하며 도피성이 낮기 때문에 시약 효과가 가장 높다.

그러므로 ㉡ 이 시기에 1개의 농약으로 1~2회 시약하여 흡즙해충과 식엽해충을 모두를 방제한다. 예를 들어, 5~6월 또는 6~7월에 깍지벌레약 1~2회 시약으로 흡즙해충은 물론, 식엽해충까지 방제할 수 있다는 것이다. 살충제로는 깍지벌레 방제가 어렵지만, 깍지벌레약은 식엽해충에까지 방제 효과가 있기 때문이다.

방제 대상 해충 각각의 생활사를 파악한 다음, 살포 시기를 조정하여 시약한다면 살포 약량 및 물량 저감, 살포 시간·인력·차량·장비 사용 등의 비용 절감으로 전체 관리비 절감 효과를 얻을 수 있다. 다만 깍지벌레약은 희석 약량과 살포 물량, 수세, 기상에 따라 약해 우려가 있으므로 주의하여야 한다.

④ 토양시약 방제

㉠ 흡즙해충 방제는 주로 수관살포 시약으로 방제하지만, ㉡ 토양 시약으로도 방제가 가능하며, 효과가 지속적이어서 권장되는 방법이다. 뿌리권 토양에 시약하면 토양수분에 용해되어 뿌리에 흡수되고 잔가지와 잎으로 이행되어 해충이 수액을 흡즙하면 식중독을 일으켜 약효가 발휘된다. 이때 ㉢ 약량이 과할 경우 나무에 농도 장해, 즉 약해를 일으킬 수 있으므로 주의해야 한다. 토양 처리한 약제가 잔류하거나 유실될 경우 ㉣ 토양과 수질 오염 우려가 있으므로 남용해서는 안 된다. 흡즙해충 방제 토양시약 방법은 다음과 같다.

㉠ **뿌리권 윤상시약** : 상습적으로 발생하는 나무는 ⓐ 새잎이 발생하는 5월 이전 뿌리권을 돌아가면서 원형으로 15cm 깊이의 고랑을 만들고 이미다클로프리드입제(코니도입제) 30g/m를 뿌리고 묻어준다(기타 입제도 가능). ⓑ 뿌리권을 확인할 수 없는 나무는 수관부 가지 끝에서 수직으로 내려온 지면 또는 20~30cm 안쪽을 원형으로 돌아가면서 고랑을 파고 시약한다. 약량은 종류에 따라 다르지만, 통상적으로 입제 30~40g/m의 양으로 시약하고 덮어준다.

㉡ **뿌리권 점상시약** : 점상시약 또한 5월 이전 뿌리권에 시약한다. 방법은 ⓐ 뿌리권을 돌아가면서 원형으로 15~20cm 깊이의 구멍을 50~60cm 간격으로 뚫고, 코니도입제 10g/구멍을 넣고 묻어준다. 다시 그 안쪽 20~30cm 거리에 원형으로 50~60cm

간격의 구멍을 역삼각형이 되게 뚫고 코니도입제 5~8g/구멍을 넣고 묻어준다. 뿌리권을 확인할 수 없는 나무는 윤상시약과 마찬가지로 수관부 가지 끝의 수직 지면이나 20~30cm 안쪽을 원형으로 돌아가면서 구멍을 뚫고 동일 방법으로 시약한다. 전체 약량은 뿌리권 윤상시약과 같다(사진5-49). 과량 시약하면 약해가 있으므로 주의한다.

ⓒ **생육환경 개선** : 흡즙성 해충은 통풍이 불량한 나무에서 많이 발생하므로 ⓐ 울밀한 수관부는 가지솎기를 하여 통풍을 좋게 한다. 큰 나무보다는 다른 나무 밑에서 자라는 관목류에서 흡즙해충 피해가 많은 것도 통풍과 관련된다. 해충 방제에 있어 ⓑ 월동충체를 방제하는 것도 매우 중요하다. 최근에 창궐하는 미국선녀벌레, 갈색날개매미충은 가지와 어린 줄기의 수피 사이에 월동란을 낳는다. 특히 고사지는 수피가 거칠어 산란하기에 알맞은 곳이므로 고사지를 잘라 소각하면 월동난(卵)을 구제하게 된다.

ⓓ **천적보호** : ⓐ 선녀벌레류 천적(天敵, natural enemy)으로는 무당벌레, 포식성 응애와 노린재 등이 있다. ⓑ 다른 흡즙곤충들과 마찬가지로 미국선녀벌레, 갈색날개매미충의 밀도 감소에 가장 큰 역할을 하는 것은 강우다. 비가 잦으면 발생률이 낮고, 밀도가 크게 떨어진다.

⑤ 응애류 방제

응애류는 거미강의 한 종류로서 ㉠ 살충제로는 방제가 어렵고, 알까지 방제하는 살비제(殺蜱濟, acaricide, miticide)로 가능하다. 살비제란 응애류 방제약이다. 응애류는 동절기를 제외하고 1년 내내 발생하는데, 겨울에도 여러 날 기온이 높으면 발생할 정도다. ㉡ 응애류는 종류도 많고, 가해 식물 또한 다양하다. 그동안 무분별한 살충제 살포로 인하여 응애류의 발생은 오히려 증대하고 천적류는 감소하였다.

살충제 살포로도 응애류 성충 방제가 가능하다. 특히 ㉢ 유기인계 농약은 응애류의 성충과 약충(若蟲, nymph)에 대한 강력한 살충력을 가진다. 그러나 살포 당시의 알을 죽이는 살란력(殺卵力)이 없어 수일 후 또 다시 창궐하여 살충제 살포를 반복해야 한다(이 외, 2008). 그러므로 응애약은 다음의 성질(효과)을 지녀야 한다.

◆ 응애약 구비조건 ◆

- 성체, 약충, 알까지 살충력을 지녀야 한다.
- 응애는 장기간 발생하는 충체이므로 약효 발휘 기간이 길어야 한다.

• 여러 종류의 응애류에 살충력이 있어야 한다.

• 약제 연용에 따른 응애류의 저항성(내성)이 없어야 한다.

• 작물에는 약해가 없거나 미미해야 한다.

응애류는 ㉣ 생활환이 짧아 세대를 반복하면서 연용 약제에 대한 내성(耐性, tolerance, resistance)을 가진다. 그러므로 상습적으로 발생하는 식물이나 지역에서는 2~3가지 약을 교호 사용하는 것이 좋다. ㉤ 확대경으로 어린 가지와 잎을 조사하거나 잎과 가지를 털어 응애가 발견되거나 체액이 묻어 나오면 시약을 준비한다(사진5-59). 방제 여부 조사는 2~3개 가지를 하나하나 수첩에 털어 체액이 10×10cm 지면의 30~40%를 차지하면 방제한다.

(4) 병해 방제

발병에 의한 피해 증상은 반점, 변색, 오염 등으로 나타난다. 반점, 변색, 오염은 제초제, 살충제, 비료 등의 농도장해를 받았거나 흡즙해충 피해에서도 나타난다. 그러나 ㉠ 발병에 의한 반점은 크기 변화와 변색, 인접한 잎으로의 확산, 병반 외곽선의 변색, 반점 중앙에 검은 점이나 돌기의 포자퇴(胞子堆, sorus)가 형성되는 것이 다른 피해 증상과 구분된다(사진5-78, 79, 80, 81).

[78] 반점, 중앙 포자퇴(철쭉민떡병)

[79] 오염, 철쭉녹병

[80] 병반, 발병 황화(황매화)

[81] 병반, 적성병 포자퇴(꽃사과)

[82] 말림과 탈색, 진딧물(꽃사과)

[83] 모자이크, 방패벌레(산철쭉)

[사진 5-78~83] 잎에 형성된 주요 병징

일반적으로 ㉡ 병에 의한 탈색은 어두운 색으로 서서히 진행되고 농약·비료 농도장해는 급작스럽고 붉게 변색된다. ㉢ 얼룩은 바이러스(virus) 감염에 의해서도 나타난다. 바이러스에 의한 모자이크병은 잎의 엽록소가 잡색체로 변하여 불규칙하게 녹색 부분, 황록색 부분, 황색 부분으로 얼룩이 지는 병으로서 담배모자이크 병, 벼줄무늬잎마름병, 벼오갈병 등이 있다(이 외, 1987. 박 외, 1988). 바이러스 병은 충매전염(蟲媒傳染, insect transmission), 종자전염, 토양전염, 접목에 의해 전염되는데 멸구, 매미충류, 진딧물류 등의 흡즙성 곤충 매개가 가장 많다. ㉣ 바이러스의 얼룩은 흡즙해충 피해흔(사진5-82, 83), 제초제 피해 또는 미량원소 결핍증과 혼동되기도 한다. 흡즙해충 피해 얼룩은 피해 부위에 가해 흔적이나 충체가 있으며, 제초제 피해는 기형이나 색체 변화가 급성적이다. 미량원소 결핍은 각각의 비료 결핍증의 특징이 있어 구분된다.

마. 살충제 농도장해

(1) 황화, 엽소

농도장해(濃度障害)란 적정 농도 이상의 고농도 또는 과량으로 시비, 시약되었을 때 식물이 받는 생리적·기계적 장해로서 잎의 시듦, 황화, 엽소, 괴사, 기형 등의 증상으로 나타난다. 황화 현상은 살포한 약액의 농도가 높아 잎이 노랗게 변색되는 것으로서 피해가 더 진전되면 시듦, 엽소, 괴사하기도 한다.

피해 유형은 ㉠ 살포 방향, 즉 약액이 닿은 방향의 수관부가 변색되는데, 잎 전체가 황화하거나(사진5-84) 약액이 흘러 고이는 잎의 끝과 가장자리가 황화한다(사진5-85, 86). 극단적인 사례로 ㉡ 가로수, 기타 열식된 나무의 경우 전체 수관부에 시약하지 않고 방제 차량에 탑승하여 도로를 따라 운행하면서 시약하거나 작업이 편리한 방향에서 시약한 경우 살포 방향 수관부만 황화한다. 즉, 시약 방향 수관부는 농도장해로 변색되거나 엽소(葉燒, leaf burn)가 일어나지만, 약액이 적게 닿은 반대 방향은 녹색을 유지한다(사진5-87, 88, 89).

㉢ 고온기에는 표준농도로 시약하더라도 농도장해를 입을 수 있다. 증상은 직사광선에 노출된 엽육(葉肉, mesophyll)과 가장자리가 변색되거나 타고 잎맥 주변부는 녹색을 유지한다(사진5-90, 91). 잎맥은 동물의 혈관처럼 수액이 흐르는 기관으로서 수액 공급이 좋은 잎맥과 그 주변의 조직은 피해를 적게 받고 회복 또한 빠르기 때문이다. 피해가 더 진행되면 잎 전체가 타서 마른다.

[사진5-84] 엽육 황적화, 살충제 농도장해(자두나무)

[사진5-85] 황화, 살충제 농도장해(벚나무)

[사진5-86] 살충제 농도장해, 엽연 엽소(층층나무)

[사진5-87] 시약 방향 엽소, 반대 방향 녹색 유지(향나무)

[사진5-88] 시약 방향 엽소, 반대 방향 녹색 유지(향나무)

[사진5-89] 시약 근거리 엽소(오리나무)

㉣ 소나무처럼 속생하는 잎이 농도장해를 받을 경우 잎 끝이 타고(사진5-92) 기부가 변색하며 엽소가 일어난다(사진5-93). 이는 잎에 닿은 약액이 속생하는 기부로 흘러 고임으로써 농축되기 때문이다. 즉, 시약한 용액이 기부에 모여 전체 물량이 증가하고 서서히 증발하는 과정에서 고농도로 농축됨에 따라 역삼투 현상이 일어나 나타나는 증상이다. ㉤ 고농도 엽면시비에서도 살충제 농도장해와 동일한 변색, 엽소, 시듦, 쇠약, 괴사, 고사 현상이 발생한다. ㉥ 피해를 입은 겨울눈은 손으로 비비면 말라서 바스러지거나 단단하게 굳어있다.

[사진5-90] 엽육 황화, 살충제 농도장해(개옻나무)

[사진5-91] 엽연 황백화, 살충제 비산(환삼덩굴)

[사진5-92] 잎 끝 엽소, 살충제 농도장해(소나무)

[사진5-93] 속생 잎 기부 엽소, 살충제 농도장해(소나무)

(2) 잎 말림, 괴사

잎 말림은 수분 부족, 흡즙성 해충(진딧물류) 피해 증상이기도 하지만, 살충제와 제초제 농도장해 잎에서도 일어난다. ㉠ 수분 부족의 잎 말림은 시들어 처지고, 수분이 공급되면 일정 단계의 시듦 현상은 원상으로 회복된다. 그러나 고온, 고열, 과 건조에 의한 잎 말림은 회복되지 않는다(사진5-94). ㉡ 살충·살균제는 표준농도로 처리한 경우 나무가 쇠약한 상태가 아니라면 약해 우려는 없다. 그러나 ㉢ 고온기의 강한 직사광선에 노출될 경우 시듦, 말림, 황화, 엽소(葉燒, leaf burn), 괴사 등의 약해가 발생한다(사진5-95, 96).

㉣ 제초제는 가벼운 농도장해가 있을 경우 말림과 처짐 현상이 일어난다. 제초제 피해는 원상회복이 어렵고 변색과 엽소로 진행되는 경우가 많다. 제초제는 표준 농도일지라도 근본적으로 살초력이 있어 나무에 흡수 또는 비산되면 시듦, 말림(사진5-97), 황화, 엽소, 때로는 고사에 이른다. ㉤ 제초제와 살충제 피해의 잎 말림과 엽소 증상은 유사하다. 그러나 제초제 피해는 살충제와 달리, 새잎과 새순이 뒤틀리거나 기형이 되고 생장이 정지된다. 이것은 흡수 이행된 제초제가 식물의 성장 생리를 교란시켰기 때문이다. 특히 ㉥ 제초

제 농도장해는 매우 급성적이며 회복하는 데에 수년이 소요된다.

[사진5-94] 고사, 고열복사 과 건조(산철쭉)

[사진5-95] 엽소, 살충제 비산(메타세쿼이아)

[사진5-96] 괴사, 고온기 살균제 약해(대추나무)

[사진5-97] 말림, 제초제 흡수이행(라일락)

3. 가지와 줄기 진단

가. 진단 항목

가지와 줄기 검진은 잎이 없는 시기, 잎의 진단만으로는 쇠약이나 고사 원인을 규명할 수 없을 때 유용하다. 가지와 줄기 검진은 첫째, 잎의 유무와 밀도, 가지와 줄기의 생사 유무, 상처·부후 유무와 정도, 수피 변색·손상 유무 정도 등을 조사한다. 둘째, 피해 부위, 피해 특징, 피해 심도 등을 조사한다(표5-9). 셋째, 각각의 조사 항목과 요인이 쇠약 또는 생사와의 연관성과 그 정도(심도)를 체크하고 생과 사의 판정, 관리할 경우 회생 가능성 여부 등을 판단한다.

[표 5-9] 가지와 줄기 진단 항목

항목	진단 내용
수피	변색 · 함몰 · 할열 · 박피 유무와 심도
눈(芽)	건조 · 변색 여부와 정도, 탄력성 정도
줄기	나무좀류 구멍 유무와 밀도, 공동(空洞, cavity) 유무와 크기, 상처 · 부후 유무와 심도
가지	나무좀류 구멍 유무와 밀도, 상처 · 부후 유무와 정도, 잔가지 고사 유무와 정도
병해충	해충 서식 · 피해 흔적 유무와 심도, 병반(병징)의 유무와 심도

나. 진단 내용

(1) 정단고사

① 정단고사 요인

수목의 지상부 길이생장은 줄기와 가지 끝의 생장점(정단분열조직)에서 이루어지는데, 환경이나 인위적인 요인에 의하여 가지 끝이 말라죽는 현상을 정단고사(頂端枯死, top dry, shoot dry) 또는 가지 끝마름(先端枯死, tip dieback)이라고 한다(사진5-98, 99). ㉠ 정단고사는 ⓐ 수분 부족에 의한 건조, ⓑ 직사광선에 의한 열해, ⓒ 동해(凍害,

freezing damage), ⓓ 눈, 바람 등에 의한 기계적 손상, ⓔ 병해충 피해 등으로 생장점이 손상되었을 때 일어난다(사진5-100, 101).

[사진5-98] 이식수 정단고사(산딸나무)

[사진5-99] 정단고사, 잎 황화(단풍나무)

[사진5-100] 소나무순나방 피해 새순

[사진5-101] Pith 가해, 소나무순나방 유충

ⓛ 수분 부족에 의한 정단고사는 토양수분 부족 또는 과잉, 기계적 손상 등으로 뿌리에서의 물과 무기양분 흡수가 원활하지 못하거나 기타 원인으로 가지 끝에까지 물질전이가 이루어지지 못함으로써 발생한다. 수분 결핍은 잎에서 가장 먼저 일어나고, 잎의 부족한 수분은 연결된 가지에서 대체된다. 가지는 줄기에서, 줄기는 뿌리에서 공급받아 균형을 유지하는데, 이것이 순조롭지 못하면 수분 증발이 직접 일어나고 뿌리에서 가장 먼 잎과 잔가지부터 마르는 정단고사가 발생한다. 피해목은 상장생장과 수관폭이 확장하지 못하고, 고사한 부위 주변에서 짧고 가늘은 맹아가 뭉쳐 나와 단지증을 형성함으로써 수형이 흐트러진다.

◆ 정단고사 발생 ◆

- **수분 부족** : 식재 후 2차 관수 적기를 실기하여 수분 부족을 겪은 나무

- 직사광선 조사 : 그늘에서 자란 나무, 밀식된 나무가 식재 또는 전정 등으로 햇빛에 갑자기 노출된 나무
- 수피 손상 : 고온 건조기와 낙엽기(월동기)의 직사광선에 수피가 타서 손상된 나무
- 도장지 : 7월 이후 질소비료 과용, 고온 적습한 기후로 목질화가 되지 않고 웃자란 가지
- 동해 : 가을에 이식하여 월동한 나무, 1월 혹한기~해동기에 동해를 받은 가지
- 해충 : 소나무좀, 소나무순나방 등의 새순 가해충의 피해 가지
- 병해 : 가지마름병류, 균핵병, 부란병 등의 피해목 가지

② 정단고사과 치료

정단고사는 끝가지 쳐내기, 관수와 배수, 멀칭, 줄기 감기, 시비 등의 방법으로 예방, 치료한다. ㉠ 고온기에 이식하는 활엽수, 가을~겨울에 이식하는 활엽수는 가지 끝이 잘 마르기 때문에 가지 끝을 쳐내고 식재한다(제3장 1 가 (1) 참조). 활엽수는 맹아력이 강해 가지 끝을 잘라도 절단부위 주변의 잠아(潛芽, dormant bud, latent bud)가 발아하여 새 가지로 자라서 수관부를 형성한다.

㉡ 목질화가 되지 않은 가지의 끝 조직은 직사광선에 타고 저온기에는 동해, 고온 건조기는 고열과 수분 부족으로 끝 마름이 많다. 이러한 가지는 식재할 때 처낸다. ㉢ 그 외의 기간에 식재하는 나무도 상처가 있는 가지, 웃자라서 미숙한 가지 등은 쳐낸다. 끝을 쳐내지 않고 그대로 심을 경우 맹아력이 떨어지는 경향이 있으며, 고사 아래 부위에서 맹아가 무리지어 발생하거나 세력이 약해 길이 생장이 느리다. ㉣ 가지 정리는 전체 수관부를 타원형으로 다듬고 식재한다. 자르지 않고 식재하여 정단고사 가지가 생기고 잔존할 경우 경관을 해치며, 높아서 절단 작업이 어렵다.

㉤ 적기에 관수하여 수분 부족을 겪지 않도록 하고 ㉥ 배수가 불량한 토지는 명거배수(明渠排水, open ditch drainage), 암거배수(暗渠排水, under drainage)하여 쇠약의 원인이 되지 않도록 한다. ㉦ 이식목은 반드시 뿌리권 멀칭을 해 수분과 지온 유지 등 뿌리권을 보호한다. ㉧ 수피가 평활한 이식목, 쇠약목은 직사광선으로부터의 수피 보호를 위한 줄기와 가지 감기를 한다. 줄기가 고온과 햇빛에 기계적 상처를 입으면 정단고사 현상이 일어난다. ㉨ 시비하여 나무를 건강하게 키운다. 시비는 7월까지 끝낸다. 7월 이후의 시비는 고온이 지속될 경우 웃자람이 일어날 수 있다. 잔디밭 녹색 연장을 위한 공원이나 골프장의 9월 시비가 수목에까지 시비되지 않도록 주의한다.

(2) 종양

줄기, 가지나 뿌리에 형성되는 혹(腫瘍)의 원인은 아직 명확하게 밝혀지지 않았지만, 박테리아, 선충 피해인 경우가 많다. ㉠ 병해, 벌류, 파리류, 나방류 피해 가지에서도 혹이 형성되는데, 종양과는 달리 말라죽는 것이 특징이다. ㉡ 선충이나 박테리아에 의한 종양은 일정 기간 피해 부위가 죽지 않고 비정상적인 성장을 한다. 상처와 피목을 통해 매개되는데, 큰 나무는 죽지 않으나 어린 나무는 혹이 물과 양분 전이를 방해하여 고사한다(Pirone, 1988). 우리나라에서는 등나무, 벚나무 등에 발현하는 혹병이 알려져 있다(사진5-102, 103). 감나무, 배나무, 참나무 등의 가지와 줄기에서 혹이 발견되는데, 원인은 아직 밝혀지지 않았다(사진5-104, 105). 가지에 발생하는 혹의 대부분이 나방류, 혹파리류, 혹벌류 등과 관계되는 것들이 많다.

[사진5-102] 혹, 등나무혹병

[사진5-103] 벚나무 가지 혹

[사진5-104] 감나무 줄기 혹

[사진5-105] 배나무 줄기 혹

㉢ 뿌리에서도 혹이 형성된다. 소나무, 삼나무, 편백나무 묘목에서 발생하는 뿌리혹선충은 뿌리에 혹을 형성하여 수분 흡수를 방해함으로써 시들음, 영양 결핍, 생장 불량 등의 증

상을 유발하는 것으로 알려져 있다. 벼과식물 잔디에서도 선충 피해가 발견되는데, 피해 잔디는 총생, 황화하면서 쇠약한다. 이에 반하여 콩과식물이나 기타 비료목의 뿌리에 형성되는 박테리아나 방선균(放線菌, actinomyces)은 공생균으로서 기생성 혹과는 달리 나무와의 상호 유기적인 관계의 생장을 한다.

㉣ 특별한 방제법은 없는 실정이며, 감염 묘목은 폐기하고 상처가 생기지 않도록 함과 동시에 흡즙성 곤충 방제가 예방법이다. 치료는 어린 가지의 경우 잘라버리고 절단면에는 도포제를 발라준다. 큰 나무는 혹을 도려내어 소각하고 환부에 방부처리를 한다.

(3) 수피 손상

① 변색과 파열

수피가 변색, 파열(할열, 박피), 함몰되는 원인의 대부분은 고온, 저온, 직사광선 등의 기상 요인이다. ㉠ 변색은 강한 직사광선에 노출된 수피가 고온(고열)의 열해(熱害, heat injury)로 조직 보호기능을 잃고 적갈색으로 탄 증상이다. ⓐ 열해는 열사(熱死, heat killing), 볕데기(皮燒, sun scorch, sunburn) 등의 고온에 의한 피해이지만, 주로 저온기인 11월~이듬해 3월의 낙엽기에 일어난다. 줄기 또는 가지가 잎이 없는 낙엽기에 강한 직사광선에 노출됨으로써 고열에 수피가 타고 인피부(靭皮部, phloem)가 손상된다.

ⓑ 수피가 얇은 줄기와 가지, 수액 전이가 불량한 쇠약목, 어린 나무, 가지치기를 하고 남겨진 그루터기에서 피해가 잦다(사진5-109). 어린 줄기의 얇은 수피는 적갈색으로 변색되어 말라붙고(사진5-106), 두꺼운 수피는 목질부와 분리되면서 터지고 부스러진다(사진5-107).

[사진5-106] 열해, 수피 갈변(스트로브잣나무)

[사진5-107] 열해, 수피 변색, 파열(마가목)

ⓛ 파열은 변색된 수피가 고온에 마르고 갈라 터지는 현상이다(사진5-108). ⓐ 직사광선을 받은 코르크층(보호조직), 형성층(부피생장조직), 체관부(유기물 전이조직), 목질부(물과 무기물 전이조직)의 수액이 급격하게 증발함으로써 보호조직 수피가 마르고 터진다. ⓑ 손상된 수피를 통하여 빗물이 스며들고 부후균 자실체인 버섯이 수피 밖으로 발생한다(사진5-108, 109). ⓒ 박피와 버섯이 줄기나 가지를 한 바퀴 돌아서 발생하면 발생부위 상단은 고사한다. ⓓ 변색과 파열, 부후와 버섯 발생은 영역이 넓을수록 나무의 고사 위험도는 높아진다.

[사진5-108] 수피 파열, 부후버섯 발생(단풍나무)

[사진5-109] 절단부 부후버섯 발생(단풍나무)

② 함몰과 할열

함몰은 피소(皮燒, sun scorch) 피해부위 조직이 괴사하고 부후함으로써 움푹하게 파이는 증상이다. ㉠ 피소는 직사광선이나 지표 복사열에 의하여 조직이 괴사하는 피해로서, 하루 중 햇빛이 가장 강렬한 남서 방향 줄기부위 수피와 수피 밑 조직이 타서 괴사 부후하는 피해다. ⓐ 피해 특징은 지상 1.5m 내외의 줄기 조직이 변색되고 괴사, 부후, 함몰된다. ⓑ 주로 배롱나무, 단풍나무, 오동나무 등 수피가 얇은 수종의 쇠약수에서 일어나는데(사진5-110, 111), ⓒ 나지 또는 지피식생 밀도가 낮은 곳의 근원부에서 피해가 잦다.

지표면 복사열 외에도 ⓓ 담장, 적설 표면, 암반의 반사열을 받는 줄기에서도 피해가 있다. 담장, 적설 표면의 반사열이나 직사광선에 높아진 수피 온도는 주변의 눈을 녹일 정도의 열이 발산된다(사진5-112, 113). 수체(樹體)의 온도 체험은 직사광선을 받는 남서향의 줄기나 가지를 만져보면 온기를 느낄 수 있고, 그 반대쪽은 차갑다. ⓔ 피해는 주로 잎이 없는 월동기에 직사광선에 노출된 쇠약목에서 많이 발생한다. ⓕ 생육기에는 4~5월 가뭄기, 여름 고온기의 남서향, 때로는 남동향의 줄기에서 피해가 있다.

[사진5-110] 복사열 피소 줄기(배롱나무)

[사진5-111] 피소 + 예초기 피해 부후(단풍나무)

[사진5-112] 담장 복사열에 용해된 눈

[사진5-113] 나무줄기 복사열에 용해된 눈

ⓛ 할열(割裂, shake)은 동절기의 상렬 피해로서 줄기의 수피와 목질부 일부가 길이 방향으로 터지는 피해다(사진5-114). 상렬(霜裂, frost crack)은 ⓐ 2~3월경 남서 방향이나 남동 방향 줄기가 급격한 주·야간 온도 차이로 수축과 팽창이 반복되면서 수피와 목질부가 길이 방향으로 파열되는 피해이다. ⓑ 잎이 없는 휴면기의 늦겨울~이른 봄에 수피가 얇거나 재질이 단단한 수종이 피해를 받는다. 단풍나무의 경우 균열의 길이가 2m를 넘는 피해도 있다(사진5-115).

[사진5-114] 상렬 피해 수피 할열(느티나무)

[사진5-115] 상열 줄기 부후(단풍나무)

ⓒ 상렬은 목질부까지 할열되고 상처가 커서 부후균(腐朽菌) 침입이 용이하여 목질부 부후가 잘 일어난다. 상렬과 피소로 생긴 상처는 가장자리에 유상조직(癒像組織, 癒合組織, callus tissue)이 형성되어 스스로 치유되기도 한다(사진5-116). 그러나 상처가 넓고 길어 유상조직이 피해 부위를 감싸지 못하거나 치유 기간이 길어 부후 속도가 더 빠르면 공동(空洞, hollow butt)의 원인이 된다(사진5-117).

[사진5-116] 상열 상처, 자연 치유 유상조직

[사진5-117] 상열 상처, 유상조직과 부후

③ 부후와 공동

나무에 공동(空洞, hollow butt)이 생기는 원인은 상처를 통한 부후균 침입으로 목질부가 썩기 때문이다. 새 먹이활동과 둥지, 비바람, 피소와 상열, 예초기, 전정, 수간주입 등에 의한 상처가 치료되지 못하고 부후함으로써 생긴다.

㉠ 새의 먹이활동 대상은 나무에 구멍을 뚫고 가해하는 천공성 해충 나무좀, 바구미, 하늘소, 비단벌레 등이다. ⓐ 천공성 대표 해충인 나무좀은 수피에 직경 1~2mm 내외의 작은 구멍을 뚫는다(사진5-118). 쇠약목을 공격하는 2차성 해충으로서 생존목에 큰 구멍을 낼 정도는 아니지만, 조류의 먹이활동으로 상처가 커지거나 둥지를 틀면 공동으로 발전한다(사진5-122, 123). 하늘소류는 7~8mm 또는 10mm 정도 크기의 구멍을 뚫는다(사진5-119, 120). 주로 근원부를 천공 가해하는데, 구멍이 1~2개만 있어도 조기에 발견하여 구제하지 않으면 부후한다. 피해목은 잎이 황화하면서 쇠약하다가 1~2년 내에 고사하기 때문에 공동으로 발전하지 않는다(사진5-121). 그 외에도 ⓑ 비바람에 가지가 찢어지거나 부러진 줄기의 상처, ⓒ 피소와 상렬 피해로 생긴 상처가 부후하여 공동으로 발전한다.

[사진5-118] 소나무좀 수피 천공(소나무)

[사진5-119] 알락하늘소 목질부 천공(자작나무)

[사진5-120] 알락하늘소 천공(붉나무) ⇨

[사진5-121] 알락하늘소 피해 고사(붉나무)

[사진5-122] 조류 먹이활동 박피(단풍나무)

[사진5-123] 새 둥지(전나무)

큰 공동이 있고 목질부의 대부분이 썩었음에도 생존하는 노목을 볼 수 있다(사진5-124, 125). 그 이유는 형성층(形成層, cambium, 생존조직)의 부피생장 기능, 줄기와 가지 끝 생장점에서의 길이생장 기능, 잎에서 합성한 포도당(glucose, $C_6H_{12}O_6$) 이동로인 체관부(體官部, phloem, 생존 조직)의 물질전이 기능, 토양에서 흡수한 물과 무기이온(양분) 이동로인 물관부(木質部, xylem) 기능과 변재(邊材, sap wood)의 수체 지지 기능이 유지되기 때문이다. 이들 관다발 조직(체관부, 형성층, 물관부)이 생장과 전이 기능을 상실하고,

[사진5-124] 줄기부후와 공동(돌배나무)

[사진5-125] 피소, 가지치기 상처 부후 공동(왕버들)

변재부의 수체 지지 기능이 없다면 나무는 직립하지 못하고 쓰러진다.

목질부는 변재(邊材, sap wood)와 심재(心材, heart wood)로 구분된다. 변재부는 탄수화물(전분)의 저장고이기도 하며, 물관이 있어 뿌리에서 흡수한 물과 물에 녹아있는 무기 이온이 잎에까지 도달할 수 있다. 심재부는 죽은 조직으로서 나무를 지지하는 역할을 한다. 타닌, 페놀 등의 물질을 함유하고 있어 색깔이 짙고 전분을 함유하지 않아 부후균이나 곤충에 대해서도 내성이 있다. 이에 반하여 탄수화물의 저장고인 변재부는 부후균의 감염에 약하다. 저장된 전분은 뿌리에서 밀려 올라온 물과 함께 공기 중의 부후균에 노출됨으로써 변색, 부후한다(사진5-126).

토양수분이 뿌리에서 잎에까지 도달하는 원동력은 근압(根壓, root pressure), 물관의 모세관 현상과 물의 응집력, 증산 작용, 대기압 등의 복합적인 기작에 의한 것이다. 벌채한 나무의 그루터기에서도 한동안 지속적으로 밀려 올라오는 수액을 볼 수 있는데, 뿌리의 근압으로 설명되고 있다(사진5-126, 127).

[사진5-126] 물관부 수액 상승, 부후균 감염(잣나무)

[사진5-127] 변재부 수지 유출(잣나무)

④ 고사 여부 진단

㉠ 가지의 고사 여부 구분은 꺾을 때 고사지와 생가지의 꺾임 용이성이 다르다(표5-10). ㉡ 건강한 나무와 고사한 나무의 내수피(內樹皮 : 코르크 형성층과 그 안쪽의 살아있는 수피)는 색깔과 질감이 다르다. ⓐ 건강한 가지나 줄기는 수피를 얇게 깎아보면 어린나무는 표피 밑 내수피가 녹색이고 목질부가 흰색이다(사진5-128, 129). ⓑ 소나무류의 경우 깎은 부위 주변에서 송진이 흐른다. 반면, 고사한 가지나 줄기는 송진이 흐르지 않거나 양이 적고 갈색이다(사진5-130). ⓒ 굵은 줄기의 고사 여부 확인은 남서 방향 줄기의 수피를 칼로 가로 10cm, 세로 5cm 내외의 면적을 도려내어 내수피와 목질부의 색깔 및 질감을 조사한다(사진5-131). 나무에 따라서는 색깔 변화가 다르지만, 고사한 코르크층은 대부분이 갈색이다. ⓓ 고사가 진행 중일지라도 초기 상태이거나 부후가 진행 중인 경우 수분이 있어 생존 조직으로 오진할 수 있으므로 주의와 경험이 필요하다.

㉢ 생존 여부의 간이적인 진단은 부후균(腐朽菌) 자실체인 버섯의 발생 여부를 체크하는 것이다. 활력을 잃어 쇠약한 나무, 고사가 진행되거나 고사목은 상처와 피목(皮目, lentice)을 통해 대기 중의 부후균에 감염된다. 부후균의 지상부 감염은 대부분이 바람, 빗물, 천공성 곤충의 매개로 이루어진다. 벚나무, 매화나무, 사과나무, 살구나무, 밤나무 등

[표 5-10] 가지, 줄기의 생사 여부 진단

고사지	검진항목	생존지, 생존 줄기
메마른 딱 소리를 내면서 잘 부러진다.	꺾임과 소리	딱 소리를 내면서 잘 부러진다.
말라서 견고해진 가지는 잘 부러지지 않는다.	부러짐 용이성	
고사 진행 가지는 질기고 휘면서 잘 부러지지 않는다.		
갈색, 목질부가 희더라도 수액이 없어 메마르고 거칠다.	내수피 · 목질부 색깔, 수액, 질감	녹색(어린나무), 수액이 있어 질감이 촉촉하고 매끈거림. 목질부가 희다.
고사 진행 가지는 잎이 시들어 처지고, 가지에 붙어서 잡아당겨도 쉽게 떨어지지 않고 질기다.	낙엽 유무	잎이 시들지 않고 형태를 유지하면서 낙엽이 되거나, 나무를 흔들면 우수수 떨어지는 경향이 있다.
만져보면 햇볕을 받아 온기가 있다.	수체 온도(줄기)	만져보면 시원한(차가운) 느낌이 있다.
압력을 가하면 단단하게 굳었거나 쉽게 바스러진다.	겨울눈	압력을 가하면 탄력이 있고, 촉촉한 감이 있으며, 녹색이나 흰색이다.
가지, 줄기, 지제부에 버섯이 발생한다.	부후균 자실체	버섯이 발견되지 않는다.

[사진5-128] 건전지 녹색 내수피, 흰 목질부(소나무)

[사진5-129] 건전지 녹색 내수피, 흰 목질부(활엽수)

[사진5-130] 고사진행 가지 갈색 내수피(소나무)

[사진5-131] 고사진행 줄기 적갈색 수피(목련)

에 발생하는 재질썩음병은 수피와 목질부에 감염된 부후균에 의한 것이며, 자실체인 치마버섯(*Schizophyllum commune* Fr.)이 수피 밖으로(유 외, 1993) 나타난다(사진5-136). 치마버섯균은 죽은 조직에 기생하는 부후균으로서 줄기를 한 바퀴 돌아 기생한 나무는 고사한 것이다. 잎이 있는 나무의 일부 줄기나 가지에 발생하였다면 적어도 그 부위는 부후, 고사하였다는 증거다. 그 외의 생사 여부 구분 방법은 표 5-10과 같다.

⑤ 잎과 겨울눈

잎의 상태로도 고사 여부를 진단할 수 있다. ㉠ 고사 중인 가지의 잎은 시들어 처지거나 말리고 낙엽되지 않고 붙어 있으며, 잡아당겨도 쉽게 떨어지지 않고 질기다(사진5-132). 반면 ⓑ 생존 가능성이 높은 나뭇가지의 잎은 시들지 않고 형태를 유지하면서 변색 또는 낙엽이 되거나 나무를 흔들면 우수수 떨어진다(사진5-133). 그러나 낙엽이 된다고 해서 반드시 살아있는 나무는 아니다. 고사가 진행 중인 나무에서도 낙엽 현상이 있기 때문이다.

㉡ 고사 또는 고사가 진행되는 가지의 겨울눈을 ⓐ 만져보면 햇볕을 받아 온기가 느껴지고, 생가지는 차가운 느낌이 있다. ⓑ 고사목의 겨울눈은 손으로 비비면 단단하게 굳었거

나 쉽게 바스러진다. 반면 살아있는 겨울눈은 압력을 가하면 탄력이 있고 촉촉한 감이 있으며, 녹색이나 흰색이다. 그러나 이 모든 현상들이 반드시 동일하게 일어나는 증상은 아니며, 진단자의 주의 깊은 판단과 경험을 필요로 한다.

[사진5-132] 약해 잎 시듦, 고사

[사진5-133] 약해 잎 황화, 형태 유지, 낙엽

4. 뿌리 진단

가. 부후와 환상근

(1) 부후

① 뿌리 부후 진단

뿌리와 지상부는 상호 영향 관계에 있다. 뿌리는 식물체를 지탱하면서 흡수한 물과 무기양분을 지상부로 보내고, 잎에서 만든 양분을 저장하여 새뿌리를 발생시키고 호흡하는 기관이다. 뿌리의 활력이 저하되면 지상부의 잎은 황화하거나 시들고 줄기와 가지는 생장을 멈추고 쇠약, 고사한다.

뿌리의 생존 여부를 진단하는 ㉠ 직접적인 방법은 뿌리권의 땅을 파서 조사하거나 지상으로 노출된 뿌리의 상처·부후·환상뿌리·해충 피해 유무와 심도 등의 체크다. ⓐ 생존하고 건강한 뿌리는 밝고 흰색을 띠고(사진5-134), 죽은 뿌리는 갈색이다(사진5-135). ⓑ 부후한 뿌리는 다소 끈적이듯 미끈거리며, 때로는 ⓒ 나쁜 냄새가 나기도 한다.

[사진5-134] 건전뿌리, 밝은 수피와 흰 목질부

[사진5-135] 고사뿌리, 갈색 내수피와 목질부

㉡ 뿌리 부후의 간이적인 진단은 버섯 발생 여부 체크다. 줄기의 ⓐ 지제부(地際部, soil surface) 또는 지표 가까이의 죽은 평근(平根) 또는 그 일부가 지중 서식 부후균에 감염되면 자실체 버섯이 발생한다. 아카시재목버섯(*Perenniporia fraxinea* Ryv.)은 줄기밑둥썩음병의 자실체로서 살아있는 나무의 지제부에 무리지어 발생하며(사진5-137), 근원부

와 뿌리의 목질부를 부후시키는 병균이다(이 외 18인. 1991). 피해목은 정단고사가 일어나면서 서서히 몇 년에 걸쳐 고사가 진행된다.

[사진5-136] 목질부 부후 치마버섯(벚나무)

[사진5-137] 근원부 부후 아카시재목버섯

간이 진단의 또 다른 방법은 ⓑ 근맹아(根萌芽, root sprout, root sucker) 발생 여부를 체크하는 것이다. 지표 가까이의 뿌리가 고사하였거나 상처가 있으면 그 자극으로 주변의 생존부위 또는 다른 뿌리에서 맹아가 발생하는 경향이 있다. 손상으로 인한 맹아 발생은 손상 부위 안쪽(줄기 방향)의 살아있는 부위에서 발생한다.

한편 ⓒ 월동한 나무가 잎이 피고 나서 여름이 되기 전에 말라죽는 사례가 있다. 이것은 동해를 받은 뿌리가 썩기는 하였으나 줄기와 가지에 저장되었던 양분으로 잎이 피었으며, 여름을 넘기지 못하고 죽게 된 것이다. 뿌리의 고사 여부 진단 요약은 표5-11과 같다.

[표 5-11] 뿌리 고사 여부 진단

고사지	검진 항목	생존 뿌리
어둡고 갈색을 띤다.	색깔	밝고 흰색을 띤다.
다소 끈적이듯 미끌거린다.	촉감	수액이 흘러 매끄럽다.
나쁜(썩은) 냄새가 난다.	냄새	나무 고유의 냄새가 난다.
지제부에 버섯이 발생한다.	부후균 자실체	버섯이 발생하지 않는다.
근원부, 평근에서 맹아가 발생한다.	근맹아	맹아가 발생하지 않는다(일반적인 증상).

② 부후 뿌리 치료

부후한 뿌리 치료는 다소 어려운 편으로서 ㉠ 썩지 않도록 관리하는 것이 최선의 방법이다. 더욱이 습도가 유지되는 토양에서 부후를 방지한다는 것은 쉬운 일이 아니다. 지표 가까이 노출된 뿌리가 예초기, 답압 등에 의한 기계적인 상처, 토양 과습과 건조, 동해 등으로 손상되지 않도록 한다.

㉡ 부후 뿌리 치료는 썩은 뿌리의 위치를 찾는 것이 중요하다. ⓐ 가지가 고사한 방향에서 뿌리가 노출되는 깊이까지의 땅을 파서 부후 여부를 확인한다. 또 ⓑ 버섯이 발생한 부위, 잎이 황화하였거나 밀도가 떨어지고 쇠약한 가지 방향의 땅을 파서 뿌리와 지제부의 부후 여부를 확인한다. 나무는 수관부의 건강 상태가 그 방향의 뿌리 생장에도 영향을 미치기 때문이다.

㉢ 썩은 뿌리가 발견되면 수목의 외과수술에서처럼 ⓐ 부후 부위를 긁어내는데, 검게 변색된 부위는 완전히 도려내고 연한 갈색부위는 남긴다. 이 부위는 방어벽이 형성된 곳으로서 부후균에 대한 저항성 물질이 함유되어 있다. ⓑ 젖은 부위를 말리고 알코올이나 방부제로 소독한 다음 매립한다. ⓒ 썩은 부위가 뿌리 굵기의 1/3~1/2을 넘을 경우 잘라내고 절단면을 매끈하게 다듬고 방부처리한다. 방부제는 목질부에만 처리하고 가급적 체관부와 형성층 부위에는 처리되지 않도록 한다. ⓓ 이식 당시에 5cm 이상 굵기의 잘린 뿌리는 절단 부위가 썩지 않도록 매끈하게 잘 다듬고 티오파네이트메틸, 테부코나졸 등으로 도포 처리를 한다. 기타 ㉣ 시비, 양호한 생육환경 조성 등으로 수세를 강화하여 새 뿌리를 발생시키고 부후 진행 속도를 지연시켜 자가 치료될 수 있도록 한다.

(2) 환상근

① 환상근 피해

근원부(根元部, 根源部, root collar)를 가로질러 조이면서 자라는 뿌리를 환상근(環狀根, girdling roots)이라 하며 환상뿌리, 환근(環根), 띠 뿌리, 띠 두르기 뿌리, 허리띠 뿌리 등으로도 불린다(사진5-138). 나무뿌리의 대부분은 지표가까이 15~60cm 깊이 토양에 분포하여(Tatter, 1986) 공기와 수분, 무기양분 흡수를 위한 공간 경쟁을 하면서 자란다. ㉠ 근원부 주변에서 새로 나온 환상근은 기존 뿌리보다 유리한 위치에 자리 잡으면서 빠르게 성장하여 근원부를 서서히 강하게 조인다. 세력이 좋은 환상근은 기존 뿌리보다 잔뿌리 발생이 많아지고 세력은 더욱 강해진다(사진5-139, 140, 141).

㉡ 직경생장을 함에 따라 교차부위 줄기는 점점 더 조여든다. 형성층 압박으로 근원부가 함몰되고(사진5-151) 양분과 수분 이동로인 체관부와 물관부 또한 압박과 파괴로 상처가 생겨 조직이 썩는다. 체관부와 물관부의 손상은 잎에서 형성한 양분이 뿌리로, 뿌리에서 흡수한 양분과 수분이 잎으로의 전이를 불량하게 한다. 이로 인하여 양분 축적이 불량한

근계(根系)는 새 뿌리 발생이 적어지고, 근계의 총량적 흡수는 더욱 감소한다. ㉢ 이에 반하여 공기·수분·양분 흡수 조건에서 유리한 환상근은 튼실한 뿌리로 발달하여 가로지르는 부위를 더욱 강하게 조임으로써 나무는 점점 쇠약에 이른다. 환상근은 은행나무, 소나무, 잣나무, 느티나무. 층층나무, 단풍나무류, 참나무류와 뿌리권이 좁은 가로수에서 자주 볼 수 있는 현상이다(사진5-148, 149).

[사진5-138] 근원부 조임 환상근(단풍나무)

[사진5-139] 환상근 위, 교차근 발생(아그배)

[사진5-140] 평근조임 교차근(2018) ⇨

[사진5-141] 2차 환상근 발생(2020)

② 환상근 피해와 증상

환상근은 직접적으로 나무를 고사시키는 것이 아니라, 나무를 서서히 쇠약하게 함으로써 기상재해에 대한 내성 약화와 병해충 공격에 노출되는 데에 있다. 환상근은 근원부나 굵은 평근을 조이기 때문에 ㉠ 1차적으로 양분과 수분 부족을 겪게 됨으로써 쇠약한다. 환상근 피해는 ⓐ 수분과 양분이 부족할 때 나타나는 증상과 유사하지만, 잎이 시들거나 타지 않는다. ⓑ 피해목은 죽지 않고 여러 해 동안 수관부의 녹색도가 떨어지며 ⓒ 조기에 단풍이 들고 ⓓ 정단고사 현상이 일어나면서 쇠약한다.

㉡ 2차적으로는 ⓐ 잎의 그늘이 없는 동절기에 쇠약 상태의 줄기와 가지가 직사광선에

노출됨으로써 수피가 타는 열해(熱害, heat injury)를 받는다(사진5-142). 또한 ⓑ 동절기의 급격히 떨어지는 야간 온도에 수피와 목질부가 길이 방향으로 터지는 상렬 피해를 받는다(사진5-143). ㉢ 피해가 더 진행되면 손상부위가 썩어 버섯이 발생하고 끝의 잔가지가 말라 수관밀도가 크게 감소한다. ㉣ 쇠약한 나무는 나무좀, 바구미, 하늘소, 비단벌레등의 천공성 해충의 공격 대상이 된다. 특히 피해목 줄기 또는 근원부가 하늘소류의 천공성 해충의 공격을 받았을 경우, 피해 정도에 따라 차이는 있으나 치료를 해도 건강한 수세 회복에는 오랜 기간이 걸린다. ㉤ 여기에 답압되거나 양분과 수분이 부족하면 피해 심도는 더욱 높아진다.

◆ 환상근 피해 증상 ◆

- 녹색도가 떨어지면서 황화한다.
- 늦여름부터 조기 단풍과 낙엽이 된다.
- 환상근 방향 줄기의 잎은 정상의 잎보다 작은 경향이 있다.
- 잔가지가 고사하여 전체 수관밀도가 떨어진다.
- 줄기와 굵은 가지 변색, 박피, 할렬 등의 손상을 받는다.
- 시비관리를 하면 잠시 회복되었다가 다시 황화하는 경우가 많다.

[사진5-142] 직사광선 노출, 수피 변색(자작나무)

[사진5-143] 환상근 피해목 가지 할렬, 박피

③ 환상근 발생 요인과 진단

환상근은 ㉠ 뿌리권의 답압(踏壓, trampling)이 많은 공원의 녹음수, 가로수에서 발생이 많고, 산림에서는 등산로 주변 답압지의 나무에서 발견된다(사진5-144, 145). ㉡ 주로 뿌리가 뻗어나가는 방향에 돌, 보도블록, 기타 장애물의 방해를 받았을 때 발생하는 경향이 있다(사진5-146, 147, 148). 장애물로 인해 뿌리가 뻗어나가지 못하면 근원부 가까이에서 잔뿌리 발생이 많은데, ㉢ 생장 조건이 개선되지 않으면 환상근과 교차근으로 발달한다(사진

5-149). 특히 뿌리권이 제한적인 가로수에서 흔히 볼 수 있는 현상이다(사진5-148).

교차근(交叉根)은 환상근의 범주에 속하는 뿌리로서 이미 발생한 뿌리를 가로질러 뻗어 가는 새로운 뿌리다(사진1-144, 145, 147, 150). ㉣ 교차근은 환상근이 발생한 나무에서 발생이 잦으며, 지표 가까이 굵은 평근을 조이는 경우가 많다. 물과 양분 흡수를 담당하는 수많은 모근(毛根, hair root)은 평근(平根, lateral root)에서 갈라져 나온 뿌리의 끝에서 발달한다. 교차근은 이러한 뿌리의 근원인 평근을 가로질러 조이면서 파고들어 나무가 쇠약해진다.

[사진5-144] 평근 조임 교차근(소나무)

[사진5-145] 인접목의 교차근

[사진5-146] 장애물, 초기 환상근(느티나무)

[사진5-147] 장애물, 평근 조임 환상근(소나무)

[사진5-148] 보도블록 장애물, 환상근 발달

[사진5-149] 장래 환상근이 될 잔뿌리

㉤ 환상근은 조기 발견이 중요하다. 대부분의 환상근은 지상에 노출되기 때문에 발견이 어렵지 않으나, 지표 가까이 묻혔거나 근원부에 풀이 무성하면 발견이 어렵다. 건조 또는 병해충 피해가 없음에도 나무가 황화하거나 수관밀도가 떨어지는 경우 환상근 피해를 의심해야 한다. 환상근 피해 진단은 줄기에서 가까운 뿌리권을 직접 파보는 것이 확실한 방법이며, 발생 요인과 진단 방법은 다음 표와 같다(표5-12, 13).

[표 5-12] 환상근 발생 자연적 요인과 진단

발생 요인	발생경향. 진단
지표와 근원부	지제부에 발생하는 특징이 있다. 지제부(근원부) 가까이 발생한 환상근일수록 피해가 크다.
토양 견밀도	건조하면 견밀도가 높아져 뿌리 확장이 용이하지 못한 점토질 토양에서 환상근 발생이 많다.
생장 공간경쟁	근원부 주변의 잔디 · 잡초와 생장 공간경쟁이 있을 경우 발생하는 경향이 있다.
생장장애 조건	뿌리의 길이생장 방향에 장애물(돌, 바위, 보도 블럭. 경계석 등의 인공 구조물)에 가로 막히면 지표 가까이 새 뿌리가 발생하여 환상근이 된다. 새 뿌리가 뻗지 못하고 옆으로 자라면 다른 뿌리와 엇갈리는 교차근이 된다.
경사지 새 뿌리	경사면 아래로 생장하는 지제부의 새 뿌리는 기존 뿌리보다 빠르게 자라 교차근이 된다.
천공성 해충 근원부 공격	하늘소류 등이 줄기 밑둥을 천공 가해하면 그 자극으로 지제부에서 새 뿌리 발생이 조장되어 조임 뿌리로 발전하는 경향이 있다.

[표 5-13] 환상근 발생 인위적 요인과 진단

발생 요인	발생 경향, 진단
답압 토양	답압되어 견밀도가 높은 토양에서는 공기를 찾아 지표 가까이로 새 뿌리가 자라면서 환상근이 되거나 기존 뿌리와 교차하게 된다
심식 나무	깊게 식재된 나무는 뿌리가 표토 가까이 발생하면서 서로 엉켜 자라 환상근과 교차근이 된다.
뿌리 생장 공간경쟁	식재 구덩이가 좁은 나무, 식재 간격이 좁은 나무, 화분형의 용기에 식재된 나무, 뿌리가 굽거나 헝클어진 상태로 식재한 나근 식재목 등 뿌리가 서로 엉켜 공간경쟁을 하면서 자라 환상근과 교차근이 된다.
뿌리분 감기 재료 미제거	미제거한 뿌리분 감기 재료(철사, 고무바)가 뿌리를 조이면 그 자극으로 지표 가까이에 새 뿌리가 발생하면서 기존 뿌리와 교차하거나 환상근이 된다.
근원부 시비	근원부 가까이에 시비할 경우 양분흡수 자극(향비성)으로 새 뿌리가 발생하여 기존 뿌리와 엉키거나 근원부를 교차 생장하여 환상근 또는 교차근이 된다. 이는 근원부에서 수 cm 이격하여 시비하는 이유의 하나다.

나. 환상근 피해 치료

(1) 환상근 제거

환상근과 교차근은 ㉠ 발견 즉시 잘라낸다(사진5-150, 151, 152). 자른 뿌리의 절단면은 깨끗이 다듬어 도포제를 바르거나 분무하여 부후균 침입을 막고, 절단 부위는 노출시켜 땅에 묻히지 않도록 한다. 땅에 묻힌 절단부는 부후균 침입이 용이하고 유합상구 부근에서 다시 새 뿌리가 발생할 수 있기 때문이다.

㉡ 환상뿌리가 굵고 길게 자라 근원부 둘레의 1/3을 넘은 경우 제거하면 상처가 커지거나 쇠약 진행이 빨라질 수 있다. 이럴 때는 환상뿌리 전체를 한 번에 제거하지 말고, 환상뿌리 발생 시작 부위를 톱이나 자귀 등의 연장으로 직경의 1/3~1/2을 3~4cm 폭으로 부분 제거한다. 수세회복 진행 정도에 따라 다음 계절에 나머지 1/3~1/2를 제거하여 세력을 조금씩 약화시킨다. 2~3년 반복 제거하면 환상뿌리의 조임 피해가 서서히 약화되어 원뿌리가 기능을 회복한다.

[사진5-150] 평근 교차조임(소나무) ⇨

[사진5-151] 교차조임 제거, 조임부위 함몰

[사진5-152] 환상근 제거

[사진5-153] 지렛대 천공 뿌리권 시비

(2) 수세 증진 화학비료 시비

환상근 제거 후 수세 회복을 위하여 화학비료를 시비한다. ㉠ 시비 영역은 수관이 확장한 수직 지면의 뿌리권 전역이다. 그러나 통상적으로 근계평균분포영역이나 근계평균분포 1/3영역을 돌아가면서 시비한다. 이는 돌출한 가지의 끝보다는 안쪽에 시비하는 것이다. 근계평균분포영역이란 돌출하여 자란 가지를 제외한 평균적 수관폭의 수직 지면에 원을 그리듯 돌아가는 면적으로서 시비 영역이 된다(제6장 2 가, 나 참조).

㉡ 시비 시기는 4월 중·하순~5월 초순과 6월 중·하순~7월 초순의 생장기에 연 2회 시비한다. ㉢ 나무에서 60~120cm 내외로 이격한 바깥쪽의 근계평균분포영역에 시비하되, ㉣ 시비량은 수고와 직경을 기준하기보다는 시비 영역의 면적에 비례한다. 먼저, 설정된 시비 영역 전역에 완효성 고형복합비료(질소 함량 15% 이내 비료)를 30~60cm 간격으로 1개씩 놓는다. 비료를 시비 위치에 놓는 것은 적정량의 시비, 뿌리권 전역에 균형 시비를 하고, 과량 시비를 막기 위함이다. 이때 소요되는 비료의 양이 시비량이다.

㉤ 비료가 놓인 곳의 옆을 지렛대로 직경 5~10cm, 깊이 20~30cm의 구멍을 뚫고 고형복합비료 1개/1구멍을 시비한다(사진5-153). 지렛대로 구멍을 뚫으면 구멍의 바닥과 벽면의 토양이 밀려 토양공극이 파괴되고 딱딱해져 비료 확산이 방해되므로 동력 관주기를 사용하는 것도 좋다(김, 2009). 특히 점토 성분이 많아 견밀도(堅密度, consistance)가 높은 토양에서 효과적이다. 시비량은 배수 불량 토지, 점토성분이 많은 토양에는 5~10개 감량하여 시비한다. 이러한 토양은 비료가 확산되지 못하고 정체됨으로써 뿌리에 농도장해를 일으킬 수 있기 때문이다. 시비 구멍에 비료를 넣은 다음, ㉥ 구멍에 관수하거나 시비 영역 전체에 지표관수를 하여 비료의 용해를 돕는다. 시비 후 구멍은 통기 효과가 있으므로 막지 않아도 된다.

(3) 환상근 피해 치료시술

① 수세 회복 뿌리권 치료시술 사례

㉠ 시술 대상

- **단풍나무** : 근원직경 20cm의 우수 수형의 나무로서 경사면 8부 능선에 식재되었다.
- **수세** : 조기 단풍, 수관부의 1/2이 조기 황화, 단풍, 낙엽이 되고 잔가지가 말라죽어 수관밀도가 떨어지면서 쇠약하고 있다(사진5-154, 155, 156).

ⓛ 수세 회복 뿌리권 치료시술 작업 공정

- **원인 조사** : 잔디 및 잡초가 발생한 근원부를 조사한 결과 ⓐ 직경 6~7cm의 환상근이 지제부를 조이고 있다(사진5-157). 또한 ⓑ 지제부 둘레의 1/4이 알락하늘소(*Anoplophora chinensis*) 피해로 천공되었고 그 부위가 부후하였다(사진5-158). ⓒ 피해 근원부 방향의 가지가 쇠약하였다. 쇠약한 굵은 가지는 잎의 그늘이 없는 겨울에 직사광선과 상렬 피해로 수피와 목질부가 길이 방향으로 터지고 말랐다(사진5-143). 이상의 조사 결과에 의거 수세 회복을 위한 뿌리권 시술을 결정하였다.
- **시술영역 설정** : 수관폭 수직 지면 1/3 안쪽 뿌리권, 직경 3.7m, 면적 10.74㎡을 원형으로 설정하였다.
- **표토정리** : 잔뿌리가 노출되는 10cm 깊이로 표토와 지피물을 제거하였다(사진5-159).
- **구획설정** : 균형적인 시비와 시술 작업을 위하여 시술 영역을 8개 구역으로 설정하였다.
- **토양개량 부산물비료 시비** : 보습·보비력 증진과 물리·화학성 증진을 위하여 코코피트가 주원료인 유기질비료 총 240kg(3~4cm 두께/1구획)을 포설하였다(사진5-160).
- **화학비료 시비** : 입상비료(13-7-8) 총 1,280g, 고형복합비료(13-6-8) 총 32개를 시비하였다(사진5-160, 161). 경사지로서 화학비료를 증량 시비하였다.
- **멀칭** : 발근 촉진을 위해 짚이 재료인 거적을 시술 가장자리는 2회, 안쪽은 1/2씩 겹치도록 시술 영역을 돌아가면서 피복하였다(사진5-162).
- **가지치기** : 건전 수관부 하단의 무성한 가지를 제거하여 대칭 수관을 조성하였다.
- **멀칭 위 관수** : 거적이 바람에 날리지 않고 시비한 화학비료가 용해되도록 관수하였다.

ⓒ 시술 결과

- **수세 회복** : 시술 1년 경과, 수세는 70% 회복되었으나 지제부 상처 방향의 수관부는 지속적으로 조기 단풍, 밀도 저하 등 수세 20~30%를 회복하지 못하였다.

[표5-14] 근계평균분포영역 치료시술 면적과 시비량

면적	입상비료(13-7-8)	부산물비료
a = 1.85m Sa = 10.74㎡(1.34㎡/1구)/8구획	• 입상 : 1.28kg(160g/1구획) • 고형 : 32개(4개/1구획)	240kg(30kg/1구획)

[154] 우측 수관 황화(7/7일) ⇨

[155] 우측 수관 조기낙엽(11/11)

[156] 우측 가지밀도 저하(익 4/27)

[157] 환상근 ⇨

[158] 알락하늘소 지제부 천공, 부후 ⇨

[159] 뿌리권 표토 제거 ⇨

[160] 부산물 · 입상비료 시비 ⇨

[161] 고형복합비료(흰색) 시비 ⇨

[162] 멀칭

[사진 5-154~162] 환상근, 알락하늘소 피해 단풍나무 수세회복 뿌리권 시술 공정도

제 6 장
활력 증진과 치료 시비수술

1. 활력 증진 시비
2. 쇠약수 치료
3. 특수지역 쇠약수 치료시술
4. 태풍 피해목 관리
5. 폭설 피해목 관리

1. 활력 증진 시비

가. 시비

(1) 시비 대상과 효과

수목은 위치 이동을 하지 않고 한 장소에서만 살아가는 생명체로서, 뿌리 내리고 양분과 수분을 공급받는 토양 조건의 영향이 크다. ㉠ 양분과 수분이 부족한 토양에서는 영양생장은 물론, 생식생장이 불량하고 각종 환경재해에 대한 내성(耐性, tolerance)이 약해진다. ㉡ 쇠약한 나무를 회생시키고 생장을 촉진하며, 수목의 고유 기능 발휘를 위해서는 인위적인 양분 공급, 즉 시비(施肥, fertilization, fertilizer application)가 필요하다. ㉢ 시비는 부족한 영양분을 공급함으로써 개화와 결실을 좋게 하고 건강한 생장을 이어가게 한다.

◆ 시비 대상 ◆

- 식재 1~2년을 경과하였으나 활착이 불량한 나무
- 활력 증진(수세 강화), 생장 촉진, 빠른 고유기능 발휘가 필요한 나무
- 각종 환경재해(병, 해충, 기상재해 등)의 내성 강화가 필요한 나무
- 척박지에 식재된 나무
- 특정 영양분이 부족한 나무

◆ 시비 효과 ◆

- 특정 영양분의 결핍증을 치료(공급)한다.
- 생체량(生物體量, biomass)이 증가한다.
  - 수고 · 직경생장 증진, 수관이 확장된다.
- 엽 밀도 증가, 녹색도 상승으로 총 광합성 능력이 증대한다.
- 발근이 촉진되어 양분과 수분 흡수 영역이 확장된다.
- 개화, 결실 등으로 수모(樹貌)가 향상되어 경관 가치가 상승한다.

- 꺾임, 휨, 기계적 손상의 회복이 빠르다.
- 각종 환경재해에 대한 저항력이 높아진다.

(2) 시비 적기

① 잎이 먼저 피는 나무

수목을 비롯한 모든 다년생 식물의 시비는 ㉠ 생장이 활발히 진행되는 시기에 이용될 수 있도록 한다. 즉, 새싹이 돋기 4~6주 전의 이른 봄이 시비 적기다(Pirone etc., 1988). 토양수분과 양분 흡수기관인 뿌리의 활동은 5~6월에 가장 왕성하고, 7~8월 고온기에는 저하되며, 9월부터 다시 상승한다. 사실 뿌리의 생장 개시는 상록침엽수는 5~6℃, 낙엽활엽수는 2~3℃로서 수목은 5℃ 전후가 되면 새 뿌리가 발생한다(김, 1978).

㉡ 2월 중순경이면 지온이 0℃ 이상이 되어 이미 수분 흡수가 시작된다. 지역에 따라 차이는 있으나 우리나라에서는 해동이 되는 늦겨울 2월 하순부터 시비할 수 있으며, 해동이 다소 늦은 중부지역에서는 3월 중·하순에서 4월 초순이 시비 적기라고 할 수 있다. 다만 ㉢ 잎이 피지 않았거나 개엽이 시작되는 시기에 시비량이 많으면 농도장해 우려가 있으므로 감량 시비가 필요하다. 봄철 시비는 나무의 1년 건강을 좌우한다. 봄철 영양 상태가 부실하면 그해의 생장은 물론, 이듬해 생장도 불량할 수 있으며 내병성 등 각종 환경재해에 대한 저항성이 떨어진다.

② 꽃이 먼저 피는 나무

잎보다 꽃이 먼저 피는 관화수목(觀花樹木) 또한 ㉠ 새싹이 돋기 4~6주 전의 이른 봄과 ㉡ 화아(花芽, flower bud) 형성기 이전의 6~7월이 시비 적기다. 잎보다 꽃이 먼저 피는 나무의 화아분화는 대부분이 7~8월경인데, 그 이전인 6~7월에 시비한다. 이 시기의 영양 상태에 따라 화아의 충실도가 달라지고, 다음 해의 초기 생육도 영향을 받는다.

그러나 ㉢ 주의할 것은 7월을 넘기지 않는 것이 좋다. 7월 이후 늦여름이나 이른 가을 시비는 새로운 생장을 자극할 수 있다. 특히 늦게까지 고온이 지속되는 해에는 수분 조건이 갖추어지면 가을까지 늦자람이 일어난다. 늦게 발생한 가지, 도장지(徒長枝, succulent shoot : 웃자란 가지)는 목질화(木質化, lignification)를 이루지 못한 상태에서 저온기를 맞게 됨으로써 동해(凍害, freezing damage) 우려가 높아진다(사진 6-1, 2, 3). 심지어 나무에서 다소 떨어진 잔디밭 시비가 흡수되어 늦자람의 원인이 될 수 있다. 그런데 지구 온난화의 영향으로 식물의 생장이 늦게까지 지속되는 경향이 있어 시비 가능 기간 또한 길어질 것으로 추정된다.

㉣ 동해는 ⓐ 시비에 의하여 웃자란 도장지뿐만 아니라 ⓑ 뿌리권 동결에 따른 피해도 크다. 뿌리는 지상부보다 내동성이 약하지만, 토양의 저온 차단 효과 때문에 동해가 적다. 그러나 ⓒ 배수 불량지역, ⓓ 토양 습도가 높은 그늘에서는 동해가 발생한다. 예를 들어, 눈이 녹아 뿌리권 토양의 배수 불량으로 습한 경우 동해를 받는다. 주야간의 온도 차이가 큰 늦겨울~이른 봄에 제설한 눈을 나무 밑에 쌓아두면 낮에는 눈이 녹아 뿌리권 토양이 습해지고, 야간의 저온에 토양이 동결함으로써 뿌리가 저온 피해를 받게 된다(사진6-4). 가로수, 공원녹지 통행로의 제설한 눈을 나무 주변에 쌓아두면 동해를 받는 것도 이러한 이유 때문이다(사진5-35). 새싹은 나오지만 붉게 마르고, 2~3년 반복되면 뿌리가 썩어 6월을 넘기지 못하고 말라 죽는다.

[사진6-1] 웃자란 가지(8월, 느티나무)

[사진6-2] 동해, 도장지 고사(6월, 버드나무)

[사진6-3] 동해, 도장지 고사(1월, 사철나무)

[사진6-4] 뿌리권 동해(6월, 낭아초)

㉤ 늦가을 화학비료 시비는 ⓐ 토양온도 저하, 잎의 광합성 능력 저하, 엽량 감소 등으로 나무에 흡수되지 못하고, ⓑ 겨울 동안 용탈됨으로써 봄철 생장에 이용되지 못하고 유실됨으로써 강과 호소(湖沼)의 부영양화 원인이 된다. 또한 ⓒ 흡수 이용되지 않은 비료가

뿌리권 토양에 잔류될 경우 농도장해(肥料燒)를 일으킨다. 이러한 이유 등으로 늦가을에는 화학비료를 시비하지 않고 보습·보비력(保濕·保肥力)이 높은 부산물비료를 시비한다. 결론적으로 효과적인 수목 시비는 수종별로 잎이 피는 시기, 꽃 피는 시기, 결실기 등을 계산하여 잎과 꽃이 피고 열매를 맺는 데 이용될 수 있도록 비료의 종류와 시비 방법을 선택하는 것이 바람직하다.

(3) 시비량 산정

시비량은 ㉠ 시비 영역의 면적과 비례하되 수종, 수세, 나무의 크기와 직경 등을 고려하여 계량한다. ⓐ 일반적으로 모과나무 또는 감나무처럼 크고 굵은 열매가 달리는 나무, 꽃사과 또는 벚나무처럼 열매가 작지만 양이 많아 체력 소모가 큰 나무는 시비량도 많아야 한다. 반대로 ⓑ 소나무처럼 자주 시비할 경우 지엽(枝葉, branches and leaves)이 울밀해져 가지솎기 또한 자주 해야 하는 나무는 쇠약수를 제외하고 스스로 자라도록 관리하는 것이 좋다.

시비량은 ㉡ 쇠약의 심각성 정도에 따라 가감한다. 즉, 나무가 쇠약할수록 1회 시비량은 줄이고 시비 횟수를 증가시켜야 시비 효과가 높다. 쇠약의 정도는 진단자의 판단으로서, 나무가 비료를 흡수하여 수세를 회복할 수 있는 능력의 정도 판단이다. 동일 면적에 동일한 양으로 시비되었어도 쇠약 정도에 따라 수세를 회복하거나 오히려 농도장해를 받을 수 있다. 일반적으로 ⓐ 큰 나무는 작은 나무보다 시비 면적을 넓히고 시비량도 많아야 한다.

ⓑ 시비 깊이는 뿌리가 흡수할 수 있는 정도여야 한다. 너무 깊으면 용탈되는 양이 많고, 또 얕으면 지피식물에 시비하는 결과가 초래된다. 시비량 결정은 상당한 시비 경험이 필요하다.

㉢ 수목의 시비 영역은 뿌리의 분포영역이다. 일반적으로 시비는 근계평균분포영역(제6장 2 가 참조)의 전체 영역 시비를 기준으로 한다. 예를 들어, 질소 15% 이하의 완효성 고형복합비료를 천공 시비를 할 경우 ⓐ 관목류는 나무에서 최소 15cm, 큰 나무는 60~120cm 내외의 이격한 거리에서 근계평균분포영역 가장자리까지의 영역이다. ⓑ 시비량은 토양 천공기, 지렛대, 기타 도구로 나무를 중심으로 원형으로 돌아가면서 깊이 10~30cm의 구멍을 10~60cm 간격으로 1개씩 1~2줄 시비하였을 때 소요되는 비료의 양이다.

그러므로 ㉣ 시비량은 단순히 수고별, 직경별 시비량을 정할 것이 아니라 수고, 직경, 수관 확장 영역, 뿌리 확장 영역, 수세, 대상 수목의 생리적 특성, 토양의 물리적 성질 등을 종합적으로 판단하여 결정한다. 잦은 시비, 잘못 설정된 시비 영역, 과잉 시비는 비료와 노동력 손실, 유실(용탈)에 의한 수질오염 등을 초래한다. 표 6-1은 수목에 많이 시용되는 고형복합비료의 일반적인 시비 방법인데 토성, 지형과 수세에 따라 시비량을 가감한다.

나. 지상부 시비

(1) 엽면시비

쇠약수의 지상부 시비에는 나무에 직접 시비하는 엽면시비, 휴면지 시비, 수간주입(수간주사) 시비가 있다. 이 방법은 적극적인 시비 방법으로서 흡수가 빨라 양·수분 흡수력이 불량한 나무, 특정 양분이 결핍한 나무의 응급 치료용 시비 방법이다. 그러나 시비 효과는 빠르지만 토양 시비처럼 지속적이지 않아 재시비가 필요하고, 과량 시비되었을 때 농도장해가 크다.

엽면시비(葉面施肥, foliar fertilization)는 ㉠ 잎에 살포하여 흡수 이행되도록 하는 시비방법이다. ⓐ 잎이 피고 나서 시비하되, ⓑ 목질화가 된 이후의 시비가 농도장해 위험이 적다(김, 2009). 그런데 잎은 목질화가 될수록 비료의 흡수율은 떨어진다. 즉, 잎의 목질화는 연령이 높아갈수록 높아지므로 ⓒ 늙은 잎보다는 어린 잎이 비료 흡수력이 높다. ⓓ 큐티클층(왁스층)이 발달하고 표피가 두꺼운 앞면보다 뒷면에서 흡수가 잘된다. 앞면의 큐티클층은 시비한 비료가 오래 잔류하지 못하고 흘러내리며, 뒷면보다 빨리 증발한다. ⓔ 호흡 작용이 왕성할 때 흡수가 잘된다. 그러므로 밤보다는 주간의 흡수가 더 높다. 또 ⓕ 한낮보다는 탄수화물 축적이 많은 아침과 저녁에 흡수력이 높다(오 외, 2000). ⓖ 엽면시비의 pH는 약산성(pH6.5)일 때 흡수율이 높다.

엽면시비는 ㉡ 대부분이 수용성 액상비료, 분제비료를 물에 희석하여 시비하는데, ⓐ 흡수율을 높이기 위하여 계면활성제(전착제)를 첨가하여 살포하기도 한다. 계면활성제(界面活性劑, surfactant)는 부착성, 확산성, 고착성이 있어 비료 또는 농약 흡수력이 높다. 그러나 혼합 농도가 중요하다. ⓑ 혼합 농도가 높거나 29℃ 이상의 고온에서는 흡수율이 떨어지고(Pirone etc., 1988), 농도장해로 잎이 타는 엽소(葉燒, leaf scorch, leaf burn) 피해가 있으므로 주의해야 한다.

◆ 엽면시비 효과와 장점 ◆

• 뿌리 기능이 약화, 손상된 나무, 비료 흡수가 불량한 나무에 효과적이다.

- 토양 pH가 높아(산성 · 알칼리성 토양) 뿌리의 흡수력이 약한 나무에 효과적이다.
- 질소 시비가 급히 필요할 때, 인산의 고정화가 일어난 토양에서 효과적이다.
- 비료 용탈이 많은 모래 토양에서 효과적이다.
- 태풍이나 기타 기상재해로 잎이 손상된 나무에 효과적이다.
- 결핍 영양분을 공급할 수 있다.
- 극도로 쇠약한 나무가 시비 대상이다.
- 생산물(꽃, 목초, 과실)의 품질을 향상시킨다.
- 살충 · 살균제와 혼용이 가능하다.

(2) 수간주입

① 수간주입 방법

수간주입(樹幹注入, tree injection, trunk injection)은 줄기에 구멍을 뚫고 생장 촉진, 병해충 방제 등을 위하여 약액, 액상비료, 수액에 용해되는 캡슐 제제 등을 주입하는 응급처치 방법이다. ㉠ 주입 시기는 잎이 완전히 핀 이후에 실시한다. 이는 증상 작용과 관계된다.

㉡ 구멍의 위치는 줄기 아래쪽 뿌리에 가까울수록 효과적이다. 주입된 약액은 물관과 체관을 통해 이동하며, 구멍의 위치가 아래쪽일수록 지상부로 고르게 퍼지는 것으로 알려져 있다(나 외 10인, 1999). 즉, 근원부와 가까운 위치일수록 상승하는 약액이 어느 한 가지에 집중되지 않고 수관부 전체에 확산될 확률이 높아진다. 때로는 지면에 노출된 굵은 뿌리(평근)에 주입할 경우 일부는 뿌리의 생장점에 전이되어 새 뿌리 발생에 이용될 수 있다. 그러나 주입 구멍은 토양에 가까울수록 빗물에 흙이 튀어 오염되고 부후균 감염 우려가 높기 때문에 지상부 줄기에 구멍을 뚫고 주입한다.

ⓐ 주입 위치는 지상 30~50cm 또는 작업의 편이성에 따라 1m 내외 높이의 줄기에 ⓑ 약액이 흐르지 않도록 30~45° 각도(약액이 밖으로 유실되지 않는 기울기)로 뚫고 주입한다. ⓒ 구멍의 직경은 0.5~1cm 이내, 깊이는 5~8cm 정도로 하되, 구멍이 작고 얕아서 상처가 가벼울수록 좋다. 구멍이 크고 깊어 상처가 클수록 수액 유출 우려가 높고(사진 6-5, 6, 7) 치유되지 않으면 부후한다. ⓓ 천공은 드릴로 수피와 수피 사이의 틈에 첫 구멍을 뚫고, 그 다음 구멍은 나선형으로 돌아 올라가거나 내려가면서 뚫어 주입한다. 이때 ⓔ 가지 방향 바로 아래에 구멍을 뚫지 않도록 한다. 약액이 그 가지에 집중되기 때문이다.

[사진6-5] 수간주입, 수액유출 소나무

[사진6-6] 수간주입, 수액유출 대왕참나무

[사진6-7] 수간주사, 수액유출 부후진행

[사진6-8] 천공 유상조직 형성, 실리콘 탈립

ⓕ 공기 압축기로 구멍 속의 톱밥을 깨끗이 제거하고 ⓖ 주입 액으로 구멍을 가득 채워 공기를 뺀다. ⓗ 주입 호스도 공기 방울이 없는 상태로 구멍에 끼워 주입한다. ⓘ 수액, 특히 송진은 약액 흡수에 방해되는데, 탈지면(면봉)에 알코올을 묻혀 구멍을 닦아내고 주입하면 흡수에 도움이 된다. ⓙ 송진이 많은 소나무 수간주입(수간주사)은 솔잎혹파리 방제 등의 특수 목적 외에는 월동 후기(2~3월 초순까지)에 한다. 생육기에는 송진이 주입 구멍과 호스를 막아 주입이 어렵다(사진6-11, 12).

ⓚ 주입이 끝나면 구멍은 빗물이 스며들거나 오염되지 않도록 실리콘으로 막는다. 실리콘을 너무 깊게 주입하면 상구유합(傷口癒合, healing of wound, wound healing)에 영향이 있으므로 가급적 얕게 수피 부위만을 막는다. 수세가 회복되면서 상처가 치료되고 실리콘 마개는 스스로 분리되어 떨어진다(사진6-8, 9). 때때로 현장에서 황토 또는 점토로 구멍을 막기도 하는데, 매우 잘못된 처치 방법이다(사진6-10). 황토와 점토 마개는 상처에서의 유상조직(癒傷組織, 癒合組織, callus, callus tissue) 형성을 방해할 뿐만 아니라, 흙이 빗물에 젖은 상태로 유지되면서 부후균 감염률을 높인다.

[사진6-9] 탈립된 실리콘 마개

[사진6-10] 부후조장 천공구 황토 막기

[사진6-11] 송진유출, 수간주입 호스 막힘

[사진6-12] 약액 수간주입 진행(소나무)

② 수간주입 후유증

수간주입, 일명 수간주사는 ㉠ 구멍을 뚫기 때문에 상처가 생기고, 상처는 나무에 상당한 스트레스를 준다. 또한 ㉡ 수액이 유출되고, 나무 스스로 상처 치료를 위한 에너지 소모가 많아 쇠약이 가중될 수 있다(사진6-5, 6, 7). ㉢ 상처에서 유출되는 수액은 해충을 유인할 수 있으며, ㉣ 부후균 침입을 용이하게 하는 단점이 있다(김, 2009). 그러므로 구멍에 톱밥이 남아있지 않도록 깨끗하게 처리한 다음 주입한다.

수간주입은 나무에 직접 시비, 시약하는 방법으로서 ㉤ 수세와 주입 농도에 따라 비료소 위험이 있다. 비료소(肥料燒)란 과량 시비에 의한 농도장해로서 ⓐ 잎의 황화, 엽소(잎 타기), ⓑ 엽밀도 하락, 어린 가지의 수피 변색과 끝 마름을 일으키고 나무를 고사시키기도 한다. 최근 현장에서 수세 강화용으로 액체비료가 아닌, 소형 막대 고형비료(속칭, 못 비료)를 줄기에 직접 주입하는 사례가 있다(사진6-13). 수세에 따른 시비량 고려를 하지 않고 비료를 줄기에 직접 주입할 경우 농도장해를 일으켜 나무를 고사시킬 수도 있다(사진6-14). ㉥ 수간주입에 의한 농도장해는 비료뿐만 아니라 살균·살충제에서도 유사한 증상의 피해가 발생한다. 특히 흡즙성 해충 방제약, 살충을 겸한 수병(樹病) 방제약의 수간주입에서도 나타나며, 3~4월의 솔잎혹파리 피해 증상과도 유사하다. 그런데 수간주사 농도장해의 엽소 특징은 주입 방향 가지의 잎이 붉게 타는데(사진6-15, 16) 반하여, 솔잎혹파리 피해는 수관부 전체의 잎이 붉게 마르는 것이 다르다(사진6-17, 18).

[사진6-13] 소형 막대 고형비료(청색) 수간주입 ⇨

[사진6-14] 비료소, 막대 고형비료 수간주입

[사진6-15] 전년도 수간주사 구멍(상처응고) ⇨

[사진6-16] 주입 줄기 방향 가지고사(소나무)

[사진6-17] 솔잎혹파리 피해 수관부, 전체 황화

[사진6-18] 솔잎혹파리 피해지 근경(3월)

㉦ 수간주사 용액은 직사광선을 받으면 변질되므로 유색 용기의 제품이 좋다. 투명 용기는 천이나 알루미늄 호일로 감고 그늘지게 하여 직사광선에 노출되지 않도록 한다. 특히

중력식 주입은 주입 호스까지도 직사광선에 노출되지 않도록 한다. ⓞ 자주 점검하여 주입 상태를 체크하고 주입액이 유실되거나 주입구가 막히지 않도록 관리한다.

다. 토양시비

(1) 지면시비

지면살포 시비는 ㉠ 지피식생이 없는 나지 또는 군식된 관목을 대상으로 지표면 전체에 화학비료를 살포하는 전면시비 방법이다. ⓐ 주로 입상비료를 시비하는데, ⓑ 비가 온 다음날 땅이 충분히 젖었을 때 또는 20~30mm 내외의 강우가 예상되는 전날에 살포한다. 강우가 없을 경우 살포한 비료가 용해되어 뿌리권에 도달할 수 있도록 지중 30~40cm 깊이까지의 토양이 함수 상태가 되도록 관수한 다음 또는 그 전에 시비한다. 지면살포 시비는 ⓒ 작업이 간편하다는 장점이 있다. 그러나 ⓓ 뿌리가 없는 곳에도 살포되는 등 비료 손실이 많다. 또한 ⓔ 낙엽층이 있거나 두꺼우면 뿌리권에까지 침투하지 못하거나 침투량이 적어 비효가 떨어지는 단점이 있어 군식지 외에는 자주 이용하지 않는 방법이다.

㉡ 토양의 물리성 개선이나 지력 증진을 위해서는 부산물비료(유기질비료)를 시비한다. 부산물비료는 반드시 뿌리권에 구덩이를 파고 매립 시비를 한다. ⓐ 부산물비료는 건조하면 비효가 급감하고, ⓑ 재료에 따라서는 상처 또는 지제부(근원부)에 닿아 부후 원인이 될 수 있다. 그러므로 ⓒ 지표에 시비한 경우 멀칭을 해 빗물에 튀어서 줄기를 오염시키거나 유실되지 않도록 한다.

그런데 ㉢ 현장에서는 근원부 주변의 표토에 깔아주는 잘못된 시비를 하는 사례를 볼 수 있다(사진6-19, 20). 이는 ⓐ 근원부 주변에는 굵은 평근이 발달하고 흡수근은 그 바깥에

[사진6-19] 근원부에 닿은 부산물비료 시비

[사진6-20] 부산물비료 건조, 표토 시비

발달하기 때문에 시비 효과가 없다. 또한 지표면 시비는 ⓑ 뿌리의 향비성(向肥性)과 향수성(向水性) 때문에 잔뿌리가 지표 가까이 발달하는 천근성이 되어 ⓒ 건조 피해와 동해를 받기 쉽다. 그러므로 지표면 근원부 부산물비료 시비는 ⓓ 비료·인력·재정적 손실은 물론, ⓖ 유실될 경우 수질 오염원이 된다.

(2) 관주시비

① 토양관주 시비

토양 관주법(灌注法, flushing method)은 수관이 확장한(수관폭) 수직 지면에 동력 토양 천공기, 천공 기구, 지렛대 등으로 구멍을 뚫거나 삽, 괭이, 곡괭이, 호미로 땅을 파고 고형복합비료 또는 입상비료를 매립하는 시비법이다. 토양관주 시비용 천공 기구는 삽 길이의 지렛대나 쇠파이프에 발걸이와 손잡이를 붙여 작업의 편이성을 높인 기구다(사진 6-21, 22, 23).

고형복합비료는 이탄이나 제올라이트(zeolite) 등을 첨가한 복숭아씨 크기보다 조금 더

[사진6-21] 토양 천공기구 시비

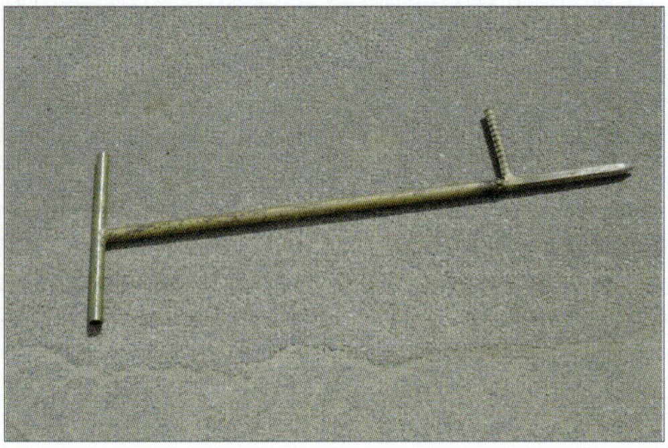

[사진6-22] 토양 천공기구

[사진6-23] 지렛대 천공 토양관주 시비

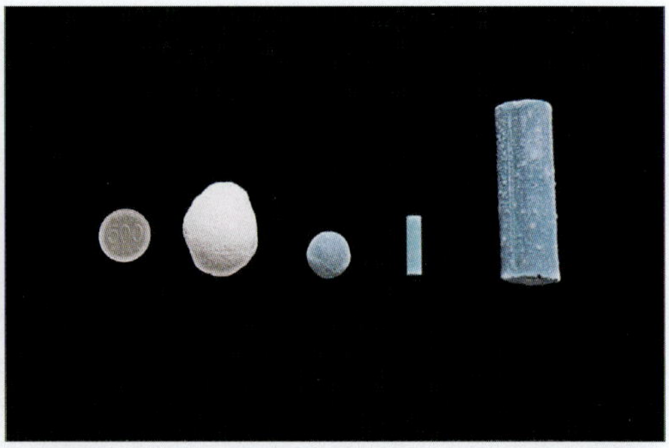

[사진6-24] 고형복합비료 종류, 크기, 모양(좌: 동전)

큰 화학비료이다. 무게가 15g/1개 정도, 질소 함량 15% 내외의 수목·과수전용 비료로서 유실량이 적고, 장기간 서서히 비료 성분이 유출되도록 제조된 완효성 비료이다. 크기와 모양은 용도에 따라 다양하게 개발되어 시판되고 있다(사진6-24).

입제형의 비료는 일정량을 시비할 수 없고, 고형복합비료보다 용해성이 높아 비효는 빠르나 비효 지속성이 짧다. 또 용해도가 높아 과량이 시비되었을 경우 농도장해가 있어 토양관주 시비에는 주로 고형복합비료를 쓴다.

토양관주는 ㉠ 하층식생과 영양 경합관계에 있는 곳에서 비료가 하층식생의 뿌리권보다 아래층의 토양에 시비할 수 있다. ㉡ 다른 시비 방법보다 수목의 비료 이용률이 높고 비효가 지속적이며, ㉢ 작업이 수월하여 현장에서 많이 이용되고 있다. ㉣ 구멍을 뚫기 때문에 통기(aeration) 증진에 기여할 뿐만 아니라, ㉤ 딱딱하고 수분 흡수가 어려운 토양에서는 관수 효과 증진을 겸한 시비 방법이다.

② 토양관주 시비 방법

토양관주 시비는 시비하는 모양이 원의 형태인가 점의 형태인가에 따라 윤상 관주시비와 점상 관주시비로 구분한다. ㉠ 윤상 토양관주 시비는 ⓐ 쇠약수, 활착 정도가 낮은 이식수를 대상으로 ⓑ 수세와 활착 증진, 양호한 수세 유지, 개화와 결실 촉진을 위한 시비 방법이다. 시비영역은 ⓒ 식재된지 얼마 되지 않은 이식목의 경우 뿌리 확장 영역이 좁고, 현재로서는 발근 밀도가 가장 높은 뿌리분 가장자리 지역이다(사진6-25). ⓓ 쇠약수는 뻗은 가지에서 잎의 밀도가 가장 높은 지점의 수직 지면을 설정하면 무난하다. ⓔ 시비량은 뿌리분 가장자리를 따라 15~30cm 간격으로 1~2열 또는 그 이상 열로 시비한다(사진6-25, 26). 2열 인형으로 시비할 경우 제1열과 제2열의 비료가 서로 역3각형이 되도록 균일하게 배열되도록 시비한다. 먼저, 비료를 계수하여 시비 위치에 배열하고 그 옆에 지렛대로 구멍을 뚫어 시비한다. 시비량을 우선적으로 계수하는 것은 과량 시비를 막고자 함이다(표 6-1).

[표 6-1] 고형복합비료 토양관주 시비 기준(N : 12~15%)

구분	나무와 이격 거리	시비 구멍(시비량)	
		깊이	간격(1개)
관목류	15~50cm	10~15cm	10~30cm
교목류	60~120cm	20~30cm	30~40cm

[사진6-25] 어린나무 윤상 관주시비

[사진6-26] 윤상 관주시비 흔적

ⓛ 점상 토양관주 시비는 ⓐ 뿌리 분포 영역이 아직 확장하지 않은 어린 나무를 대상으로 한 시비 방법이다. 원형으로 전 방위에 윤상 관주시비를 하지 않고 ⓑ 나무를 중심으로 2~3 방위 또는 4~5 방위에 구멍을 뚫고 시비한다(사진6-27, 28). ⓒ 이 방법은 뿌리가 분포한 전체 면적의 일부분만을 시비하게 되어 시비 구멍 가까이에 뿌리가 분포하지 않을 경우 비료가 흡수 이용되지 못하거나 이용률이 낮고, 지피식물에 시비되거나 유실 우려가 크다. 시비 효과를 얻기 위해서는 최소 8~12 방위 또는 10~30cm 간격(관목류 이격 거리)의 윤상 관주시비가 좋다.

[사진6-27] 4방위 점상 관주시비 ⇨

[사진6-28] 4방위 점상 관주시비 근경

(3) 도랑시비

① 선형 도랑시비

도랑시비는 도랑의 모양에 따라 선형 도랑시비, 원형 도랑시비, 반원형 도랑시비, 구획 도랑시비 등이 있는데, 이들 모두 윤상시비의 한 방법이다. ㉠ 선형 도랑시비는 산울타리처럼 좁은 간격으로 열식된 쇠약수의 수세회복 시비법이다. 식재열 또는 수관 외곽선을 따라 도랑을 파고 시비하기 때문에 ⓐ 많은 뿌리가 잘리거나 상처를 받는다. ⓑ 잔디밭의 경우 잔디가 들어 올려지며, 이것을 우려하여 ⓒ 얕게 파서 시비하면 나무에 흡수되기보다는 잔디에 시비하는 결과가 초래된다(김, 2009). 또한 땅을 파기 때문에 ⓓ 작업이 어렵고, 노동력과 시간이 많이 소요되는 것이 단점이다.

㉡ 산울타리처럼 열식된 수목의 지력 증진을 위한 선형 도랑시비는 부산물비료에 화학비료를 첨가한다. ⓐ 관목은 15~30cm 내외, 교목은 60~120cm 내외의 이격된 거리에서 ⓑ 식재 열을 따라 깊이 15~30cm, 폭 15~40cm의 도랑을 길게 파고 충분히 관수한 다음 시비한다. ⓒ 부산물비료는 주재료가 피트(코코피트, 농업용 상토 등)인 보습력과 보비력 위주의 비료로서 화학성이 높지 않아야 한다. ⓓ 화학비료는 질소 12~15%의 고형복합비료와 입상비료 중 1개를 선택하여 사용하되, 시비량은 수세에 따라 가감한다(표 6-2). 수세가 약해 비료 흡수가 원활하지 못할 것으로 진단된 경우 화학비료 시비는 1/2~1/3의 양으로 감량한다.

[표 6-2] 산울타리 선형 도랑시비 기준

구분	도랑			시비 구멍(화학비료 선택 1)		
	깊이	폭	나무와 이격 거리	부산물비료 (주재료 : 피트)	(N 입상비료 : 12~15%)	고형복합비료 (N : 12~15%)
관목류	15~20cm	15~20cm	15~30cm	15~20kg/m	100~150g/m	5~6개/m (균일 간격)
교목류	20~30cm	20~40cm	60~120cm	20~30kg/m	200~250g/m	

※ 화학비료는 택 1하고, 수세에 따라 가감 시비한다. 고형복합비료는 시비량보다는 시비 간격을 중시한다.

② 선형 도랑시비 공정

㉠ 시비시술 대상

- **장미 산울타리** : 경사지 공간구획 목적으로 설치된 펜스(fence) 안쪽의 열식 장미 산(생)울타리
- **수세** : 잔가지가 적고 엽 밀도가 떨어져 쇠약한 상태로서 산울타리 기능이 미약하다.

㉡ 수세회복 시비시술 공정 실무

- **원인 조사** : 식재 이후 양생관리를 하지 않아 쇠약에 이른 것으로 진단되었다. 수세회복

을 위해 뿌리권 선형시비를 결정하였다.

- **구덩이 준비** : 열식된 장미 산울타리를 따라 깊이 20cm, 폭 20m 도랑을 굴취하였다(사진6-29, 30).
- **1차 시비(4월 19일)** : 경사지의 보습과 보비력 증진을 위하여 부산물비료(주재료 : 코코피트) 30kg/2m+입상비료(12-5-8)를 200g/2m 시비하였다(사진6-31, 32, 33, 34).
- **멀칭** : 1차 시비 후 부산물비료의 건조를 막고 보습·보비력 증진을 위하여 볏짚이 재료인 거적으로 멀칭을 하였다(사진6-35).
- **관수** : 멀칭 후 관수하여 보습력과 비료 용해도를 높였다.
- **2차 시비(5월 10일)** : 1차 시비 1개월 후 나무에서 15~20cm 이격하여 고형복합비료(13-6-8)를 2개/1나무씩 좌우에 추비하였다(사진6-36).

[29] 시비 도랑 파기(4월 19일)

[30] 시비 도랑(20×20cm)

[31] 부산물비료 균등 배분

[32] 부산물비료 시비

[33] 부산물비료 시비 완료

[34] 입상비료(12-5-8) 시비

[35] 멀칭

[36] 고형복비 2차 시비(5월 10일)

[37] 수세회복(7월 7일)

[사진 6-29~37] 쇠약 장미 산울타리 선형 도랑시비 공정도

ⓒ 시비 결과

- **수세회복** : 높은 수세 회복률(90%)을 나타냈고 개화율 또한 높았다(사진6-37). 개화 증진을 위해 향후 지속적으로 1회/년 이상의 화학비료 시비는 필요한 것으로 진단되었다.

(4) 반원형 도랑시비

반원형 도랑시비는 경사지에 식재된 쇠약수가 대상인 시비 방법이다. ㉠ 작업의 간편성과 비료 소요량 대비 효과가 높은 장점이 있다. ㉡ 일반적으로 경사지에서는 경사면 상단보다 하단에 더 많은 뿌리가 분포하므로 비료 또한 경사면 하단에 더 많은 양을 시비하기 쉽다. 그러나 경사면 하단의 시비는 비료가 경사면 아래로 유실되는 경향이 있어 비효가 떨어진다(사진6-38).

이러한 현상 때문에 ⓐ 경사면 상단에 반원형의 도랑을 파거나 구멍을 뚫고 부산물비료 또는 화학비료를 시비한다(사진6-39). 즉, 경사면 상단에 시비한 비료가 토양수분에 용해되어 사면 하단으로 이동하더라도 식재 구덩이와 하단에 발달한 뿌리권을 경유하기 때문에 손실량이 적다는 이론이다. 이러한 지형적 특성을 무시하고 경사면 상·하·측방에 동일한 양을 시비할 경우 비료 유실이 커진다.

[사진6-38] 경사지 하단 비료 유실

[사진6-39] 반원형 시비, 시비 영역(점선 상단)

경사면 시비는 ⓑ 하단에 상단의 1/2 양으로 시비하고, ⓒ 나무와의 간격은 평지에서보다 더 가깝게 잡는다. 반면 ⓓ 경사면 상단은 하단으로 이동하는 양을 감안하여 비료의 양을 더 증가시키되, 나무와의 이격 거리는 평지에서보다 더 멀리하여 농도장해를 입지 않도록 한다. ⓔ 사면 상단의 시비 영역 설정은 사면과의 수평선상 영역까지이다(사진6-39).

(5) 원형 도랑시비 시술

① 원형 도랑시비 치료시술

원형 도랑시비 시술은 주로 활착이 불량한 이식수를 치료하기 위한 시비시술의 방법이다. ㉠ 식재할 때 매립한 뿌리분의 가장자리를 30cm 내외 폭으로 뿌리분 바닥에 이르는 깊이까지 흙을 파내고 개량재를 넣는 기법이다. ㉡ 이식과는 달리 나무가 위치 변경을 하지 않고 식재한 위치에서 뿌리분의 가장자리 흙만을 걷어내고 개량토를 매립하는 것으로서 시비시술 스트레스가 적은 치료 방법의 하나다. ㉢ 다만 원형 도랑시비 시술은 새 뿌리가 이미 발생한 경우 손상 우려가 높은 것이 문제다. 그러나 ㉣ 이식 6개월~1년 이내의 나무, 올바른 방법으로 시술한 나무는 회복이 빨라 이식수 활착 및 수세 회복에는 매우 효과적이다.

② 원형 도랑시비 치료시술 공정

㉠ 시술 대상

- **이식 모과나무** : 수고 7m, 근원직경 18cm의 활착불량 이식수로서 지상 1m 부위에서 5개 줄기로 분지한 결실 연령의 나무다.
- **수세** : ⓐ 식재 불량, ⓑ 양생관리 불량(줄기감기 미 실행) 등으로 월동기를 거치면서 극히 쇠약하여 관리하지 않으면 고사 위기에 처할 것으로 진단되었다. ⓒ 가을(11월)에 식재되었고 ⓓ 월동기에 줄기의 남동~남서방향이 상렬 피해로 할열, 박피되었다. 박피율은 80% 정도다. ⓔ 정단 고사율은 40~50% 정도로서 약 70%의 조경수 기능을 상실하였다. ⓕ 관리하지 않을 경우 고사 위기에 처할 것으로 진단되어 뿌리권 시비시술을 결정하였다.

㉡ 수세회복 시비 시술 공정

- **표토 정리** : 식재 뿌리분 상단의 표토를 잔뿌리가 노출되는 깊이까지를 제거하였다.
- **뿌리분 가장자리 토양 제거** : 뿌리분 가장자리를 돌아가면서 30cm 폭의 도랑을 파고 매립토를 제거하였다(사진6-40). 도랑 깊이는 이식 당시 뿌리가 잘린 부위까지 굴취하였다(표 6-3). 이때 뿌리분 바닥까지 매립토를 제거하면 토양개량 효과가 높다.
- **분감기 재료 제거** : 식재 당시에 제거하지 않은 분감기 재료(고무 바, 철사)를 제거하였다.
- **유공관 매립, 관수** : 매립토 제거 후 ⓐ 지중관수와 공기 유통을 위하여 뿌리분 가장자리를 돌아가며 3방위에 동력 천공기로 뿌리분 바닥까지 천공하고 유공관을 매설하였다

(사진6-41). ⓑ 굴취 도랑에 관수하였다. 관수는 뿌리분과 주변의 토양이 충분한 함수 상태가 되도록 첫 관수가 잦아들면 다시 2회 더 관수하였다(사진6-42).

- **개량토 · 화학비료 시비** : ⓐ 뿌리분 가장자리 도랑에 코코피트가 주재료인 부산물비료를 매립하고 시비 효과를 높이기 위하여 입상비료(12-7-9)를 산포하였다(사진6-43). ⓑ 뿌리분 상단 지면의 시술 영역 전체에 3~5cm 두께로 부산물비료를 포설하였다. ⓑ 그 위에 고형복합비료(13-7-7)를 일정 간격으로 감량 시비하였다(사진6-44. 표 6-3).
- **수형 정리, 줄기 감기** : ⓐ 고사 · 부후 가지는 모두 제거하고 ⓑ 근원부에서 굵은 가지까지 녹화마대 감기를 하여 직사광선으로부터의 수피 보호를 기하였다.
- **멀칭, 관수** : 시술 영역에 거적으로 멀칭하고 그 위에 관수하여 멀칭 재료 안정화와 비료 용해도를 높였다(사진6-45).

[표 6-3] 이식 모과나무 원형 도랑시비 치료시술 재원

도랑 파기	부산물비료	화학비료
• 뿌리분 외곽 파기 - 폭 : 20~30cm - 깊이 : 30~40cm • 유공관 매립 - 뿌리분 외곽 3 방위 - 깊이 60~70cm(뿌리분 높이)	• 굴취 도랑에 매립 • 뿌리분 상단 전역 포설 • 시비량 - 240kg/12포(20kg/1포) - 3~5cm 두께로 포설	• 입상(12-7-9) : 320g • 고형복합비료(13-7-7) : 13개 (30cm 간격)

[40] 뿌리분 가장자리 굴취 ⇨

[41] 뿌리분 가장자리 천공 ⇨

[42] 유공관 매립, 관수 ⇨

[43] 부산물비료 포설 ⇨

[44] 입상 · 고형복비 시비 ⇨

[45] 멀칭, 최종 관수

[사진 6-40~45] 활착불량 모과나무 원형 도랑시비 치료시술 공정도

ⓒ 시술 결과

- **수세회복** : ⓐ 6월 2일 뿌리권을 시비 시술하였다. ⓑ 9월 24일 1차 점검 결과 수세 30%를 회복하였다. ⓒ 줄기와 가지에서 맹아 발생, 잔가지 끝에서 새순이 발생하고 모과가 결실되었다.

(6) 구획 도랑시비

① 구획 도랑시비 시술

구획 도랑시비 시술은 나무와 이격한 거리에서 근계평균분포영역 사이를 3분할하여 바깥 1/3에 해당하는 영역에 시술권과 비시술권으로 교호 구획하여 도랑을 파고 치료하는 시비시술이다. ㉠ 도랑을 판 구획에는 관수, 토양 물리·화학성 개선, 수세 회복을 위한 부산물비료와 화학비료 시비, 배수 시설, 뿌리 상처부위 치료, 불량 뿌리 제거, 부후 뿌리의 외과적 치료, 보온·보습 증진용 멀칭, 불량 및 고사지 제거 등의 수형 정비를 병행하는 뿌리권 시비시술 작업이다. ㉡ 시술 대상은 뿌리권의 토양 개량이 필요하고 화학비료 시비로는 수세를 회복할 수 없는 쇠약목, 관리하지 않을 경우 가까운 장래에 식재 목적을 발휘할 수 없는 나무 등이다.

㉢ 구획 도랑시비 시술은 시술 영역 설정이 중요하다. ⓐ 시술 구역은 비시술 구역(잔존 구역)보다 길게 한다. 잔존 구역이 굴취 도랑 길이의 1/2보다 길면 시술 면적이 적어 효과가 낮고, 시비시술 도랑 길이가 길면 뿌리 손상이 많다. ⓑ 도랑의 폭은 20~30cm가 적당하며, ⓒ 토성 개량 목적으로 시비하는 부산물비료는 완전히 발효된 것이어야 한다. 미발효 비료는 시비 후 땅속에서 발효 과정을 거치면서 발산되는 열과 가스에 뿌리가 손상을 입으며, 심한 경우 나무가 고사할 수 있다. ⓓ 원자재가 동물성인 축·수산업 부산물, 인분뇨, 음식물류 폐기물 등의 염분농도가 높은 부산물비료는 사용하지 않는다. 고농도 염분 부산물비료는 뿌리에 닿을 경우 세포액 역삼투 현상이 초래되어 나무를 고사시킬 수 있다. 그러므로 수세회복 시술용 부산물비료는 부엽토, 코코피트, 기타 섬유질이 원재료인 비료, 농업이나 원예용 상토를 사용한다.

ⓔ 섬유질이 원료인 부산물비료는 토양 물리성 개선 효과는 크지만, 결핍 양분 공급 효과가 낮기 때문에 화학비료를 첨가 시비한다. 화학비료는 보비력과 보습력이 좋은 부산물비료와 혼용하면 비료 성분이 장기간 서서히 공급됨으로써 시비량이 다소 많아도 농도장해가 적고, 시비 효과가 오래 지속되는 장점이 있다. ⓕ 2~4개월을 전후하여 회복 상태에

따라 2차 화학비료를 시비해도 좋다. 2차 시비는 7월 하순까지다. 그 이후의 시비는 나무를 웃자라게 할 수 있고, 웃자란 가지는 목질화가 미숙하여 동해 우려가 높아진다.

② 구획 도랑시비 공정

㉠ 시비 시술 대상

- **소나무** : 보존녹지 경사지에 자생하는 수고 7~8m, 근원직경 20cm의 나무다.
- **수세** : 가지 일부가 붉게 말라 고사하였고 전체적으로 수관부의 녹색도가 떨어지고 쇠약하였다(사진6-46).

㉡ 시비 시술 공정

- **원인 조사** : 2월경 소나무재선충병 예방을 위하여 수간주사를 한 살선충제의 농도장해로 판명되어 뿌리권 시비 시술을 결정하였다.
- **시술영역 설정** : 나무에서 80~110cm 이격한 뿌리권 4방위에 근계평균분포 1/3영역을 시비영역과 비 시술영역으로 구획하였다(표 6-4).
- **시술영역 구획 굴취** : ⓐ 시술영역은 나무를 중심으로 깊이와 폭 20~30cm, 길이 80~140cm의 도랑을 원형으로 돌아가면서 구획 굴취하였다(사진6-47). ⓑ 비 시술영역(잔존구역)은 시술영역 도랑 길이의 1/2 이하 비율로 설정하였다. ⓒ 도랑을 팔 때 노출되는 뿌리는 가급적 손상이 적도록 노력하였고, 도랑파기가 완료된 후 ⓓ 마른 잔뿌리는 전정가위로 매끈하게 잘라 정리하였다. ⓔ 경사면 하단의 이격 거리가 상단보다 짧은 것은 하단으로의 비료 유실 거리를 짧게 함으로써 뿌리의 흡수력을 높이기 위함이었다.
- **개량토 · 화학비료 시비** : 잔뿌리 정리를 끝내고 ⓐ 도랑에 부산물비료를 시비하였다(사진6-48, 49). ⓑ 시비량은 선형 도랑시비 기준을 적용하되, 경사지의 보습·보비력 증진을 위하여 부산물 비료를 증량 시비하였다. ⓒ 화학비료는 수세와 나무의 크기를 감안하여 농도장해를 입지 않도록 질소 12% 입상비료 250g, 고형복합비료 31개를 시비하여 입상비료는 표준 시비량보다 적게, 고형복합비료는 다소 증량 시비하였다(사진6-50. 표 6-4).
- **멀칭, 관수** : 시비가 끝나고 짚이 재료인 거적으로 멀칭을 하였으며, 비료의 용해와 보습 유지를 위하여 멀칭 위에 관수하였다.

[표 6-4] 약해 소나무 수세회복 치료 구획 도랑시비 시술(재원)

구분	경사면 상단	경사면 우측	경사면 좌측	경사면 하단
도랑, 근원부 이격 거리(cm)	110	80	80	90
도랑 폭×길이(cm)	20×140	25×100	20×80	30×80
부산물비료(35kg/m)	49kg	35kg	28kg	28kg
입상(질소 12%)	100g	50g	50g	50g
고형복합(질소 13%)	10개	7개	7개	7개

ⓒ 시비 시술 결과

- **수세 회복** : 7월 16일 뿌리권 시술. 2개 월 경과 9월 11일 점검 결과 수세 100% 회복하였다(사진6-51).

[46] 약해, 엽소 소나무(5월 30일)

[47] 시술 영역 구획 도랑 파기 ⇨

[48] 부산물비료 시비 ⇨

[49] 입상(질소 12%) 시비 ⇨

[50] 고형복합(질소 13%) 시비 ⇨

[51] 수세회복 100%(9월 10일)

[사진 6-46~51] 구획 도랑 치료 시비시술 공정도

2. 쇠약수 치료

가. 근계분포

(1) 근계분포영역

수목의 뿌리분포영역은 수종과 토성, 기타 각종 토양 조건에 따라 다르다. 일부는 수관폭 바깥에, 또 일부는 안쪽에 분포하며 밀도 또한 균일하지 않다(그림6-1). 연구에 따르면(Pirone, 1988), 수관폭이 좁거나 원추형 수목의 뿌리는 수관폭 반지름의 2배 이상 공간에 존재하기도 한다.

일반적으로 ㉠ 수목의 뿌리는 대부분이 가지가 뻗은 가장자리까지 뻗는다고 본다. 그러므로 수세 증진을 위한 시비 영역 또한 수관을 이루는 가지의 끝 수직 지면까지가 된다. 즉, 뿌리권이 확장된 전체 영역이 곧 근계분포영역(根系分布領域)이고(사진6-52, 53) 시비 영역이다. 그런데 수목의 가지는 길게도 뻗고 짧게도 뻗어 일률적이지 않기 때문에 가지가 뻗은 모양대로 시비 영역을 설정할 경우, 작업이 복잡하고 장시간이 소요된다. 시비 영역은 좁거나 너무 넓어도 효과적이지 않고 작업의 편이성, 시비량, 노동력과 시간 등을 감안할 때에도 비경제적이다.

그러므로 ㉡ 근계분포영역 설정은 최소 면적 설정으로 최대 시비 효과를 얻을 수 있는 면적, 이른바 근계의 평균적인 분포 범위의 설정이 필요하다. 효과적인 설정 영역은 ⓐ 근계평균분포영역(그림6-1, 2)과 ⓑ 근계평균분포 1/3영역(그림6-3)이 있다. 근계평균분포

[사진6-52] 근계분포영역

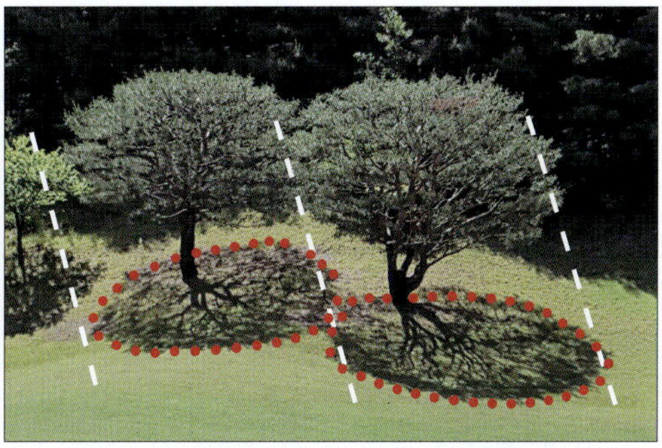

[사진6-53] 이해를 위한 근계분포영역 표시

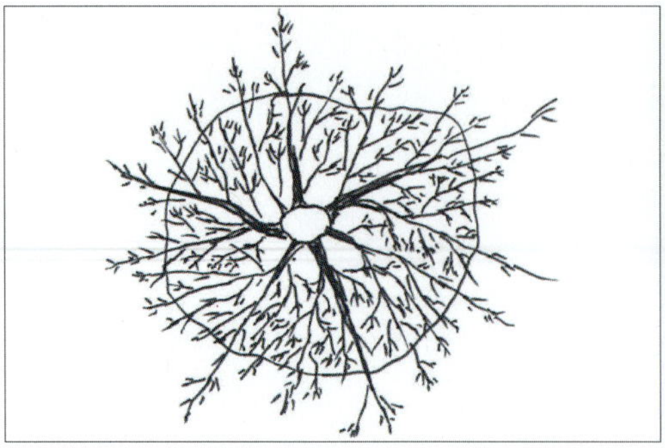

[그림6-1] 근계평균분포영역

[사진6-54] 쇠약수 근계평균분포영역 전면시비

영역(根系平均分布領域)은 일정 면적 내에 양분과 수분을 흡수하는 모근(毛根, hair root)이 평균적으로 가장 많이 분포하는 영역을 지칭한다(그림6-1). 그러므로 ㉢ 일정 거리의 수관폭 밖으로 돌출하여 자란 가지를 제외한 평균적인 수관폭 반지름의 수직 지면에 원을 그리듯 돌아가는 면적으로서 통상 시비영역으로 정한다. 대부분은 원형이지만 수관의 크기와 형태에 따라 영역의 모양이 달라진다. 사진6-53의 근계평균분포영역 설정은 이해를 돕기 위하여 수관부 그늘을 영역으로 표시한 것이다.

(2) 근계평균분포영역 시비

근계분포영역 시비는 다른 방법보다 작업량이 많고 소요 자재 또한 많이 필요하지만 수세 회복 방안 중에서 가장 효과적인 방법이다. 근계평균분포영역 시비는 뿌리의 평균적인 분포 밀도가 가장 높은 영역의 전면시비로서 나무와 이격한 거리가 제외된 면적이다. ㉠ 이격한 거리는 통상 관목류는 근원부(지제부)에서 15~50cm, 교목류는 60~120cm 내외의 거리다(표 6-1). 즉, 15~120cm 내외 이격한 영역에서부터 근계평균분포영역 경계선까지의 전면시비다(사진6-54. 그림6-2). 나무와 이격한 거리 설정은 근원부 가까이에 시비되지 않도록 함이다. 줄기 가까이의 시비는 고농도의 비료 성분이 근원부 수피를 손상시킬 수 있으며, 실제로 이곳은 양분과 수분 흡수 뿌리가 없거나 밀도가 극히 낮다(사진 6-52).

㉡ 시비는 설정된 영역에 구멍을 뚫고 고형복합비료 1개/1구멍씩 넣는다. 먼저, ⓐ 시비량 산정이다. 시비량은 10~40cm 간격으로(표 6-1) 시비영역 가장자리를 따라 한 바퀴 돌아가면서 비료를 배열한다. ⓑ 두 번째 배열은 첫 배열과 서로 엇갈려 가급적 역삼각형이 되도록 하여 비료가 1열로 배열되지 않고 균일한 간격이 되게 한다. ⓒ 세 번째 배열은 두 번째 배열과 또다시 역삼각형이 되게 배열하되, 전체적으로 일정 간격으로 서로 엇갈려

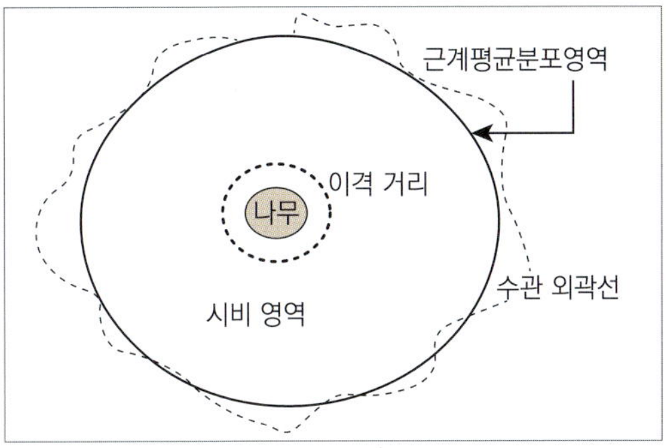

[그림6-2] 근계평균분포영역 시비

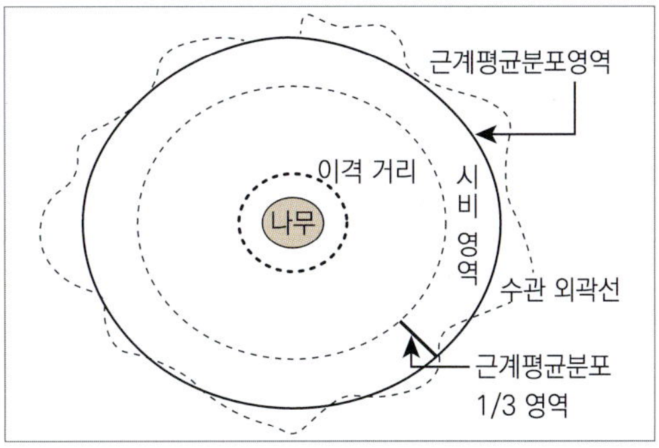

[그림6-3] 근계평균분포 1/3영역 시비

[사진6-55] 근계평균분포영역 전면 시비

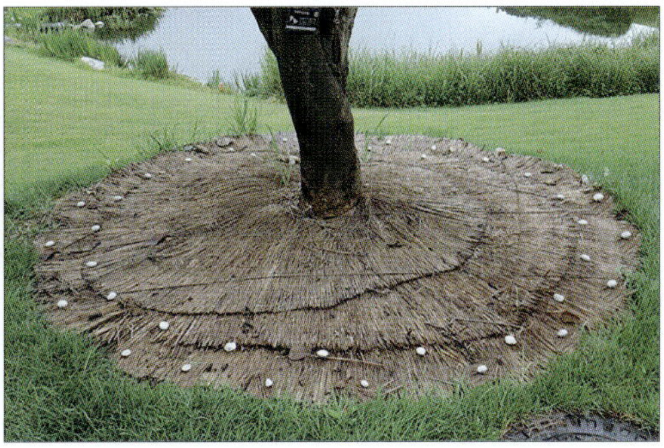

[사진6-56] 근계평균분포 1/3영역 시비

균일하게 배열되도록 하고 과량 시비가 되지 않도록 한다(사진6-55).

ⓓ 배열된 비료 옆에 지렛대, 동력 천공기, 천공 기구 등으로 직경 5~10cm, 깊이 10~30cm 내외의 구멍을 뚫고 ⓕ 질소함량 13~15% 고형복합비료를 1개/1구멍씩 넣는다(표 6-1). ⓖ 구멍과 지표에 관수하여 비료가 용해되도록 하고 시비 구멍은 통기(aeration) 효과가 있으므로 되 메우기를 하지 않아도 된다. 구멍은 깊이가 얕으면 지피식물에 시비하는 결과가 초래되므로 유의한다. 그러므로 ⓗ 전체 시비량은 근계평균분포영역을 따라 원형으로 돌아가면서 통상 10~60cm 간격으로 1개씩 시비하는 비료의 총량이다.

(3) 근계평균분포 1/3영역 시비

근계평균분포 1/3영역은 ㉠ 근계평균분포영역 가장자리 1/3영역이다. 즉, 나무와의 이격 거리에서부터 근계평균분포영역 선 사이를 3분할하여 바깥 1/3에 해당하는 영역이다(그림6-3). 뿌리분포 밀도가 가장 높은 지역으로서 영역 설정이 적정하면 가장 효과적인 방법이다. 이 방법은 최소 면적에 최소량의 비료와 개량 자재로써 최대의 시비시술 효과를 얻는 저 비용, 저 노동력 작업이다.

㉡ 근계평균분포 1/3영역 시비는 뿌리가 분포하는 평균분포영역의 1/3에 해당하는 영역을 시비한다(사진6-56). 시비량은 근계평균분포영역 전면시비에서처럼 관목류(소교목류) 10~30cm, 교목류 30~40cm 간격으로 시비하였을 때의 양이다(표 6-1). 때로는 수목의 근원 직경별 시비량을 산정하기도 하는데, 이보다는 시비 영역 면적별로 산정하는 것이 더 합리적이다.

나. 근계분포영역 치료

근계분포영역 치료시술은 쇠약한 나무 치료와 식재 목적 조기 발휘를 위한 시비시술이다. 시술 영역의 표토 제거, 토양 개량, 천공, 개량자재 매립, 시비, 관수, 멀칭 등의 기법으로 수세를 회복시킨다. 치료시술 영역은 근계평균분포영역과 근계평균분포 1/3영역으로 구분한다.

(1) 근계평균분포영역 치료시술

① 치료시술 공정

근계평균분포영역 시술은 쇠약한 나무의 수세 회복을 위하여 뿌리 분포 밀도가 평균적으로 가장 높은 영역을 시술하는 치료 과정이다. 보다 적극적인 토양개량 및 시술이 필요한 나무를 대상으로 하며, 치료시술 방법 중 가장 효과적이고 피해가 다소 심한 중증 이상 나무의 치료 방법이다.

농약이나 병해충 피해, 기상재해, 토양조건 악화 또는 관리 부주의로 쇠약하거나 고사가 진행되는 나무의 뿌리권을 시술하여 수세를 회복시키는 치료 시술이다. 시술에는 영역 설정에서부터 시술에 필요한 각종 기자재 준비가 필요하고(표 6-5), 뿌리권의 토양개량, 관수, 시비, 수관 정리, 가지와 줄기 및 뿌리의 상처와 부후 치료가 포함된다.

◆ 쇠약수 치료시술 공정 ◆

- 시술 영역 설정 ⇨ 시술 자재 준비(개량토, 화학비료, 멀칭 재료, 포클레인, 천공기기, 유공관, 괭이 또는 곡괭이, 삽, 쇠스랑, 관수용 차량 및 자재, 기타) ⇨ 시술영역 설정 ⇨ 표토 제거(토성조사) ⇨ 천공(토양 물리성 정도에 따라 필요시) ⇨ 유공관 매립(필요시) ⇨ 관수(천

공구, 시술 영역) ⇨ 개량토 매립(천공구) ⇨ 시술 영역 개량토 포설 ⇨ 시비(입상 또는 고형 복합비료) ⇨ 멀칭 ⇨ 최종 관수

[표 6-5] 쇠약수 수세회복 치료시술 준비

항목	준비물
시술 영역 설정	• 근계평균분포영역 설정 표시용 도구 : 삽, 괭이, 쇠스랑 등
시술 자재	• 표토 제거 : 삽, 곡괭이, 괭이, 포클레인(필요시), 쇠스랑, 삼태기, 제거 토양 및 피복물 반출 차량, 부직포, 전정가위 등 • 토성 조사 : 물리성 교정의 필요성 조사 • 토양 천공(필요시) : 천공기, 꽂삽, 기타 구멍 정리용 도구 • 유공관(필요시) : 유공관(마개 포함), 절단용 톱 • 개량토 : 부산물비료, 상토 중 택1. 토성에 따라 부산물비료 + 모래 혼합 • 시비 자재 : 입상 또는 고형복합비료(질소 함량 13~15%), 혼용, 단독 시용 등 총 물량 산정 • 관수 : 지중관수용 호스, 관수 차량 • 멀칭 : 거적, 비닐 소재 중 택1, 고정끈, 핀 등

② 시술영역 설정과 자재 준비

㉠ 시술 영역은 근계평균분포영역이 되지만 가급적 넓게 잡는 것이 수세 회복에 유리하다. 그러나 영역이 넓을수록 작업량이 많고 뿌리의 비분포권이 포함될 수 있어 노동력과 시간 소요가 많다. 그러므로 ⓐ 근계평균분포영역을 기준으로 하되 수세, 수령, 토양 조건, 작업 여건 등을 감안하여 현장에서 확대 영역 설정 여부를 정하여 시술한다. 예를 들어, ⓑ 수세가 약한 나무, 수령이 높은 나무, 점토성이 높은 토양 등에서는 시술 영역을 다소 넓게 설정하는 것이 수세회복에 유리하다.

㉡ 치료시술 영역이 설정되면 그 면적에 따라 예상 소요량의 ⓐ 부산물비료(부엽토·이탄토·코코피트·기타 섬유질이 주재료인 비료) 또는 농업이나 원예용 상토 등의 개량제, ⓑ 화학비료(입상, 고형복합), ⓒ 멀칭 재료를 준비한다. 개량 재료는 토양이나 모래를 혼용할 것인지, 개량재만을 시용(施用)할 것인지를 정하여 필요 총량을 준비한다. 농도가 낮은 개량제는 그대로 시용하고, 농·축·수산업 폐기물이나 음식폐기물이 원료인 비료는 토양과 혼합하여(1 : 1 또는 0.5 : 1 토양) 쓴다. 성분의 농도가 높을수록 토양 혼합비를 높게 하며, ⓓ 토양은 양토를 기준으로 한다. 부산물비료는 완전 발효된 것을 전제로 한다.

③ 표토 정리

시술 영역이 정해지면 표토를 제거 정리한다. ㉠ 표토 제거 깊이는 잔뿌리가 노출되는 부위까지다. ㉡ 노출되는 뿌리는 가급적 손상되거나 건조하지 않도록 부직포 등으로 덮어 보호한다. 손상의 양이 많지 않을 경우에는 수세에 미치는 영향이 그리 크지는 않다. ㉢ 마르고 손상된 뿌리는 개량토를 포설하기 직전에 예리한 전정가위로 잘라 제거한다.

표토를 제거하면서 ⓓ 토양의 물리·화학성 조사를 병행한다. 토양 공극량과 배수력에 직접적으로 관계되는 점토 함량과 토양의 화학성(필수원소, pH)을 조사한다. 점토 함량이 많은 토양일수록 공극량이 적어 뿌리 호흡, 토양미생물 활성화에 불리하므로 적정한 개량토를 준비한다. 토양 화학성은 정밀조사가 도움이 되겠으나, 시술 과정의 시비로 교정이 가능하므로 물리성 조사 결과만으로 시술해도 큰 무리가 없다.

㉣ 대부분의 뿌리가 나무에서 원형으로 뻗어가기 때문에 표토정리 영역 또한 원형인 경우가 많다. 원형의 뿌리권은 균일한 작업이 이루어지도록 구획한다. 구획의 모양에 따라 사다리꼴, 삼각형, 사각형의 소면적으로 구획, 계산하여 넓이에 따라 시비량을 정한다.

④ 토양 천공과 개량토 매립

천공이란 견밀도(堅密度, consistance)가 높은 토양에 공기유통, 개량토 투입을 위하여 뿌리권에 구멍을 뚫는 작업이다. 토양 물리성에 따라 시공 여부를 결정하는데, 점토 함량이 많아 견밀도가 높은 토양일수록 천공하는 것이 좋다. ㉠ 교목을 기준으로 하여 나무에서 60~120cm 이격한 근계평균분포영역을 원형으로 돌아가면서 동력 천공기로 구멍을 뚫는다(표 6-6). 구멍의 수는 많을수록 개량제 시비량이 많고, 토양환경 개선에 유리하지만 구멍을 뚫는 과정에서 뿌리 손상이 많아진다.

㉡ 뚫는 과정에서 구멍으로 흘러 되 메워지는 흙은 모두 제거, 정리하고 ㉢ 구멍 속에 노출되는 뿌리는 천공 과정에서 손상되었기 때문에 천공 작업이 모두 끝난 다음에 전정가위로 매끈하게 직각으로 자른다. ㉣ 견밀도가 높은 토양에는 지중 공기유통을 돕고 관수할 수 있도록 구멍에 유공관을 매립하면 활착도가 높아진다. 이때 플라스틱관보다는 친환경 자재로 만든 대체 관 사용이 바람직하다. ㉤ 구멍 또는 관 입구를 통하여 시술 영역 전체에 3~4차례 관수하고 물이 가지 않은 곳은 지표관수를 하여 뿌리권이 충분한 함수 상태가 되도록 한다. ㉥ 구멍의 물이 1/2로 잦아들었을 때 개량토를 구멍 입구가 불룩하도록 매립한다. 매립한 개량토가 구멍으로 들어가면서 공간이 생기는데, 다시 보충하면서 막대로 저어 구멍 채우기를 한다.

[표 6-6] 토성개량 부산물비료 시비 천공(교목류 기준)

나무와의 이격 거리	토성개량 천공구		
60~120cm	간격	깊이	직경
	50~60cm	50~80cm	10~15cm

⑤ 개량토 포설, 시비와 멀칭

구멍에 개량토가 충분히 채워지면 ㉠ 그 위에 고형복합비료 1개/1구멍을 시비하고, ㉡ 다시 시술 영역 전체에 개량토를 포설한다. 포설 두께는 통상 3~4cm, 척박한 토양은 4~5cm 두께로 포설하는데, 경사지를 제외하고 5~6cm를 초과하지 않도록 한다. 그 이상의 두께로 포설할 경우 다져지면 대기와의 공기유통 불량으로 심식 결과가 초래될 수 있다. 코코피트가 주재료인 시판 부산물비료는 1㎡의 지면에 3cm 두께로 포설하면 20kg(20kg/1포)이 소요되고, 5cm 두께로 포설할 경우 약 35kg(1.5포)이 필요한 것으로 조사되었다.

㉢ 부산물비료(개량토) 시비 후 수세에 따라 입상비료 또는 고형복합비료를 첨가 시비한다. 나무에서 60~120cm 내외로 이격하여 질소 13~15% 이내에 입상비료 또는 고형복합비료를 시술 전역에 시비하되 과량 시비되지 않도록 유의한다(표 6-7).

㉣ 고형복합비료의 시비량은 50~60cm의 동일 간격으로 1개씩 시비하였을 때 소요되는 비료의 양이며, 시술 면적에 비례한다. 수세가 극히 약한 나무는 입상비료 시비를 생략하고 고형복합비료만을 시비하거나 감량한다. 입상비료는 고형복합비료보다 용해가 빨라 약한 나무의 경우 시비량이 많으면 농도장해 우려가 있다. 시비는 30일 간격으로 1~2차례 나누어 시비하는 것이 좋다. ㉤ 시비 후 멀칭을 하고, ㉥ 멀칭 위에 최종 관수를 하여 비료의 용해를 돕고, 멀칭 재료가 차분히 자리 잡아 바람에 날리지 않도록 한다.

[표 6-7] 부산물비료와 화학비료 혼합 교목류 시비량

나무와의 이격 거리	부산물비료 (주재료 : 피트)	화학비료(질소 13~15%)	
		입상	고형복합
60~120cm	20~30kg/㎡ (3~5cm두께)	90~100g/㎡	6~9개/㎡ (10~60cm 간격)

※ 시비량은 경사도와 수세에 따라 가감, 주재료 코코피트 부산물비료는 3cm 피복/20kg/㎡. 5cm피복/35kg/㎡ 소요된다.

⑥ 근계평균분포영역 치료시술 공정

㉠ 시술 대상

• **소나무** : 완만한 경사지의 추정 수령 100년 나무로서 지제부 직경이 80cm이고 지상 60cm 부위에서 2줄기로 분지한 56cm 둘레의 대경목이다.
• **수세** : 일부 잔가지가 고사, 수관부 녹색도 하락으로 전체적으로 수관부가 황화, 쇠약하였다(사진6-57, 58, 59).

㉡ 수세 회복 뿌리권 치료시술 작업 공정

• **원인 조사** : ⓐ 소나무재선충병 예방 및 치료를 위하여 2월 살·선충제(소나무재선충방제 약) 수간주입 농도장해로 수관부 황화, 쇠약, 일부 잔가지가 고사하였다. ⓑ 솔잎혹파리 피해 가중으로 잎의 밀도 하락, 2~4월 피해 잎이 붉게 말라 사계절 녹색 경관 가치가 크게 하락하였다. 즉 약해, 솔잎혹파리 피해 가중으로 황화, 잔가지 고사, 쇠약하여 방치할 경우 2차성 해충 나무좀이나 기타 천공성 해충 발생 우려가 커 수세회복 치료가 시급하였다. 이상의 진단 결과에 의거 수세 회복을 위한 뿌리권 시술을 결정하였다.
• **시술 면적** : 근계평균분포영역을 설정하여 나무 반경을 포함한 전체 원의 넓이 공식으로 구한 다음, 나무 단면적을 제외하였다(표 6-8).
• **표토 정리** : 지제부에서 평균 2.15m 거리까지의 영역을 잔뿌리가 노출되는 깊이(15cm 내외)까지 잔디 및 표토를 제거하였다. 지표정리 면적(시비 시술 면적)은 19.91㎡이다(사진6-60).
• **물분 조성, 관수** : 경사면 상단 함수상태 유지 및 하단으로의 유실 방지 등 효과적인 관수를 위하여 구획 물분을 조성하고 지중·지표관수를 하였다(사진6-61, 62).
• **부산물비료 포설** : 관수가 잦아든 다음, ⓐ 구획 물분을 평탄하게 정리하고 균일한 개량토 포설을 위해 5개 구역으로 구획하였다. ⓑ 수세 및 지형을 고려하여 주재료가 코코피트인 부산물비료를 지제부(10~20cm 내외 이격 : 면적 계산에서는 무시)에서 표토정리 영역(근계평균분포영역) 가장자리까지 30kg/㎡으로 포설하였다(사진6-63). 현장에서는 작업의 편의상 면적을 계산하지 않고 3~4cm 두께로 포설하기도 한다.
• **화학비료 시비** : ⓐ 지제부에서 80cm 이격하여 각 구획별 질소 12% 입상비료를 100g/㎡을 시비하였다. 본 계산에서는 원의 넓이로 산정하였으나(표 6-8) 구획 형태에 따라 사다리꼴 넓이 또는 원둘레 공식으로 면적을 계산하기도 한다. ⓑ 수세 회복 촉진을 위하여 시술 2개월 후(7월 6일) 4구역으로 분할하여 50~60cm 간격으로 고형복합

비료(13-6-8) 99개/19.92㎡(5개/㎡)를 2차 시비하였다(사진6-64). 방법은 근계평균분포영역에 고형복합비료를 50~60cm 간격으로 배분한 다음, 지렛대로 비료 옆에 20~30cm 깊이 구멍을 뚫고 주입하였다.

- **멀칭, 관수** : 거적 멀칭을 하고 관수하여 비료 용해도를 높이고 멀칭 재료가 바람에 날리지 않도록 핀을 박아 고정하였다.

[표 6-8] 근계평균분포영역 치료 시술 면적과 시비량 계산

면적	시비량
• Sa(전체 면적) = $\pi(0.4+2.15m)^2$ = 20.41㎡ • Sb(나무 단면적) = $\pi(0.4m)^2$ = 0.50㎡ • Sc(이격 면적) = $\pi(0.4+0.8m)^2$-0.50㎡=4.52-0.50㎡=4.02㎡ • Sd(부산물비료시비면적 : Sa-Sb) = 20.41-0.50㎡ = 19.91㎡ • Se(화학비료 시비 면적 : Sa-Sb-Sc) = 20.41-0.50-4.02㎡ = 15.89㎡	• 입상 화학비료 : 1.58kg/15.89㎡(100g/㎡) • 부산물비료 : 597.3kg/19.91㎡(30kg/㎡)

[57] 4월 초순. 가지 황화 ⇨

[58] 5월 중순. 수관 황화 확산 ⇨

[59] 5월 하순. 수관 전체 황화 ⇨

[60] 시술 영역 표토 정리(5월 22일)

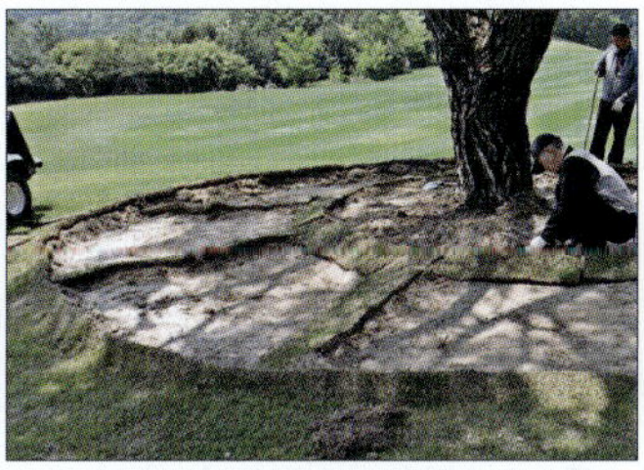
[61] 구획물분 조성 ⇨

[62] 구획물분 지중관수 ⇨

[63] 개량토 포설 ⇨

[64] 2차 고형복비 시비(7월 6일)

[65] 시술 3년차 수세회복 100%

[사진 6-57~65] 근계평균분포영역 치료시술 공정도

ⓒ 결과

- **수세 회복** : 5월 22일 뿌리권을 시술하였다. ⓐ 1차 점검(6월 11일) 결과 외관상 시술 효과(수관 녹색도 상승 등)가 나타나지 않았다. ⓑ 2차 점검(7월 6일) 결과 황화증상이 확대되어 2차 고형복합비료를 시비(99개/19.92㎡(5개/㎡)하였다. ⓒ 3차 점검(8월 16일) 결과 녹색도 상승, 새순 길이 생장은 30% 증대하였다. ⓓ 4차 점검(9월 10일) 결과 수세 80%가 회복되었다. 그러나 약해 후유증으로 조기 단풍 현상이 일어났고 피해가 집중되었던 가지는 황화 증상이 지속되었다.
  ⓔ 5차 점검(익년 7월) 결과 수세가 90% 이상 회복되었다. ⓕ 시술 3년차 수세 100% 회복되었다(사진6-65). 즉, 약해가 집중되었던 가지의 완전한 녹색 회복(100%)은 시술 후 3년이 소요되었다.

(2) 근계평균분포 1/3영역 치료시술

근계평균분포 1/3영역 치료시술은 근계평균분포영역 치료시술 방법과 동일하되, 시술 영역이 다르다. 즉, 나무와 이격한 거리에서 근계평균분포영역 사이를 3분할하여 바깥 1/3에 해당하는 영역을 시술하는 것으로서 고리 모양이다(그림6-3). 이 영역은 뿌리분포 밀도가 가장 높은 지역으로서 근계평균분포영역 시술보다 토양개량이나 시술 효과는 낮지만 작업량과 시간, 재료, 인력과 비용이 적게 드는 장점이 있다.

① 근계평균분포 1/3영역 치료시술 공정

㉠ 시술 대상

- **소나무** : 평지성~약간의 경사 지형에 식재된 나무로서 ⓐ 지제부 줄기 직경 30cm, 지상 2m 부위에서 3개의 굵은 줄기로 분지하여 수관부를 형성한다. ⓑ 우측 뿌리권은 도로변과 이어져 뿌리 확장이 차단된 지형이다.
- **수세** : 잔가지 고사, 수관부 녹색도 하락, 황화 쇠약하였다(사진6-66).

㉡ 수세 회복 뿌리권 치료시술 공정

- **원인 조사** : ⓐ 소나무재선충병 예방 및 치료 수간주입 살 선충제 농도장해로 수관부 황화, 잎 탈락, 수관 밀도 하락, 일부 가지 고사 등으로 쇠약하였다. ⓑ 솔잎혹파리 피해

가 가중되어 2~4월 피해 가지의 잎이 붉게 말라 사계절 녹색의 경관 가치가 크게 하락되었다. ⓒ 나무 전체가 쇠약하여 천공성 해충의 공격 요인이 되고 있어 수세회복 뿌리권 치료시술이 필요하였다.

- **시술영역 설정, 표토 정리** : ⓐ 나무 잔뿌리 발생밀도가 낮은 지제부에서 0.8m 거리까지의 잔디 및 표토는 잔존시켰다(사진6-67). ⓑ 그 외곽에서 1.2m 거리까지 영역(근계평균분포 1/3영역)의 잔디 제거, 표토는 나무 잔뿌리가 노출되는 깊이까지 제거하였다(사진6-68).
- **뿌리권 천공 및 관수** : 60~70cm 간격으로 17개를 천공하고 경사면 상단 함수(含水)상태 유지 및 하단으로의 유실 방지를 위하여 구획 물분을 조성하고 지중·지표관수를 하였다(사진6-68, 69).
- **시비** : ⓐ 나무에서 60~70cm 이격한 거리의 잔디 비 제거영역에 지렛대로 40~50cm 간격의 구멍을 뚫고 고형복합비료(13-6-8) 10개를 시비하였다(표6-9). ⓑ 관수가 잦아든 다음, 구획물분을 평탄하게 정리하고 ⓒ 천공구에 부산물비료를 넣었다. ⓓ 표토 정리 영역은 부산물비료가 균일한 두께로 포설되도록 6개구역(1.94㎡/1구역)으로 나누었다(사진6-70). ⓕ 시비량은 부산물비료 330kg, 고형복합비료(13-6-8) 77개를 시비하였다(사진6-71).
- **멀칭, 관수** : 거적 멀칭을 하였고, 멀칭 위에 관수하여 비료 용해도를 높였다.

[표 6-9] 근계평균분포 1/3영역 치료시술 면적과 시비량 계산

면적	고형복합 (13-6-8)	부산물비료 (주재료 : 코코피트)
• Sa(나무 단면적) = $\pi(0.15)^2$ = 0.07㎡ • Sb(잔디 비 제거 면적) = $\pi(0.8+0.15\text{m})^2$ = 2.83㎡ • Sc(전체 면적) = $\pi(0.15+0.8+1.2\text{m})^2$ = 14.51㎡ • Sd(표토정리 면적 = 부산물비료시비 면적 : Sc-Sb) = 14.51-2.83㎡ = 11.68㎡/6구역(1.94㎡/구역)	• 잔디 비제거구 : 10개 • 부산물비료 시비권 : 66개/11.68㎡ • 총 77개(6~9개/㎡)	• 349.2kg/11.64㎡ (30kg/㎡)

※ 지제부 줄기의 단면적은 작업 현장에서는 무시되고 전체 면적에 포함시켜 계산하기도 한다.

ⓒ 시술 결과

- **수세회복** : 7월 6일 뿌리권을 시술하였다. ⓐ 1차 점검(7월 16일) 결과 피해 가지에서 일부 새순이 발생하고 녹색도가 상승하였다. ⓑ 2차 점검(9월 10일) 결과 80%의 수세

를 회복하였다. 전체적으로 수세는 회복되고 있으나 약해가 집중된 가지의 일부 잔가지 고사로 수관밀도가 떨어졌다.

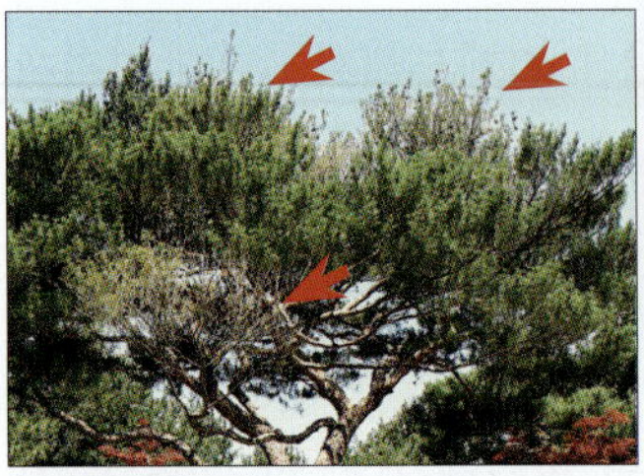

[66] 황화, 탈엽, 고사지 ⇨

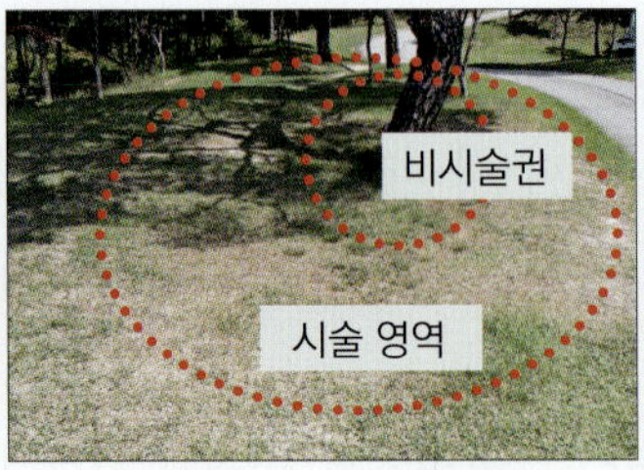

[67] 시술 · 비시술 영역 ⇨

[68] 구획 물분, 천공 ⇨

[69] 지중관수 ⇨

[70] 시술 영역 평탄 작업 ⇨

[71] 개량토 · 고형복비 시비

[사진 6-66~71] 근계평균분포 1/3영역 소나무 치료시술 공정도

3. 특수지역 쇠약수 치료시술

가. 답압지 쇠약수 치료시술

(1) 정자나무

정자나무는 사람, 차량, 기계 등의 잦은 왕래로 답압된 토양에 자라는 경우가 많고 줄기와 가지의 기계적 손상, 기타 각종 장해로 인하여 쇠약한 나무가 많다. 열악한 서식환경은 내성을 약화시키고, 작은 장해에도 수세 약화가 초래되며 회복에 오랜 기간이 걸린다.

답압에 의한 토양의 물리、화학성 악화는 수세 약화의 근본 원인이다. 뿌리의 활력을 저하시켜 양분과 수분흡수를 불량하게 하고 기타 각종 생리적 장해를 야기한다. 그러므로 답압지에 서식하는 정자나무의 수세 회복을 위해서는 뿌리권 토성 개량이 치료 시술의 기본이다. 즉 근계평균분포영역 전역의 표토 제거, 천공이나 기타 토성 개량을 위한 자재 매설 등의 치료술이다. 이 과정에서 심식 여부 점검, 뿌리의 건강상태 및 부후의 점검과 치료 등의 내용이 포함되고 시비시술 결과 확인, 향후 관리방안 등이 모색되어야 한다.

① 답압지 쇠약수

㉠ 시술 대상

- **향나무** : 수령 100년 이상으로 추정되는 나무로서 수고 6~7m, 근원직경은 약 90cm다.
- **수세** : ⓐ 수관 밀도가 떨어져 있고 새순 길이가 짧아 생장이 불량하다. ⓑ 줄기가 부후하여 지상 3m 높이까지 외과수술이 이루어졌다. 외과수술 경과 연수가 오래되어 수술부위 가장자리에 틈이 생겨 빗물이 스며들고, 개미가 오르내리는 등 목질부 부후가 진행되고 있다.

㉡ 수세 회복 뿌리권 치료시술 공정

- **원인 조사** : ⓐ 1차적으로 외과수술 경과 연수가 오래되어 수술부위 가장자리가 벌어져 빗물이 스며들고 부후가 진행되어 수세 약화가 초래된 것으로 진단된다(줄기 부후). ⓑ 나무 아래의 통행이 잦아 뿌리권이 답압된 상태로서 관수하면 지표에서 유실된다.

견밀도가 다소 높은 점토성 토양으로서 배수가 불량하다(답압, 토성 불량). ⓒ 양분과 수분부족 등으로 수세 약화가 진행되었으며, 관리하지 않을 경우 고사할 수 있을 것으로 진단되었다(양분 부족). ⓓ 어린 가지와 새순에는 향나무녹병(*Gymnosporangium asiaticum*) 발병(사진6-72), ⓔ 굵은 가지는 향나무하늘소(*Semanotus bifasciatus*) 피해로 쇠약 가중(사진6-73), ⓕ 잎과 신초에 발생한 응애류의 수액 약탈로 수관부가 퇴색하고 잔가지를 흔들면 잎이 우수수 떨어진다(병·해충 피해). 이상의 원인으로 쇠약하여 뿌리권 시술을 결정하였다.

[사진6-72] 향나무녹병 겨울포자퇴

[사진6-73] 향나무하늘소 피해지 frass

- **표토 정리** : 근계평균분포영역 표토를 잔뿌리가 노출되는 깊이까지 제거하였다.
- **뿌리권 천공** : 수분 공급, 배수력 증진, 지중 산소 공급 및 가스 배출, 개량토 공급, 뿌리 발생 촉진 등을 위하여 동력 천공기로 25개 구멍을 천공하였다(직경 15cm, 깊이 80cm), 토양 경도 완화를 위하여 직경 5cm, 깊이 20cm 내외의 소구경을 추가 천공을 하였다(사진6-74, 75, 76).
- **관수** : 천공구에는 2~3회씩 지중관수하고 정리된 뿌리권 전역에 지표관수를 하였다(사진6-77).
- **개량토 · 화학비료 시비** : ⓐ 모래 : 부산물비료(주재료 피트) = 4 : 6으로 혼합한 개량토를 천공구에 매립(사진6-78, 79) ⓑ 고형복합비료 1개/1구멍씩 시비하였다. ⓒ 표토가 제거된 뿌리권에 개량토를 깔고 ⓓ 그 위에 고형복합비료 1개씩 추가 시비하였다(사진6-80. 표 6-10).
- **멀칭, 관수** : ⓐ 짚이 재료인 거적으로 멀칭을 하고 바람에 날리지 않도록 끈으로 고정하였다. ⓑ 비료의 용해를 돕고 뿌리권 토양 함수력 증진을 위하여 관수하였다(사진6-81).

[표 6-10] 답압지 쇠약 향나무 뿌리권 치료시술 재원

천공				시비량	
직경	깊이	간격	수량	개량토 (모래 : 부산물비료 = 4 : 6)	화학비료 (수입 고형복합비료)
15cm	50~80cm	50~60cm	25구멍	• 천공 투입 • 포설 : 3~5cm 두께	55개/70cm 간격

ⓒ 시술 결과

• **수세 회복** : 6월 11일 뿌리권 시술. 1차 점검(7월 7일) 결과 ⓐ 녹색도 상승, ⓑ 상당량의 새순이 발생하였고 수세 회복률은 70%에 달하였다. 특히 신초는 길이 20~25cm 이상의 상장생장을 하였다(사진6-82).

[74] 뿌리권 천공(6월) ⇨

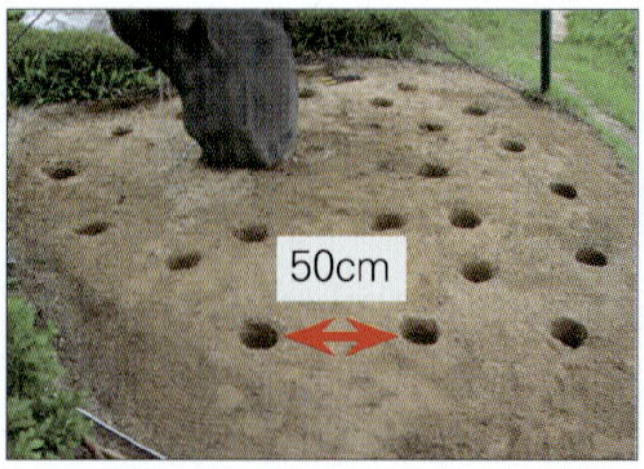

[75] 뿌리권 전역 천공 ⇨

[76] 소천공 추가 ⇨

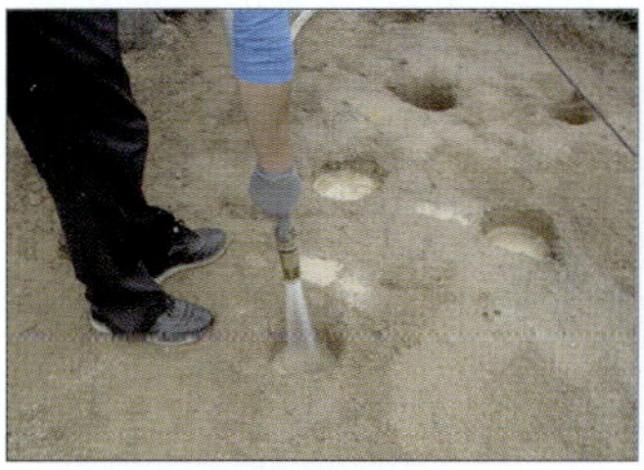

[77] 천공구 관수 ⇨

[78] 개량토(4 : 6) 조제 ⇨

[79] 천공구 개량토 넣기

[80] 개량토 포설, 고형복비 시비

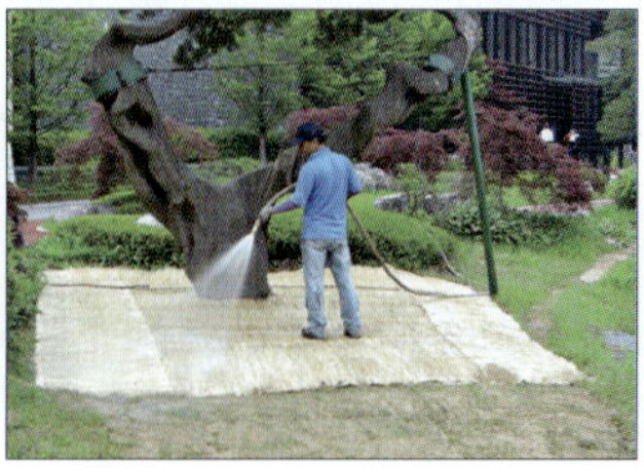

[81] 멀칭, 최종 관수 ⇨

[82] 왕성한 새순 발생

[사진 6-74~82] 답압지 향나무 수세회복 뿌리권 치료시술 공정도

(2) 뿌리분 조임 쇠약 소나무

① 골프코스 쇠약 소나무

㉠ 시술 대상

- **소나무** : 골프코스 그린 좌측 러프(Rough)의 경사지에 식재 20여 년이 경과된 수고 10~12m, 지제부 줄기직경 47cm의 나무다.
- **수세** : 신초가 짧고 잔가지 밀도가 낮아 수관부 전체 밀도가 떨어진 상태이며, 2년생 잎은 녹색도가 떨어지고 처져있다(사진6-83).

㉡ 수세 회복 뿌리권 치료시술 공정

- **원인 조사** : 식재 당시 ⓐ 뿌리분 감기를 한 고무바를 제거하지 않아 지제부를 조여 20년 이상 경과한 현재도 수세 약화가 초래되고 있다(뿌리분 감기 고무바 줄기 조임). ⓑ 줄기의 1방향 지제부는 지상 30~40cm 높이까지 손상되어 함몰되었다(줄기손상). 영양제 수간 주입, 솔잎혹파리·소나무재선충 방제 수간주입 천공의 상처 등 여러 개의 구멍이 스트레스 원인의 하나로 진단되었다(사진6-86). ⓒ 수세를 감안하지 않고 전정하여 수관밀도가 더욱 낮아졌고 잔존 가지의 잎은 세장하고 녹색도가 떨어져 있다(전정과잉). 이상의 원인으로 쇠약하여 경관 가치가 크게 떨어져 있다.
- **시술영역 설정, 표토 정리** : 뗏장 수확기(sod cutter)로 ⓐ 근원부에서 근계평균분포 영역까지 1.8m 폭을 시술 영역으로 설정하고(사진6-84) ⓑ 잔뿌리가 노출되는 깊이의 표토를 제거(깊이 10cm), 정리하여(사진6-85) ⓒ 총 뿌리권 시술 면적은 12.77㎡이다. ⓓ 근원부와 굵은 뿌리를 조이고 파고들어 수세 약화를 초래한 식재 당시의 분감기 고무바와 철사를 제거하였다(사진6-86).
- **부산물비료 시비** : 전체 시술 영역을 8구획으로 분할(1.59㎡/1구획)하고(표 6-11.사진6-87) 부산물비료(주재료 : 코코피트) 40kg/1구획을 포설 시비하였다(사진6-88, 89, 90). 경사지를 감안하여 부산물비료 시비량을 증가시켰다.
- **화학비료 시비** : 입상비료는 나무에서 30~40cm 이격한 영역에 50g/1구획, 고형복합비료 4개/1구획으로 시비하였다(사진6-91, 92). 화학비료 시비량을 줄인 것은 적은 양으로도 수세 회복이 빠를 것으로 진단되었기 때문이다.
- **멀칭** : 짚을 재료로 한 거적으로 멀칭하고(사진6-93) 강우가 예보되어 있어 관수는 생략하였다.

[표 6-11] 골프코스 쇠약 소나무 뿌리권 구획 면적별 치료시술 실무

면적	시비량		
• Sa(나무 단면적) = $\pi(0.23)^2$ = 0.16㎡ • Sb(전체 면적) = $\pi(0.23+1.8m)^2$ = 12.93㎡ • Sc(시술 면적) = π(Sb-Sa) = 12.77㎡ (1.59㎡/구역)	부산물비료 (주재료 : 피트)	입상 (13-7-8%)	고형복합 (13-6-8%)
	320kg/8구획 (40kg/1구획)	1.28kg/8구획 (160g/1구획)	34개/8구획 (4개/1구획)

※ 작업 현장에서는 지제부 줄기의 단면적을 총 시술 면적에 포함시키기도 한다.

[83] 6월 27일 수세 ⇨

[84] 뿌리권 식생 잔디 ⇨

[85] 지표정리(잔디 제거) ⇨

[86] 천공 4개. 지제부 고무 바 ⇨

[87] 구획, 균일조건 작업 ⇨

[88] 구획, 부산물비료 배분 ⇨

[89] 부산물비료 포설 ⇨

[90] 부산물비료 4~5cm 시비 ⇨

[91] 구획, 입상비료 시비 ⇨

[92] 구획, 고형복합비료 시비

[93] 거적 멀칭 ⇨

[94] 익년 6월 수세회복 100%

[사진 6-83~94] 뿌리조임 쇠약 소나무 치료시술 공정도

ⓒ 시술 결과

• **수세회복** : 6월 27일 뿌리권 시술. 1차 점검(7월 16일) 결과 녹색도 상승. 2차 점검(익년 9월 22일) 결과 수세회복 100%. 수관밀도, 녹색도 모두 정상적으로 회복되었다(사진6-94).

나. 특수지역 쇠약수 치료시술

(1) 시멘트 포장도로 쇠약수

① 포장도로 위 쇠약 산사나무

㉠ 시술 대상

• **산사나무** : ⓐ 근원직경 29cm, 수령 30~40년 이상으로 추정되는 고목으로서 ⓑ 지상 90cm 부위에서 2줄기로 분지하여 자라는 나무다(사진6-95).

• **수세** : ⓐ 분지한 줄기 상단은 부후 고사하였다. ⓑ 줄기 중간부위에서 발생한 맹아가 가지로 발달하여 수관부를 형성하고 있으며, 굵은 가지가 없어 수관 발달이 미약하다.

㉡ 수세 회복 뿌리권 치료시술 공정

• **원인 조사** : ⓐ 시멘트로 포장된 불투수층 도로의 로터리 중앙에 직경 3.7~4.1m(평균 3.9m) 원형 영역에 식재되었다(식재지 불량). ⓑ 강우가 스며들지 못해 수분과 양분 부족을 겪고 근계 발달이 불량하다(양·수분 부족). ⓒ 식재영역 내 지피식생(한국잔디)과의 양분과 수분 경쟁으로 수관밀도와 녹색도가 낮고 쇠약한 상태다. ⓓ 시멘트 포장도로에서 복사되는 고열과 건조 피해를 받고 있다(복사열). ⓔ 지상 120cm 부위 상단에서부터 남서방향 줄기의 피소, 상렬피해 부위가 부후하였으며, 줄기 상단부는 고사하였다. 방치할 경우 2~3년 내 고사 우려가 높은 것으로 진단되었다.

• **표토 정리** : 근권 잔디 제거, 잔뿌리가 노출되는 깊이까지의 표토를 제거하였다.

• **뿌리권 천공** : 잔디와 표토 제거 근권(반경 1.91m)에 동력 천공기로 직경 15cm 내외, 깊이 40~60cm 구멍을 40~50cm 간격으로 천공하였다(사진6-96, 97).

• **경계석 놓기** : 카트와 차량 통행의 답압으로부터 시술 영역 뿌리권 보호를 위하여 식재 영역을 돌아가면서 경계석을 설치하였다.

[95] 쇠약 산사나무(5월) ⇨

[96] 표토 제거. 천공(6월) ⇨

[97] 뿌리권 천공구 27개 ⇨

[98] 천공구 관수 ⇨

[99] 뿌리권 지표관수 ⇨

[100] 개량토 포설 ⇨

[101] 입상비료 시비 ⇨

[102] 멀칭 및 관수 ⇨

[103] 수세회복(익년 6월) ⇨

[사진 6-95~103] 고사진행 산사나무 뿌리권 치료시술 공정도

- **수형 정리** : 고사·부후 줄기와 가지 제거하고 정리하였다.
- **지중 · 지표관수** : 뿌리권이 충분한 함수상태가 되도록 천공된 구멍과 지표면에 3~4회 관수하였다(사진6-98, 99).
- **개량토 · 화학비료 시비** : 부산물비료를 구멍에 채우고 시술 영역 전체에 포설하였으며, 질소함량 21% 입상비료를 시비하였다(사진6-100, 101). 입상비료의 질소함량이 높아 고형복합비료는 시비하지 않았다.
- **멀칭 및 최종 관수** : 거적 멀칭을 하고 관수하여 뿌리권의 함수 증진과 비료 용해도를 높였다(사진6-102).
- **실무** : 본 시술은 현장에서 작업 편의성에 따라 시술영역에 토양 개량제를 3~5cm두께로 포설한 실무 사례다(표 6-12).

[표 6-12] 쇠약 산사나무 뿌리권 천공, 고농도 화학비료 시비 치료시술 실무

면적	천공	시비량	
		부산물비료 (주재료 : 코코피트)	입상비료 (N : 21%)
• Sa(나무 단면적) = $\pi(0.14m)^2$ = 0.06㎡ • Sb(전체 면적) = $\pi(1.95m)^2$ = 11.93㎡ • Sc(시술 면적) = (Sb-Sa) = (11.93-0.06㎡) = 11.87㎡	• 27개 천공 - 이격 60~70cm - 깊이 30~40cm - 직경 12cm - 간격 40~50cm	• 300kg/시술권 전역 • 시술 영역에 3~5cm 두께로 포설(15포/20kg /1포)	• 총량 : 1,600g • 200g/1구역/8구역

ⓒ 시술 결과

• **수세회복** : 6월 8일 시술. ⓐ 1차 점검(7월 11일) 결과 녹색도 상승, 새순 발생 증가 등 수세 90%를 회복하였다. ⓑ 2차 점검(8월 27일) 결과 수세 100% 회복, 8월 태풍으로 충분한 수분 공급과 기온 상승으로 전체 수관부 대비 5%의 2차 새순 발생. ⓒ 3차 점검(10월 25일) 결과 정상적인 월동 과정에 있음. 익년 봄 수세 100% 회복하여(사진 6-103) 순백의 꽃이 만발하였으며, 가을에는 가지가 찢어질 정도로 결실하였다.

(2) 쇠약 가로수

① 가로수, 쇠약 이팝나무

㉠ 시술 대상

• **이팝나무** : ⓐ 수령 6~7년생 나무로서(사진6-104) ⓑ 진입로 노견 보도 불럭 1× 1m 넓이의 경계석 내에 식재된 가로수다.
• **수세** : ⓐ 동 시기에 유사한 직경과 수고의 나무가 식재되었음에도 개체목 간의 생장 차이가 크다. ⓑ 수관부 확장 빈약, 잔가지 고사 및 정단고사 현상이 있다.

㉡ 수세 회복 뿌리권 치료시술 공정

• **원인 조사** : 개체목 간의 생장 차이가 커 근원직경 6.5~11.5cm로서 생장이 불량하다. ⓐ 일부 개체목은 10~13cm 정도 심식되어 수세 불량 원인으로 작용하였다(심식). ⓑ 여름에는 아스팔트와 보도 불럭에서 복사되는 고열, 겨울에는 저온 스트레스를 받고 있다(복사열). ⓒ 수관부가 빈약하고 쇠약한 줄기는 직사광선에 노출되었다.

[104] 쇠약 가로수 이팝나무(5월)

[105] 표토 제거, 정리(5월) ⇨

[106] 지중 · 지표관수 ⇨

[107] 부산물비료 시비 ⇨

[108] 입상비료(질소 15%) 시비

[109] 고형복비(질소 13%) 시비

[110] 거적 멀칭 ⇨

[111] 2차 고형복비 시비(7월) ⇨

[112] 시술 효과(좌-비 시술, 8월)

[사진 6-104~112] 쇠약 가로수 이팝나무 수세회복 치료시술 공정도

- **표토 정리** : 뿌리권 답압 방지 철제 덮개 해체, 경계석 내 심식된 흙을 잔뿌리가 노출되는 부위까지 걷어내고 식재 당시 미 제거한 분감기 재료(고무바)도 제거하였다(사진 6-105).
- **지표 · 지중관수** : 뿌리권이 충분한 함수 상태가 되도록 관수 차량에 연결된 고압 관수 호스를 뿌리권에 박아 지중 · 지표관수를 하였다(사진6-106).
- **개량토 · 화학비료 시비** : ⓐ 어린 나무이고 직경이 작아 작업 편의성에 따라 지제부 줄기 단면적을 0으로 산정하였다(표 6-13). 즉, 지제부 줄기 단면적을 시술 면적에 포함시켰다. ⓑ 뿌리권 토양 물리성 개선과 화학성 증진을 위하여 부산물비료를 포설하고(사진6-107) ⓒ 그 위에 입상비료와 고형복합비료(13-6-8%, 고토 3%, 붕소 0.2%)를 시비하였다(사진6-108. 109). ⓒ 2차 시비는 뿌리권 시술(5월 6일) 2개월 후(7월 14

일) 고형복합비료 20개/1나무 시비하였다(사진6-111).

- **멀칭, 최종 관수** : 시비한 뿌리권을 거적으로 멀칭하고 최종 관수한 다음, 철재 덮개를 원상으로 덮어 완료하였다(사진6-110).

[표 6-13] 쇠약 가로수 이팝나무 면적 기준 치료시술 실무

면적	부산물비료 (주재료 : 코코피트)	화학비료	
		입상비료(N : 15%)	고형복합비료(13-6-8%)
1㎡	20kg/1나무/1㎡	50g/1나무	8개/1나무

※ 나무 단면적은 무시하고 식재권의 넓이(1㎡)를 기준하여 시술하였다.

ⓒ 시술 결과

- **수세회복** : 5월 6일 뿌리권 시술. 1차 점검(7월 14일) 결과 녹색도·엽밀도·신초 생성·가지 밀도 상승 등으로 수관부가 풍성해지고 수세 90% 이상 회복하였다(사진6-112).

4. 태풍 피해목 관리

가. 태풍

(1) 태풍 피해

우리나라는 매년 8~9월이면 크고 작은 태풍 2~3개가 상륙해 농작물, 과수와 수목 등의 재산이나 인명 피해를 준다. 태풍(颱風, Typhoon)이란 중심 최대풍속 17m/s 이상의 강력한 비바람을 동반하면서 극동지방으로 이동하는 열대성 저기압으로 정의되고 있다. 우리나라에 오는 태풍은 적도 부근 위도 5° 이상 해역의 필리핀 동부 열대 해상에서 발생하는데, 해수면 온도 26.5~27℃ 이상일 때 바다로부터 많은 양의 수증기를 공급받아 발생한다.

폭우와 강풍을 동반한 태풍은 산사태 유발, 범람한 강물에 농경지와 가옥 침수, 도로, 교량과 철도 등의 교통시설 유실, 기타 각종 시설물은 물론, 인명 피해까지 야기한다(사진 6-113). 수목의 태풍 피해는 ㉠ 도복, 부러짐, 찢어짐, 잎 손상 등이 있다. 넓고 얇은 잎이 작고 좁으며 두꺼운 잎보다 바람에 흔들리고 서로 부딪치면서 더 많은 상처를 입는다(사진 6-114). 특히 ㉡ 바닷바람을 맞은 나무는 높은 염분 농도에 싹(芽, bud)이 황화하거나 짙은 갈색으로 말라죽는다. ㉢ 해안가 토양은 염분에 오염되어 미생물 비활성화, 유기물 분해 지연 등 토질이 악화된다.

[사진6-113] 시설물 도복(2019년 태풍 링링)

[사진6-114] 바람에 마른 잎 가장자리(철쭉)

(2) 태풍 순기능

태풍은 막대한 재산과 인명 피해를 가져다 줄 뿐만 아니라, 정신적 피로감이 큰 기상재해이다. 그러나 항상 피해만을 주는 것은 아니다. 태풍은 수자원 공급 기능, 지구 온도 균형과 대기 정화 기능, 수 생태계 활성화 기능, 식물 다양성 형성 등의 기능이 있어 지구 생태계 유지에 기여하기도 한다.

① 수자원 공급원, 온도 균형과 대기 정화 기능

태풍은 ㉠ 중요한 물 공급원이다. 우리나라는 수년에 한 번씩 동절기 가뭄, 봄 가뭄으로 식수난을 겪거나 농작물 피해가 크다. 이러한 때 많은 비를 동반하는 태풍은 가뭄을 해소하여 동·식물의 생육을 활성화한다.

태풍은 ㉡ 저위도 열대 해상에 축적된 대기의 에너지를 고위도 극동지방으로 운반함으로써 지구상의 온도 균형을 유지시킨다. 이는 지구의 자정작용(自淨作用, self-purification)으로서 태양으로부터 받는 적도지방의 풍부한 열 에너지를 부족한 극지방으로 이동시킴으로써 온도 불균형을 해소한다. ㉢ 태풍은 대기 정화 기능이 있어 오염도가 높은 도시의 공기를 정화시킨다. 황사와 대기 오염물질로 고통을 받고 있을 때 비와 바람을 동반한 태풍은 오염물질들을 말끔히 씻어 청명한 하늘을 볼 수 있게 한다.

② 수 생태계 활성화, 식물 다양성 형성

태풍의 강한 바람은 ㉠ 저온의 깊은 바닷물과 고온의 얕은 바닷물을 뒤섞어 온도, 염분농도, 오염도 등을 순화시킴으로써 바다 생태계를 활성화시킨다. 우리나라 남해안의 사례를 보면, 장마가 끝난 다음의 바다는 육지의 영양물질이 유입되어 부영양화(富營養化, eutrophication) 현상이 일어난다. 기온이 상승하여 바닷물의 온도가 15~20℃로 높아지면 적조(赤潮, red tide)가 발생하여 바다 양식장 물고기는 산소 부족으로 떼죽음을 당하는 사례가 종종 있다. 그러한 바다에 태풍이 지나가면 온도가 낮은 깊은 바닷물이 뒤섞여 온도를 낮춤으로써 적조가 사라진다. 내륙에서도 고온기가 되면 강과 호수의 물이 녹색 물감을 풀은 듯 심각한 녹조(綠潮, water-bloom) 현상이 일어나 식수 위협까지 받는다. 이러한 때에 태풍이 있어 기온이 낮아지고 수량이 풍부해지면 녹조가 사라진다.

태풍은 ㉡ 식물 다양성을 형성한다. 산림에서 넓은 생육공간을 차지하는 우량한 나무 또는 폭목(暴木, wolf tree)이 태풍에 쓰러지면 차세대 식물에게는 생육공간이 마련된다.

또한 낙엽층이 두꺼운 지역에서는 지표면에까지 햇빛이 투과됨으로써 부식화가 촉진되고, 토양 산성화를 개선하며, 식물의 종 다양성이 높아진다. 이러한 순기능에도 태풍을 무서워하는 것은 순기능을 능가하는 직접적인 피해를 주기 때문이다.

(3) 수목의 태풍 피해도

강력한 폭풍우에 수목은 ㉠ 잎이 손상되고 떨어지며(사진5-115, 116), 가지와 줄기가 부러지고(사진5-117), ㉡ 뿌리가 뽑혀 넘어진다(사진5-118). ㉢ 부러지고 뽑힌 피해목은 관리하지 않고 그대로 두면 살지 못하거나 살더라도 수세 회복에 오랜 기간이 걸린다. ㉣ 수세 회복에 소요되는 기간이 길수록 병·해충의 공격이나 기상재해에 노출될 위험성이 높다. 뿐만 아니라 병해충 공격을 받은 나무는 다른 나무로의 전염원이 되고, 나아가 건전목으로도 확산되어 종국에는 동일 지역 동일 수종의 모든 나무를 고사 위기에 처하게 한다. ㉤ 태풍에 대한 수목 피해도는 수종, 수령, 수세, 개체, 수형, 토양 조건, 지형, 방위 등에 따라 다르다. 이러한 수목의 위험성 차이를 알면 사전 대책으로 예방하거나 피해를 최소화할 수 있다.

[사진6-115] 태풍에 떨어진 나뭇잎

[사진6-116] 태풍에 상처받은 단풍나무 잎

[사진6-117] 부러짐(잣나무)

[사진6-118] 넘어짐(벚나무)

① 우세목

수목의 태풍 피해는 일반적으로 지엽(枝葉)이 무성하고 수관(樹冠) 폭이 넓은 우세목이 크다. ㉠ 지엽이 무성한 나무는 수관 내부로 통과하는 풍량이 적어 수관부 전체가 바람맞이가 됨에 따라 상승한 풍압에 넘어지는 것이다. ㉡ 수관폭이 넓은 우세목은 바람 받는 면적이 넓어 큰 압력을 지탱하지 못하고 쓰러진다. 그래서 지엽(枝葉)이 무성한 대형목일수록 폭우와 강풍이 동반되는 태풍에 약하다. ㉢ 오히려 지엽이 적고 지주목과 당김줄이 있는 이식목이 바람에 쓰러지지 않는다.

② 천근성, 이식수, 배수 불량 토양

내풍성은 나무가 토양을 움켜잡는 뿌리의 파지력과 고정력, 토양의 물리적 성질과 관계가 크다. ㉠ 뿌리가 깊고 넓게 발달한 수종이나 개체목은 파지력과 고정력이 강해 내풍성이 크다. ⓐ 토양 깊이 뿌리를 내려 고정력을 높이는 직근(直根, top root)이나 심근(深根, deep root)이 없고, 뿌리가 표토 가까이 얕게 뻗는 천근성 수목은 비바람에 잘 넘어간다. ⓑ 일반적으로 뿌리분포 영역이 넓을수록 내풍성이 높다. 뿌리분포 영역이 좁고 토양을 움켜잡는 면적이 좁은 나무는 강풍에 지탱하는 힘이 약하다. ⓒ 이식되어 아직 활착하지 못한 나무는 뿌리 확장 영역이 좁아 파지력과 고정력이 약할 뿐만 아니라, 매립한 흙이 단단하게 굳지 않아 지지력이 약하다(사진6-119). 마찬가지로 ⓓ 단단하게 다져지지 않은 성토 지역의 나무도 기울거나 넘어지기 쉽다(사진6-120).

[사진6-119] 이식 가로수 도복(벚나무)

[사진6-120] 성토지 식재목 기울기

㉡ 토심이 얕은 토양, 점토성 토양, 모래 성분이 많은 토양, 배수 불량 토양은 비가 오면 토양 함수량이 높아져 응집력이 약해진다(사진6-121). 특히 clay 함량이 많은 점토성 토

양은 건조하면 단단히 굳고 비가 와 공극 내 수분함량이 높아지면 응집력이 약해진다. 이러한 상태의 토양은 뿌리를 단단하게 고정하는 지지력이 약해져 비바람에 잘 넘어간다. 기타 ㉢ 암반층 위 토양에 서식하거나 식재된 나무는 토양의 지지력이 약하고(사진6-122), ㉣ 뿌리가 썩은 나무도 파지력이 약해 잘 넘어간다.

[사진6-121] 황토성 토양 도복 가문비나무

[사진6-122] 암반층 위 토양 나무 도복

③ 활엽수와 침엽수

바람의 저항성을 수종에 따라 나누기에는 무리가 있다. 그러나 피해 회복력을 내풍성의 범주에 포함시킨다면, ㉠ 맹아력(萌芽力, sprouting ability)이 강한 활엽수가 침엽수보다 내풍성이 크다. 활엽수는 부러지거나 찢어진 나무도 남은 그루터기에서 맹아가 나와 재생하는 반면, 대부분의 침엽수류는 맹아력이 없거나 약하기 때문에 줄기가 부러지면 재생하지 못한다.

㉡ 바람을 받는 면적이 큰 상록침엽수류는 낙엽활엽수류보다 폭풍우에 부러지거나 넘어지기 쉽다. 활엽수류는 잎이 넓고 얇아 상처가 잘 생기고 탈락된다. 강풍에 잎이 떨어지고 잔가지가 휘거나 부러지면 바람을 받는 면적과 압력이 줄어 저항성은 오히려 상승하는 결과가 된다.

④ 수관부와 내풍성

수목의 내풍성은 바람을 받는 수관부의 면적, 균형성, 위치에 따라 다르고 줄기와 가지의 유연성에 따라 차이가 있다. ㉠ 줄기의 아래까지 가지가 붙은 나무, 즉 지하고가 낮아 수관부가 지표 가까이에까지 있는 나무는 밑줄기가 굵은 초살형(梢殺形)이 되어 내풍성이 강하다. 초살형이란 밑줄기가 굵고 상부로 올라가면서 가늘어지는 줄기로 굵은 가지가 줄기 아래에 뻗어있고, 무게 중심이 아래에 있기 때문에 강풍에도 잘 넘어가지 않는다.

그러나 가지가 아래에 있으면 하층식생은 통풍 불량과 일조량 부족으로 밀도가 떨어지고 나지가 되어 토양침식이 일어나므로, 적정 높이의 가지치기가 필요하다. 가지치기는 잘못되면 수관부를 위쪽으로 치우치게 한다. ㉡ 수관부가 줄기 위쪽에 자리하면 바람의 압력이 커져 부러지거나 넘어지기 쉽다. 특히 빗물에 수관부가 젖어 있을 때 부는 강한 바람은 줄기를 부러뜨리고 가지를 찢어지게 한다.

㉢ 수관부가 비대칭인 수목은 내풍성이 약하다. 비대칭 수관은 무게중심이 한쪽으로 치우쳐 가지가 찢어지기 쉽다. ㉣ 가지와 줄기가 너무 강하지 않고 다소 유연성이 있어 강풍이 불 때 휘는 정도의 탄력성은 내풍성을 높인다. 휘지 못하는 강한 가지나 줄기는 부러지기 쉽다. 유연성이 높은 나무는 풍하(風下, leeward : 바람이 불어가는 방향) 방향으로 휘기 때문에 풍압이 감소한다.

나. 태풍 피해 예방과 치료

(1) 가지솎기

태풍이 오기 전 ㉠ 6~7월경 울밀한 가지를 솎아 바람의 저항성을 높이면(내풍성 강화) 피해를 최소화할 수 있다. 제거 대상은 지엽이 무성한 가지, 도장지(徒長枝, water sprouts), 병해충 피해지, 수형을 어지럽히는 가지, 서로 겹치거나 교차하는 가지 등이다. 이러한 가지를 솎아주면 수관 내부로의 수광과 통풍이 좋아져 태풍 피해를 막을 수 있음은 물론, 나무의 건강이 증진된다.

그런데 ㉡ 6~7월은 생장이 왕성한 시기이다. 이 시기에 가지솎기를 잘못하면 수형이 망가지거나 수액유출이 많아 수세가 약해지며, 병해충의 공격 원인이 될 수 있다. 그러므로 태풍 피해 예방을 위한 가지솎기는 최소량의 가지만을 정리하는 것을 원칙으로 한다. 가지치기는 3~4년에 1회 정도의 필요한 경우에 하되, 12월에서 이듬해 2월까지의 동절기가 안전하다. 특히 낙엽수는 잎이 없는 겨울에 해야 수형이 흐트러지는 일을 방지할 수 있다.

(2) 지주와 당김줄 설치

강력한 바람과 폭우를 동반하는 태풍은 예고 없이 닥치지는 않는다. 최소 1~2주 전 기상청 발표에 따라 다가오는 태풍 정보를 알 수 있다. 다시 말해, 대책 수립에 시간적 여유가 있다. 태풍이 예고되면 피해를 최소화하기 위해서 지주 또는 당김줄 등을 설치한다(사진6-123). 설치 대상은 넘어지거나 부러질 우려가 있는 나무, 키가 크고 수관이 넓은 대형목, 아직 활착하지 못한 이식수(사진6-124), 천근성(淺根性)의 대형목이다. 태풍이 끝나면 당김줄과 지주목은 바로 제거하는 것이 좋다.

[사진6-123] 대형목 당김줄 설치(잣나무)

[사진6-124] 이식목 비 파손 뿌리분

(3) 피해목 회생

① 넘어진 나무

나무가 넘어지는 일은 땅속에서 지상부를 지탱하는 뿌리가 바람이나 기타 물리적인 힘에 뽑혀 지상부로 노출되면서 지지력을 잃기 때문이다. 뿌리가 뽑힌 나무의 회생 성공률은 ㉠ 노출된 뿌리의 양과 뽑힌 채 얼마나 오래 건조한 상태로 방치되었는가에 달렸다. 즉, 피해 발생에서 복구기간이 짧을수록 회생률이 높다. 다음으로는 ㉡ 수령(樹令)이 이릴수록, 긴강했던 나무일수록 회복 재생률이 높고 ㉢ 세우기와 다시 심기 기술 숙련도에 따라서 생사가 좌우된다. 그 외에도 ㉣ 토양 조건, 지형, 방위, 사후 관리 등의 조건들도 회생률을 지배한다.

동일한 생육 조건에서 넘어진 나무의 회생률은 뿌리가 뽑힌 정도이다. 일반적으로 ㉤ 맹아력이 강한 활엽수류는 뿌리의 1/2 이하가 뽑히고 나머지 2/3가 땅속에 있는 경우는 다시 세워서 심고 양생관리를 하면 회생이 가능하다. 뽑혀서 외부로 드러나 잔뿌리가 말랐어도 굵은 뿌리가 살아있는 경우가 많기 때문에 회생할 수 있다는 것이다. ㉥ 굵은 뿌리의 건조는 감싸고 있는 흙의 양, 직사광선에 노출된 시간에 달렸지만, 뿌리의 생존을 확인하고 세워서 다시 심으면 생존할 수 있다. 현장에서 굵은 뿌리의 생존 여부 확인은 칼로 외피(外皮)를 벗겼을 때 생존 뿌리는 희고 물기가 있어 만지면 매끈거린다. 반면 죽은 뿌리는 물기가 없거나 미약해 메마르고 건조한 느낌이다. 그런데, 죽은 뿌리도 뽑힌 기간이 길지 않으면 수피 밑 조직이 매끈거리는 질감이 있으므로 진단에 신중을 기해야 한다. 굵은 뿌리가 생존한 나무는 뿌리를 정리하고 전체 수관부의 15~20%, 최대 25% 정도의 가지솎기와 가지 끝 날리기를 하고 다시 심는다.

ⓢ 뿌리분이 파손되지 않은 이식목(사진5-124), 흙이 분(盆, root ball)을 형성하듯 뿌리를 감싸고 있거나 뿌리가 잘리지 않고 땅속에 있는 경우는 회생이 가능하다(사진6-125). 그러나 뽑힌 뿌리에 흙이 붙지 않았거나 그 양이 적고, 3~4일 이상 강한 직사광선에 노출되었을 때에는 고사율이 높다(사진6-126). ⓑ 노출된 뿌리가 분을 형성하더라도 대형목이어서 다시 세우기에는 중장비가 동원되어야 하는 나무(사진6-127), 굵은 뿌리의 60% 이상이 노출되어 조직이 마른 나무는 제거하는 것이 경제적일 수 있다(사진6-128).

[사진6-125] 도복, 뿌리분 형성

[사진6-126] 뿌리 뽑힘 90%, 장시간 노출

[사진6-127] 뿌리분 형성, 뿌리 뽑힘 50%

[사진6-128] 뿌리 뽑힘 100%

② 넘어진 나무 세워 심기

넘어져 일부 뿌리가 노출되었으나 ㉠ 뿌리의 1/2~2/3가 땅속에 있는 나무, ㉡ 노출된 뿌리의 상당량이 마르지 않고 살아 있는 나무 등은 다시 세워서 심는다. 나무를 세워서 심는 과정은 ⓐ 이식과 동일 개념으로 구덩이를 파고 개량토 매립, 관수와 멀칭을 하여 보습력을 높인다. 넘어진 나무를 다시 세워서 심기는 ⓑ 가급적 빠른 기간 내에 작업하는 것이 좋으며, 늦어도 태풍이 그친 3~4일 이내의 기간에 작업해야 회생률을 높일 수 있다. ⓒ 현장에서 판단하여 회생이 어려운 나무는 일찍 제거하여 2차성 해충 공격을 차단한다.

③ 넘어진 나무 세워 심기 실무

㉠ 탈수 방지

빠른 시일 내에 회생 작업을 하는 것이 최선이다. 아무리 빠른 기간 내에 회생 작업을 하더라도 나무가 대기에 노출되는 기간이 짧을수록 회생률이 높다. 회생 작업 대상목은 작업 전까지 젖은 거적으로 뿌리는 물론, 나무 전체를 덮어 직사광선에 노출되거나 탈수되지 않도록 한다.

㉡ 구덩이와 개량토 준비

넘어진 나무를 세웠을 때 뿌리가 묻힐 구덩이를 충분한 깊이와 넓이로 준비한다. 보습·보비력이 높은 피트모스 또는 코코피트가 재료인 부산물비료, 농업용 상토 또는 토성에 따라서는 부산물비료 : 토양 = 2 : 1 비율로 혼합하여 준비한다.

㉢ 뿌리 정리, 구덩이 개량토 넣기

노출되어 마른 뿌리, 죽은 뿌리는 전정가위나 톱으로 매끈하게 잘라 다듬는다. 이때 필요한 경우 절단면 방부처리를 한다. 나무를 세우기 전에 구덩이 바닥에 충분한 양의 방석토를 깔아 뿌리 사이사이에 공극(air pocket)이 생기지 않도록 한다.

㉣ 가지 정리와 증산억제제 처리

잎에서의 과도한 수분 손실을 막기 위하여 전체 수관부의 15~20% 내외의 가지솎기와 가지 끝을 쳐서 다듬고 정리한다. 활엽수류는 가지 끝을 쳐주면 맹아 발생이 자극된다. 잎의 호흡에 따른 수분 증발을 억제하기 위하여 증산억제제를 처리한다(제2장 1 나 (7) 참조).

㉤ 살균 · 살충제 처리와 줄기감기

나무를 구덩이에 앉히기 전 ⓐ 필요시 천공성 해충 공격 예방을 위한 살충제 처리가 된 줄기감기를 한다. 9월 이후에는 병해충 발생이 적기 때문에 살균·살충제 처리를 하지 않아도 된다. 다만, 기온이 상승하여 가을철에도 발병하는 경우가 있는데, 병해충의 발생 생태를 근거로 방제시약 여부를 결정한다. 미미한 발병에도 시약하는 습관은 관리 비용 증가를 야기하고 생태계 안정화에도 불리하다. 또한 상처가 있는 잎이나 잔가지는 약해 우려가 있어 회복을 지연시킬 수 있다.

ⓑ 이식목에서처럼 황토녹화마대, 신문지+녹화마대, 녹화마대+비닐 등으로 줄기와 굵은 가지 감기를 한다(제4장 2 나 참조). 이것은 수체의 보습과 온도 상승 방지, 쇠약목을 공격하는 나무좀 등의 천공성 해충 공격을 예방한다.

㉥ 나무 세우기와 방부처리

세우기 과정에서 세우는 방향의 뽑힌 뿌리는 구부러지고, 반대 방향 뿌리는 당겨져 잘리는 현상이 일어난다. ⓐ 당김과 휨의 정도가 심해 나무를 바로 세울 수 없다면 이식목처럼 뿌리를 자르고 심는다. 이처럼 ⓑ 부득이하게 뿌리를 자르고 세우는 나무는 뿌리가 최대한 길게 남도록 하고 ⓒ 절단면을 매끈하게 다듬는다. 이때 ⓓ 수지가 많은 나무는 별도의 방부처리를 하지 않아도 되지만, 활엽수류의 굵은 뿌리는 방부처리를 하는 것이 부후 위험성을 줄인다. 그런데 시판되고 있는 방부 도포제가 실제로 부후를 방지하는가에 대해서는 실험적 증거가 없다고 한다(나 외, 1999). ⓓ 넘어진 나무 세우기를 할 때 가장 중요한 일은 줄기와 가지의 수피가 벗겨지거나 손상을 입지 않도록 하는 것이다.

㉦ 나무 앉히기, 유공관 설치

나무를 세우고 뿌리 사이사이에 흙을 메운 다음이나 메우기 전에 이식목에서처럼 뿌리권 가장자리 3~5방위에 유공관을 설치한다. 유공관은 식재 이후 관수 관리에 유익하고 지중과의 공기유통 기능이 있어 활착에 큰 도움이 된다.

㉧ 지주목 · 당김줄 설치, 관수, 멀칭

ⓐ 식재가 끝나면 이식목에서처럼 지주목 또는 당김줄을 설치하여 심한 흔들림을 방지한다. ⓑ 뿌리권에 물분을 만들고 관수하기, 멀칭(被覆, mulching), 멀칭 후 관수 등의 작업을 한다. 태풍이나 장마 이후에는 강한 직사광선과 고온기가 뒤따르는 경우가 많으므로 철저히 관수해야 회생이 가능하다. 강한 직사광선이 지속되는 일정 기간 동안에는 3~4일에 1회씩 주기적인 수관부 살수도 함께 한다.

④ 비스듬히 넘어진 나무, 찢어진 가지

㉠ 뿌리가 뽑히지 않고 비스듬히 넘어간 줄기는 ⓐ 무성한 가지, 서로 겹치는 가지만을 가볍게 제거하고, 길게 뻗은 가지는 끝을 잘라 정리한 다음 바로 세운다. ⓑ 바로 세우기가 어려우면 비스듬히 자라게 하고, 받침용 지지대를 설치한다. 필요시 엽면시비하거나 넘어진 나무와 동일하게 양생관리를 한다.

㉡ 가지가 찢어진 나무는 ⓐ 그 부위를 칼로 매끈하게 다듬어 빗물이 머무는 시간을 단축시킨다. ⓑ 가지 또는 분지한 줄기가 찢어져 금이 간 상태로 붙어있거나 약간 벌어진 나무는 두꺼운 패킹 재료(넓은 고무줄)로 감고, 그 위에 좁은 판자나 졸대로 엮어서 감고 조여주면 조직이 붙어 생존할 수도 있다. 이때 찢어진 부위에는 방부제를 처리하지 않는다. 다만 수피 위에 실리콘을 발라 빗물이 스며들지 않게 한다. 2~3년 후 동여맨 재료를 풀어 보수하고 다시 가볍게 감아준다.

⑤ 부러진 나무 회생작업 실무

줄기가 부러진 나무는 맹아력에 따라 회생 가능 여부가 결정된다. 일반적으로 활엽수는 맹아력이 강한 편이고, 침엽수는 약하거나 맹아력이 없기 때문에 나무의 생리적 특성에 따라 관리한다. 활엽수라고 해도 맹아력이 약한 나무는 맹아력이 없는 침엽수와 동일하게 취급하여 제거한다. 부러진 나무의 재생 작업은 다음과 같다.

㉠ 맹아력 여부 조사

줄기가 부러진 나무의 회생은 강한 맹아력 여부에 달렸다. 맹아력이 강한 나무의 줄기가 부러진 경우 절간목 식재 개념으로 잘린 부위 하단에서 자르고 관리한다(제3장 1 참조). 줄기에서 맹아가 나와 가지로 발달할 수 있는 나무는 부러진 부위 아래에서 잘라 맹아 발생을 유도한다. 이렇게 하면 굵은 줄기가 그대로 있어 고목의 형태를 유지할 뿐만 아니라 이식목보다 세력이 왕성하다. 메타세쿼이아, 낙우송, 은행나무처럼 맹아력이 강한 나무는 활엽수와 동일한 방법으로 작업하면 조경수로서의 가치가 큰 나무로 자랄 수 있다(사진6-129).

㉡ 절단부 처리

자른 부위는 가급적 매끈하게 다듬어 빗물이 고여 정체하는 시간을 단축시킨다. 필요할 경우 티오파네이트메틸(톱신페스트), 테부코나졸(실바코) 등의 도포제를 바른다. 이때 유합조직 발생 부위인 가장자리에는 가급적 방부제가 닿지 않도록 처리한다.

ⓒ 맹아 관리

절단 부위 아래쪽에서 맹아(萌芽, sprout)가 발생하면 1~2년간 그대로 키우다가 3년째에 튼실한 맹아 2~3개 또는 기대하는 수형의 맹아만을 남기고 모두 제거하면 남겨진 맹아가 왕성하게 자란다(제3장 1 나 (3) 참조). 맹아력이 없거나 세력이 약해 굵은 가지로 자라지 못할 것으로 예상되는 침엽수는 즉시 제거하는 것이 좋다. 이러한 나무를 방치하면 나무좀, 하늘소, 바구미와 같은 2차성 천공해충의 공격대상이 된다. 그러나 뿌리를 감싸는 흙이 파손되지 않고 분(盆)을 형성하는 나무는 세우기를 하고 관리하면 생존할 수도 있다(사진6-130).

[사진6-129] 부러진 은행나무 맹아 육성

[사진6-130] 뿌리 노출 80% 이상, 분 형성

ⓓ 시비

부러진 나무는 뿌리가 흔들리기는 하였으나 뽑힌 상태가 아니므로 시비 관리를 하면 수세 회복이 빠르다. 방법은 절간목 시비에서와 같다(제3장 1 나 (2) 참조). 즉, 나무에서 30~120m 내외로 이격하여 20~30cm 깊이의 구멍을 30~40cm 간격으로 뚫고 질소함량 13~15% 완효성 고형복합비료를 1개/1구멍씩 전면시비를 하되, 과량 시비되지 않도록 주의한다.

⑥ 태풍 피해목 시비, 세척과 지중관수

㉠ 해풍(바닷바람)을 맞은 나무는 태풍이 끝난 즉시 나무를 세척하고 지중관수를 해야 피해를 최소화할 수 있다. ⓐ 수관부 세척은 표면에 묻은 염분을 씻어내려 염분 침투를 막

고 조직의 염분 농도를 낮춘다. 충분한 시간에 충분한 물량으로 지상부를 씻어 내린 다음, ⓑ 수압을 높여 뿌리권에 지중관수를 한다. 지중관수는 토양에 흡수된 염분을 희석하고 배수시켜 오염 농도를 낮춤으로써 재 흡수되지 않도록 한다. 또한 고농도 염분에 의한 뿌리에서의 세포액 역삼투 현상을 막는다.

㉡ 태풍에 잎이 손상된 나무는 엽면시비보다는 토양시비가 좋다. 그러나 ⓐ 엽면시비는 비료 흡수가 빨라 상처가 심하지 않다면 치료에 도움이 된다. 엽면시비(葉面施肥, foliar fertilization) 농도는 비료(영양제)에 따라 조금씩 다르지만 0.2~1% 내외로 하되(제6장 1 나 (1) 참조), 가급적 낮은 희석 농도로 시비한다.

ⓑ 뿌리가 잘려 양분과 수분 흡수력이 약한 나무는 7~10일 간격으로 2회 정도 엽면시비를 한다. 질소 공급을 위하여 0.5~1%의 요소 엽면시비를 하는데, 엽면시비 전용으로 개발된 액체비료가 많다. 농도장해를 입지 않도록 희석 배율을 낮추고 ⓒ 전착제(계면활성제) 등의 보조제를 혼합한다.

전착제(展着劑, spreader)는 비료를 잎에 골고루 확산시켜 흡수를 돕지만, 비료를 오래 머물게도 하기 때문에 상처 난 잎의 경우 농도장해 우려가 있으므로 저 농도로 희석하여 살포한다. 이는 시약의 경우에도 마찬가지다. 잎의 손상 정도에 따라 엽면시비보다는 토양시비, 수간주입 시비가 더 효과적일 수 있다(제6장 1 나 (2) 참조).

㉢ 넘어진 나무를 세우기 위하여 구덩이를 팠을 때 구덩이 바닥에 부산물비료를 넣는다. 농업용이나 원예용 상토, 코코피트가 원료인 부산물비료를 시비하는데, 이식목에서와 마찬가지로 발효가 미숙하거나 염도가 높은 부산물비료는 사용하지 않는다. ㉣ 필요한 경우 효과가 빠른 화학비료를 시비한다. 화학비료는 줄기에서 60~120cm 이격하여 지렛대로 20cm 깊이의 구멍을 30~40cm 또는 40~50cm 간격으로 돌아가면서 2줄로 뚫는다. 질소 15% 이내 화학비료를 1개/1구멍씩 15~17개, 시비영역에 따라 20~25개 정도를 시비한다. 이때 과량 시비되지 않도록 주의한다.

5. 폭설 피해목 관리

가. 눈 종류와 이점

(1) 눈의 종류

눈(雪)이란 대기 중의 수증기가 저온에 얼어 땅에 떨어지는 얼음의 결정체로서, 크기는 보통 2mm 정도인데 모양은 다양하다. 눈은 내리는 상태에 따라 함박눈, 가루눈, 싸락눈, 진눈깨비 등으로 불린다. ㉠ 함박눈(snow flakes)은 여러 개의 눈 결정체가 서로 달라붙어 송이를 형성하여 내리는 눈으로서 육각형이다. 습기가 많은 습설(濕雪)이며 녹지 않고 쌓이면 그 무게 때문에 수관(樹冠)이 무성한 우량목이나 비닐하우스 재배 농작물에 피해가 큰 눈이다. ㉡ 가루눈(powder snow)은 함박눈보다 결정체가 미세한 눈으로서 습도와 기온이 낮을 때 내리는 건설(乾雪)이다.

㉢ 싸락눈(snow pellets)은 눈 결정에 물방울이 붙어 만들어진 흰색의 얼음 알갱이로서 공이나 기둥 모양이다. 함박눈보다 기온이 더 낮을 때 내리는 눈으로서 싸락눈이나 가루눈이 내리면 날씨가 추워진다. 그래서 예부터 '함박눈이 내리면 따뜻하고 가루눈이 내리면 추워진다'는 조상들의 과학적인 날씨 예측이 있었다. ㉣ 진눈깨비(sleet)는 대기의 기온이 0℃ 이상이어서 눈의 일부가 녹아 비와 섞인 상태로 내리는 현상이다. 습도가 높고 부착력이 큰 눈으로서 기온이 떨어지는 밤에 녹지 않고 쌓이면 무게가 상당하다. 그래서 기온이 높은 2~3월에 내리는 눈은 양이 많으면 피해가 큰 것이다.

(2) 눈의 순기능

① 중요 수자원

눈은 인간에게 없어서는 안 될 ⓐ 중요한 수분 공급원이다. 특히 우리나라처럼 겨울과 봄 가뭄이 심한 곳에서 눈이 내리지 않을 경우 식물의 생존은 물론 식수(食水) 고갈까지 겪기 일쑤이다. 겨울에 내리는 눈은 토양에 수분을 공급하여 식물이 건조 해를 받지 않도록 한다. 특히 뿌리 영역이 좁고 얕은 관목류, 하단에 식재된 초화류 등은 겨울과 봄철 가뭄으로 수분 부족을 겪기 쉽다. 이러한 식물에게 강설(降雪, snowfall)은 곧 생명줄이다(사진6-131).

② 비료 공급과 보온 효과

공기 중에는 식물의 생장에 필수인 질소와 황산 등 여러 가지 무기성분이 있다. 이러한 ㉠ 대기(大氣)의 비료성분은 눈 결정이 만들어질 때 함유 흡착되어 땅에 떨어져 식물의 영양분으로 이용된다. 공기 중에는 질소가 약 4/5를 차지하는데, 식물은 생장에 필요한 상당량의 질소를 비나 눈으로부터 공급받는다. 비와 눈에 의한 질소 공급이 없다면 자연의 식물은 살아가지 못할 것이다. 그 외에도 ㉡ 눈은 담요처럼 지면을 덮어 기온을 유지함으로써 눈 밑의 식물은 동해(凍害, freezing damage)를 받지 않는다.

[사진6-131] 관목류 수분 · 비료 공급

[사진6-132] 폭설과 바람에 부러진 나무(3월 10일)

나. 설해

눈에 의한 수목의 피해는 폭설(暴雪)과 적설(積雪) 피해로 대별할 수 있다. 폭설 피해는 비교적 짧은 기간에 많이 내린 눈의 중량 피해로서 주로 우량한 나무가 부러지거나 찢어지는 손상을 입는다. 반면 지상의 적설 피해는 장기간 눈에 덮여 발생되는 피해로서 초본류 등의 지피식물, 관목류 또는 묘목에 발병하거나 습해, 동해 등의 피해가 있다.

(1) 우량목과 상록수

눈의 무게에 의한 피해는 ㉠ 20~30년생 또는 그 이상의 장령목, 즉 수관이 발달한 우세목에서 크다(박 외. 2006). 장령목은 세력이 왕성해서 잔가지가 많고 잎이 무성하기 때문에 적설량이 많아 부러지거나 찢어진다. ㉡ 소나무와 잣나무처럼 겨울에도 잎이 있는 상록수에 피해가 크다. 이들 모두 수관에 쌓인 과중한 눈의 무게와 잎이 있어 더 많은 바람을 받기 때문이다(사진6-132).

그럼에도 설해(雪害)에 대한 관심이 부족하거나 방관하는 이유는 인력으로 감당하기 어려운 기상이변의 자연재해라는 인식, 조경자산 손실의 중대성 인식 부족, 겨울에 발생하는 재해로서 바쁜 계절이 다가오면 쉽게 망각하기 때문이다.

(2) 늦겨울, 이른 봄의 강설

일반적으로 기온이 낮은 12월과 1월에 내리는 눈은 가늘고 비중이 가벼워서 수간과 지엽(枝葉)에 붙는 양이 적다. 그러나 기온이 높은 2~3월 기간에 내리는 눈은 수분 함량이 높은 습설(濕雪)로서 부착력이 크다. 습설은 시간이 지날수록 수관에 붙는 양이 점점 많아지고 무거워져 줄기가 휘거나 부러지고 가지가 찢어진다.

그래서 2~3월 강풍을 동반한 폭설이 있는 해에는 많은 나무가 부러지고 넘어진다. 소나무와 잣나무의 피해도 추운 겨울이 아니라 매년 봄의 문턱에 내리는 습한 폭설과 강풍에 많은 피해를 입는다(사진6-132).

(3) 적설

적설은 동해를 유발한다. 눈이 많이 와서 장기간 쌓이게 되면 눈 녹은 물의 배수가 불량해 식물은 쇠약하고 부패한다. ㉠ 한지형 잔디 또는 묘목은 장기간 눈에 덮이면 설부병(雪腐病, snow mold, snow blight)에 감염된다(김 외, 2006). ㉡ 큰 나무도 배수가 불량하면 토양 산소 부족으로 뿌리가 호흡 장애를 겪게 되고, 부패하여 지상부가 누렇게 말라 쇠약하거나 심하면 고사한다. ㉢ 이러한 토양에서의 식물은 양분과 수분 흡수가 방해되고 ㉣ 지온이 낮아 토양동물을 비롯한 미생물의 활동이 억제된다. 뿐만 아니라 ㉤ 저온다습으로 인하여 봄이 되어도 뿌리의 생육 개시가 늦고, ㉥ 음지에서는 동해(凍害, freezing damage)가 발생한다.

(4) 폭설 피해 예방

① 가지 1/3 적설 털기

수형이 좋고 우량한 나무, 기타 중요한 나무는 대나무 장대로 가지에 쌓인 눈을 털어준다. 이때 조심해야 할 것은 가지가 얼어있는 상태이므로 작은 충격에도 잘 부러지기 때문에 너무 강하게 털지 않도록 한다.

눈이 쌓인 가지를 털어줄 때에는 전체 가지 1/3 부위의 끝자락 적설만 털어 무게를 줄여 주면 된다. 즉, 나무에 쌓인 눈의 전체를 털어줄 필요 없이 약간의 무게만 덜어주어도 가지가 찢어지거나 부러지지 않는다. 눈의 과중한 무게로 부러지거나 찢어지는 한계의 눈 무게 만큼만 제거하면 되는 것이다. 눈 털이 도구는 작은 나무의 경우 빗자루로 쓸어 주어도 된다(사진6-133). 큰 나무는 장대 끝에 철사 또는 납작한 쇠로 Y자형, U자형 또는 고리를 이어 붙여서 가지에 걸고 흔들면 된다. 이때 너무 강하게 흔들어 박피되는 등의 상처가 생기지 않도록 주의한다.

[사진6-133] 가지 1/3길이 적설 털기

[사진6-134] 동계 가지솎기

② 동계 가지솎기

소나무를 비롯한 상록침엽수류는 겨울철 적설기 이전에 무성하고 복잡한 가지를 솎아 눈이 적게 쌓이도록 한다. 전정은 송진 유출이 적고, 유휴 노동 이용이 원활한 12~2월에 하는 것이 좋다(사진6-134). 너무 무성한 수관은 통풍 불량으로 바람에 대한 저항성이 약해 부러지거나 가지가 찢어지는 상해를 입기 쉽다. 또한 여름철 태풍 피해 예방, 응애와 깍지벌레 발생 빈도를 낮추기 위해서도 가지솎기를 한다.

특히 잔디밭 시비에 비료가 공급되는 공원 또는 골프코스 조경수는 지엽이 무성해지므로 3~4년에 1회 정도 가지솎기를 한다. 태풍이나 폭설피해 예방을 위한 가지치기가 아니라면 잦은 가지솎기는 지양하는 것이 좋다. 가지솎기는 보는 이에게는 시원하고 간결해보이지만, 나무에게는 상당한 스트레스를 가하는 것이기 때문이다.

③ 대칭수관 가꾸기

이른 봄 기온이 다소 높은 시기에 내리는 비는 온도가 떨어지면 진눈깨비로 변한다. 밤이 되어 기온이 더 떨어지면 송이가 큰 습한 눈이 되어 쌓이고 무게가 가중된다. 이때 바람이

동반되면 언 줄기와 지엽이 부러지고 찢어진다.

이러한 피해를 줄이고 예방하기 위해서 수관의 적설 무게를 분산시킨다. 특히 수관이 한쪽으로 치우친 비대칭 나무는 부러지기 쉬우므로 가지치기를 하여 대칭수관이 되도록 한다. 소나무와 잣나무는 가지가 윤생하므로 하단의 가지와 상단의 가지가 서로 엇갈리게 솎아 수관이 대칭되도록 한다.

④ 피해목 제거

설해로 부러진 나무, 심하게 굽은 나무는 쇠약하기 때문에 나무좀, 바구미 등 2차성 해충의 공격 대상이 된다. 이러한 나무는 즉시 제거하여 천공성 해충의 서식처가 되지 않도록 한다. 나무좀의 경우 성충으로 월동하기 때문에 3월 하순~4월 초순 일일 기온이 15℃ 이상 2~3일 지속되면 월동처에서 탈출하여 쇠약목을 공격한다. 그러므로 회생이 어려운 설해 피해목은 늦어도 해충 활동기인 4월 이전까지 제거하는 것이 좋다.

참|고|문|헌

구자옥, 변종영, 전재철. 2010. 신고 잡초방제학. 향문사. pp. 153~211.

김경남. 2011. 잔디관리론. 삼육대학교출판부. p. 433.

김유근 외 4인. 1997. 환경과 공해. 형설출판사. pp. 22~23.

김준석, 이기선, 유성오 외 10인. 1987. 신고 조경수목학. 향문사. pp. 35~37.

김지문. 1978. 조림학. 가림출판사. pp. 49, 149

김진석, 김태영. 2013. 한국의 나무. 돌베개. p. 688

김호준 외 14. 2006. 잔디용어해설집. 한국잔디연구소. pp. 9~205.

김호준. 2009. 원색수목환경관리학. 그린과학기술원. pp. 3~241.

나용준 외 10인. 1999. 수목병리학. 향문사. pp. 45~51.

박용구 외 13인. 2006. 산림환경보전학. 향문사. pp. 153~155.

박종성 외 17인. 1988. 신고 식물병리학. 향문사. pp. 88~104, 415~421.

손요환, 김춘식, 박관수, 윤태경, 이계환. 2020. 산림토양학. 향문사, p. 249.

손원하. 1981. 삼림보호학. 교학연구사. p. 45.

신용석, 오구균, 최승 역(저, Michael Hough). 1998. 도시경관·생태론(City Form and Natural Process 1984). 기문당. p. 35.

오세환, 이춘수. 2000. 흙 살리기와 시비기술. 농협중앙회 영농자재부. p. 51.

유화영, 이영희, 조원대, 김완규, 명인식, 태경식. 1993. 과수병해원색도감. 농촌진흥청 농업기술연구소. p. 200.

윤국병, 김장수, 정현배. 1974. 임업통론. 일조각. pp. 12~15.

윤국병. 1987. 조경수목학. 일조각. pp. 31~150.

윤국병. 1989. 조경배식학. 일조각. pp. 89~311.

윤주복. 2008. 나무 쉽게 찾기. 진선출판사(주). pp. 46~661.

이경준, 한상섭, 김지홍, 김은식. 1999. 산림생태학. 향문사. p. 151.

이두형, 백수봉. 1987. 식물병리학. 우성문화사. pp. 356~392

이성환, 홍종욱 외 10인, 2008. 개정 농약학. 향문사. pp. 206~207.

이용대 외 18인. 1991. 수목병해충도감. 산림청 임업연구원. p. 424.

임경빈, 1966. 임업사전. 농림신문출판부. p. 522.

임경빈. 1991. 신고조림학원론. 향문사. pp. 32~37.

임업시험장, 1973. 한국수목도감. 선문인쇄공사. p. 496.

정희은, 한봉호, 곽정인. 2015. 서울 도심 가로수 및 가로녹지의 기온 저감 효과와 기능. 한국조경학회지. Vol. No.4.

조무연. 1987. 한국수목도감. 산림청임업연구원. p. 452.

조성진, 박천서, 엄대익 외 9인. 1978. 신고토양학. 향문사. p. 15.

한국잔디연구소. 2005. 뿌리부위 잔디 고사원인 연구. (사)한국골프장경영협회 한국잔디연구소. p.151.

홍성천, 변수현, 김삼식. 1987. 원색한국수목도감. 개명사. p. 299.

Dipl. Ing. Vladimír Novák(Starý Übersetzung und Bearbeitung : Karl Rack, Göttingen). 1992. Atlas schädlicher Forstinsekte. Kurztitelaufnahme der Deutschen Bibliothek. p. 123.

James R. Feucht, Jack D. Butler. 1988. Landscape Management, Planting and Maintenance of

Tree, Shrubs and Turfgrasses.. Van Nostrand Reinhold. pp. 23~102.

Pirone, P. P., J. R. Hartman, M. A. Sall & T. P. Pirone. 1988. Tree Maintenance. Oxford University Press, Inc. pp. 3~288.

Tattar, T. A. 1986. Diseases of shade tree. Academic Press, Inc. p. 288.

Theodore W. Daniel, John A. Helms, Frederick S. Baker. 1979. Principles of Silviculture(Second Edition). McGraw-Hill.Inc. pp. 91~94.

Waring & Schlesinger. 1985. Forest Ecosystems Concepts and Management. Academic Press, Inc. p. 80.

찾아보기
한글

찾아보기
영문

A

B

C

D

E

F

O

P

R

S

T

U

V

W

X

Y